KB110764

인간, 그 이후

진화와 인간의 종말

국립중앙도서관 출판시도서목록(CIP)

인간, 그 이후 : 진화와 인간의 종말 / 마이클 볼터 지음 ; 김진수 옮김.
 - 서울 : 잉걸, 2005
    p. ;   cm

원서명: Extinction : evolution and the end of man
원저자명: Boulter, Michael
참고문헌과 색인수록
ISBN 89-89757-10-X 03450 : ₩12000

476.7-KDC4
576.84-DDC21   CIP2005001528

인간, 그 이후

진화와 인간의 종말

마이클 볼터 지음

김진수 옮김

도서출판
잉걸
2005

펴낸날 2005년 8월 10일 초판 1쇄

지은이 마이클 볼터
옮긴이 김진수

펴낸이 김진수
펴낸곳 도서출판 **잉걸**
　　　　　등록 : 2001년 3월 29일 제15-511호
　　　　　주소 : 서울시 송파구 가락동 111~26 (우 138-160)
　　　　　전화 : 02) 395-3709
　　　　　전자우편 : ingle21@naver.com

한국어판 © 도서출판 **잉걸**, 2005
ISBN 89-89757-10-X 03450

■ 책값은 뒤표지에 있습니다. 잘못된 책은 바꿔 드립니다.

이 책을 부모님, 헤롤드 볼터Harold Boulter(1898~1961년)와 도로시 볼터 Dorothy Boulter(1904~1973년)의 영전에 바친다.

차 례

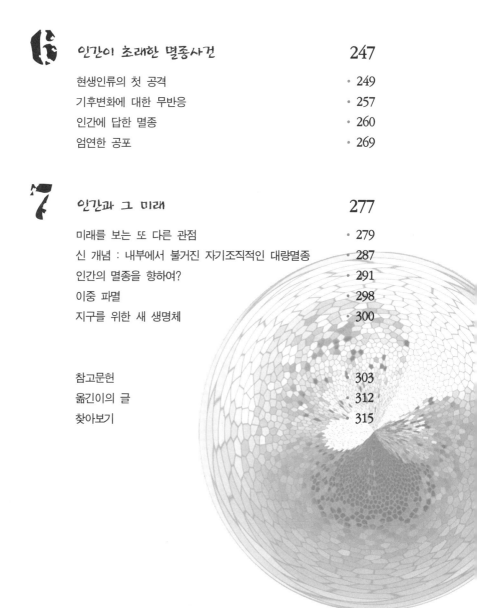

감사의 글

수많은 착상이 그런 것처럼 이 책에 대한 기획도 식탁에 둘러앉은 자리에서 시작되었다. 소설가 빈센트 브롬Vincent Brome과 이제 고인이 돼버린 찰스 라이크로프트Charles Rycroft 박사, 누구도 따라올 수 없을 만큼 유능한 정신분석학자 콜린 머턴Colin Merton 그리고 나, 우리는 금요일 저녁마다 논쟁을 펼쳤다. 그게 모 잡지에 실린 원고의 시작이었고, 마침내 그 글들이 하나의 책으로 묶일 수 있었다.

신출내기 저자라면 누구나 겪기 마련인 출판사 구하는 일 때문에 애 끓이는 동안 용기를 북돋아준 빈센트에게 감사한다. 그 밖에도 앨런 카메론Alan Cameron, 힐러리 루벤슈타인Hilary Rubenstein, 나이젤 콜더Nigel Calder와 제이슨 쿠퍼Jason Cooper를 비롯해 많은 이들이 집필 초기부터 조언을 아끼지 않았다.

이스트런던대학교University of East London의 내 연구실에서 함께 연구하는 딜샷 휴줄라Dilshat Hewzulla 박사, 리처드 허바드Richard Hubbard, 데이비드 지David Gee와 헬렌 피셔Helen Fisher 등은 너무나 큰 힘이 돼주었고, 케이스 스노우Keith Snow와 데이비드 에드워즈David Edwards 교수는 가치를 헤아리기 어려울 정도로 지원을 아끼지 않았다. 학부생인 필리포 포폴Filippo Campagna Popol이도와준 것처럼 포유류에 관해서는 퀸메리스대학Queen Mary's College의 데이비드 폴리David Polly 박사가 꾸준히 큰 도움을 주었다. 노팅엄대학교University of Nottingham의 로저 풀Roger Poole 박사는 철학적인 사안과 관련해 매우 유용한 논평을 해주었다. 자료 수집에는 캘리포니아주립대 샌타바버라 캠퍼스UCSB의 존 앨로이John Alroy 박사, 브리스틀대학교University of Bristol의 마이크 벤턴Mike Benton, 매사추세츠대학교University of Massachusetts의 켄 피엘Ken Piel 박사의 도움이 컸다. 그리고 글래스고대학교University of Glasgow의 이언 매케이Ian McKay는 타이어포브로치Tirefour Broch 성채城砦에 관해 조언을 했다.

로열프리 병원의 내 주치의와 간호사들은 탈고과정에서 내가 편히 집필을 마무리할 수 있게 해주었다.

오슬로대학교University of Oslo 지질학연구소의 스베인 마눔Svein Manum 교수와 서식스대학교University of Sussex의 래피 캐플린스키Raphie Kaplinski 박사는 초고 전체를 읽어보곤 내용 교정에 도움이 되는 많은 의견을 보내왔다. 런던대학교University of London의 빌 챌러너Bill Chaloner와 존 차랩John Charap 교수는 각각 5장과 3장에 관해 많은 지적을 해주었다. 그래도 남아있는 오류와 결점은 내 책임이다.

이 책 초판을 만들면서 포스에스테이트Fourth Estate 출판사의 클라이브 프리들Clive Priddle은 어떻게 책을 다듬어야 하는지를 알게 해줬다. 또 편집을 맡은 리오 홀리스Leo Hollis는 내 생각을 펼치는 데 놀라울 정도로 건설적인 안내자 역할을 했다. 그가 없었다면 이 책이 나올 수 없었을지도 모른다. 원고를 정리한 스티브 콕스Steve Cox도 가치 있는 제안을 해주었다.

늘 열성적이고 끈기 있는 아내, 비디 아노트Biddy Arnott와도 이 책에 관해 많은 얘기를 나누고 도움을 받았다. 두 아들 톰Tom과 알렉스Alex도 관심을 가져주었다. 중요한 것은 위의 모든 사람이 너무도 다양한 방식으로, 그것도 기꺼이 무척이나 많은 도움을 주었다는 사실이다.

글을 시작하며

아침식사를 마치고 컴퓨터를 켜자 모니터에 e-메일 메시지 하나가 떠올랐다. 젓가락질을 해가며 입맛에 맞지 않는 삶은 생선과 밥을 먹고 난 뒤끝이라 하루를 시작하는 기분이 썩 좋지만은 않았다. 하지만 그 e-메일 메시지는 그런 기분을 일거에 털어내게 해주었다. 그것은 이 낯선 나라에서 미각을 돋우는 달걀요리와 훈제연어를 만난 것에 비할 바 없는, 하늘에서 떨어진 만나manna[1]와도 같았다.

메시지는 런던의 제자 딜샷 휴줄라Dilshat Hewzulla가 보내온 것이었다. 그는 중국 북서지역 출신의 컴퓨터공학자로, 어느 도메인이 제 아무리 복잡한 시스템을 갖고 있다 하더라도 이를 다른 곳에서도 불러들이는 데 귀재로 불리는 사람이었다. 멸종했든 살아있든지를 막론하고 막대한 양의 동·식물 자료 및 환경 관련 자료를 그에게 던져준 터였다. 그는 자료를 진화론과 환경론적으로 분석하기 위해 먼저 수학적으로 의미 있는 유형을 찾아보는 중이었다. 그 일이 간단한 얘기로 들릴지는 모르지만, 결코 간단치 않은 일이었다. e-메일은 내가 없는 동안에 영국왕립학술

---

1. 성경에서 하느님이 내려주었다는 신비로운 양식이다. 구약성서 「출애굽기」에 따르면, 모세가 이끄는 이스라엘 백성들이 이집트(애굽)를 탈출하면서 굶주렸을 때 하느님이 내려주었다고 한다.

원Royal Society 출판국으로부터 한 통의 편지가 날아들었다는 소식을 담고 있었다. 편집자가 우리 연구진의 원고를 채택했다는 것이다. 분명히 심사관 두 명은 우리 원고에 대해 후한 점수를 준 반면에 다른 심사관들은 특별할 게 없다고 혹평을 했었다. 하지만 우리의 논증이 완벽하게 승리를 거둔 셈이었다. 결국 다른 심사관들도 우리 연구 작업이 과학계에서 관심을 가질 만한 내용을 담고 있다는 사실을 알고 이를 인정한 것이다.

나는 흡족한 기분에 들떠 차 한 잔을 마시고서야 흥분을 가라앉힐 수 있었다. 아무튼 그것이 대만에서도 논의되고 있는 내용이었으니 말이다. 국제생물학연맹International Union of Biological Sciences 총회에 영국대표로 참가한 나는 과학아카데미가 있는 대만의 수도, 타이베이에 머물고 있었다. 찻집은 한산했다. 세 명에 불과한 인원으로 구성된 자신의 연구진과 함께 하자며 미국인 친구가 맞은편 방에서 손짓을 했다. 그들은 환경변화에 끼치는 인간의 영향이라는 회의 주제를 놓고 토론을 벌이고 있었다.

과학자들이 둘러앉은 전날 총회에서는 우리를 둘러싼 세계의 환경변화를 관측하는 방법 모색이라는 과제를 놓고 과학자 두 사람의 발표가 있었다. 몇몇 대표는 명확한 평가프로그램도 없이 자국 정부들이 유엔생물다양성협약United Nations Biodiversity Convention에 가입하지 않은 것은 심각한 문제라는 식의 암시를 하기도 했다. 한 사람이 이런 의문을 던졌다. "어떻게 공개토론회에서 평가대상을 결정할 수 있겠습니까?" 그러자 의견이 쏟아졌다. "생명체의 다양성과 환경이란 너무 광대하고 복잡한 문제입니다. 어디서부터 시작해야 할지 가늠하기도 어렵죠. 대부분의 종種이 아직 다 밝혀지지도 않았으니." "해양생태학자와 육지생태학자는 어떻게 함께 참여시킬 거죠? 서로 영역이 다르다보니 자기주장만 강하게 내세울 텐데." "여태까지 기상학자와 생물학자들이 말이라도 제대로 주고받은 일이 있습니까? 해수면 변화에 관한 모형은 누구 것을 취하죠?"

이는 과학의 문제이기만 한 게 아니라 정치적인 것이기도 했다. 게다가 재정 문제까지 겹쳐 있었다. "서구국가들이 그토록 화석연료를 많이 사용하고 있는 한 개발도상국들은 결코 협력하지 않을 겁니다." 인도대표의 말이었다. "또한 환경변화 관측에 대한 지원은 말할 것도 없고, 생물다양성에 관해 사람들을 교육시키는 일에도 당신네 선진국들이 재정을 뒷받침해줄 리가 만무하잖습니까."

이윽고 총회에서는 우선순위를 정하기로 결정했다. 세계 곳곳을 지역별로 나눠 개개 동·식물을 분류하고 개체수를 파악하는 한편, 강수량과 기온을 기록하고 토양 형태도 종류별로 나누기로 했다. 하지만 있음직한 변화들을 관측하는 데는 수많은 변수가 따르기 마련이다. 모든 변수가 정도를 달리하며 서로 다른 방식으로 영향을 끼칠 수밖에 없다. 제대로 된 관측을 위해서는 시간의 척도를 다루는 것도, 또 다른 요소로 조사항목에 포함되어야 한다. 즉 하룻밤의 변화, 1년, 10년, 1000년, 수백만 년 단위의 변화 등을 살펴야 한다. 내겐 주류 생물학과 생태학 분야를 이끌어가는 전문가 친구 둘이 있다. 과학부장관이 자문을 구하자 그들은 자신의 분야와 관련된 일인데도 어떻게 조언을 시작해야 할지 실마리를 찾지 못한 적이 있었다. 처치 곤란한 딜레마였다. 사실 사람들은 과거 100년 동안에 사라진 종과 생태계의 변화를 제대로 알지 못한다. 그런데 우리 연구진은 인간이 이 지구상에서 파멸의 길을 걷고 있는 게 아닌지, 모두 본능에 가깝다고 할 만큼 처참한 심정에 깊이 빠져 있다. 각국 정부로서는 이런 현안에 의문도 갖지 않고, 해답을 찾지 않더라도 많은 선거에서 능히 승리를 거둘 것이다.

하지만 골치 아플 정도로 복잡하다고만 해서 회피로 일관할 수 있는 문제가 아니다. 찻집에 앉아 있는 내 친구들처럼, 어떤 특정 학문분야의 전문가들만을 위한 문제도 아니다. 무수한 학문분야에 몸담고 있는 모든 사람들과 관련된 문제인 것이다. 이런 딜레마에 대해 일종의 해답을 찾는 데 기여하려는 시도로 집필된 게 바로 이 책이다. 그리고 새로운 접근방식으로 처음 시도된 결과를 알리는 신호탄이었던 게 바로 딜샷의 e-메일 메시지였다. 우리가 왕립학술원에 제출한 논문은 생물학, 생태학, 지질학 자료와 이를 수학적으로 분석한 자료를 취합한 결실이었다. 수십 년, 수백 년, 수천 년 그리고 수백만 년에 걸쳐 일어난 변화로부터 얻은 자료이자, 진화적 변화를 거쳐 출현한 생물학적 다양성 유형을 분석해 도출한 자료였다. 이는 타이베이의 찻집에서 제기된 숱한 문제들을 푸는 데도 도움이 될 만했다. 우리 연구로 밝혀진 유형들을 살펴보는 일은 시간을 통한 여행이라 할 수 있다. 여행 중에는 멸종, 종과 대규모 집단의 기원과 분화를 만나볼 수 있다. 다양한 환경 속에서 나타나는 변화들과 생물학을 결합해보면 이 두 대상이 서로 밀접하게 연결되어 있음을 알 수 있다. 이러한 연관성은 지질학적 시간 단위별로 변화가 일었다는 사실을 보여줄 뿐만 아니라, 영국 시인 키이츠John Keats의 「그리스 항아리에 부치는 노래」에 간직된 우아한 아름다움도 갖추고 있다. 그는 "'아름다움은 진리이고, 진리는 곧 아름다움' – 이것이 당신들이 이 세상에서 아는 전부이자 알 필요가 있는 전부"라고 했다.

그것은 과거 6500만 년을 아우르고 미래로 이어지는, 일련의 멸종기를 지나 또 다른 것으로 나아가는, 지구상에서 벌어진 진화이야기 그 자체다. 화석에서 얻는 단서는 물론이고, 대지에는 우리가 찾을 수 있는 진화의 모든 증거들이 널려있다. 현재의 동·식물, 바위, 화학물질, 먼지, 그 밖의 다른 곳에도 무수하다. 대개의 자연과학, 물리학 그리고 그 너머에서도 정보와 아이디어를 얻을 수 있다. 지금까지 분화된 숱한 학문분야 속에서도 증거는 나오고, 우리가 탐구하는 생물학, 환경의 자연적 변천과정의 많은 부분에서도 증거를 찾을 수 있다.

나는 화석을 연구했기 때문에 고생물학자로 자처해왔다. 1960년대 내 연구과제는 산산 조각난 나무 파편 수천 점을 분석하는 일이었다. 600만 년 된 것으로 밝혀진 그 파편들은 영국 중부지방의 어느 진흙채취장에서 나온 것들이었다. 더비셔Derbyshire의 야트막한 석회암산의 무너진 동굴에서 발견되었다. 한때 그곳에는 따뜻한 지역에서 자라는 아메리카삼나무[세쿼이아 속屬의 교목喬木] 숲이 형성되었다는 것을 알 수 있었다. 그 숲이 오늘날의 미국 캘리포니아 세쿼이아 숲과 닮은 구석도 없지 않았으나, 전체를 조망하면 영국적 특색을 갖고 있었다. 지질학적으로 무척 짧은 기간 동안 엄청난 변화가 일었는데도 피크디스트릭트Peak District [더비셔북부의 고원지대] 일대는 정말로 캘리포니아 세쿼이아 국립공원과 흡사했다. 그러면서도 지금은 동양에서만 주로 발견되는 나무뿐만 아니라, 현재 자연상태에서는 북미지역에만 남아있는 나무들이 낙엽성의 영국 떡갈나무 및 느릅나무와 함께 뒤섞여 울창한 혼효림混淆林 mixed forest을 이루고 있었다. 그런 나무들이 토양을 비옥하게 하고 산을 온통 화려하게 장식했다. 토질이 나쁘고 물 빠짐이 심해 오늘날의 히스heath[진달래과 관목灌木] 밀집지역과 아주 닮은 곳이 있었던 반면에, 여기저기 습지도 있어 다양하고도 우리에게 친근한 동·식물이 번성하기도 했다.

이는 현재 선진국의 대도시 대부분이 자리해 인구가 밀집돼 있는 지구의 온대지역까지 빙하기의 빙하로 덮이기 불과 수백만 년 전에 일어난 일이다. 빙하기가 극지방으로부터 확산되기 전에는 난대림 warm-temperate forest이 촉촉한 산야를 뒤덮고 있었다. 처음에는 메마른 땅을 관목과 히스 무리가 뒤덮고 풀만 무성하게 자랐었다. 풀이 무성해지자 몸을 구부려 풀을 뜯는 포유류가 엄청나게 증가되었다. 대기의 이산화탄소(CO_2) 농도가 지금보다 높았는데, 이는 지금보다 더 따뜻했다는 걸 의미한다. 극지방의 만년설도 지금보다는 훨씬 적었으나 점차 늘어나게 된다. 일반적인 항로를 따라 유럽에서 캘리포니아까지 항공여행을 한다거나, 시베리아를 넘어 베이징으로 갈 때 보면 두 항로에서 모두 같은 종류의 숲을 볼 수 있다. 즉 플로리다 에버글레이즈Everglades[미국 플로리다주 남부의 거대습지] 지역에서 볼 수 있는 것처럼 물이 있는 곳에서는 습지에서 잘 자라는 사이프러스cypress[측백나무과 교목]와 관목들이 자라고, 낮은 산지엔 아메리카삼나무를 비롯한 난대림이 형성된 걸 보게 된다. 플로리다 습지지역에는 미국 남부나 중국의 난대지역에서 볼 수 있는 떡갈나무·단풍나무·소나무류보다 더 많은 종류의 나무와 관목들이 섞여 자란다. 항로를 북쪽으로 잡아 영국 히드로에서 캐나다 밴쿠버로 갈 때는 좀더 차가운 느낌의 풍경이 펼쳐지는데, 소나무와 오리나무류도 뒤섞인 자작나무숲을 넘어가게 된다. 그 옛날 그곳은 지금보다 바다의 크기도 훨씬 작고 얼음도 없었다.

지난 40여 년 동안 자연과학분야의 여러 전문가들이 수백만 년 전 세계의 모습을 그려내려고 노력해 왔다. 그들은 기후변화, 식물의 천이遷移, 진화, 생태학과 집단통계학 등에 관해 새롭게 접근하고 있다. 이전의 독립된 학문들을 통합해 나가고 있기 때문에 이제는 세계에 긴급하고도 새롭게 닥친 환경문제에 그것들이 어떻게 영향을 미치는지 알게 될 것이다. 우리 연구진도 서로 다른 방법론을 취하면서 유전학, 지질학, 생태학, 분류학, 거기다 통계학까지 길을 넓히고 있다. 그래서 지금은 나 자신을 한때 자처했던 고생물학자라기보다는 진화생물학자로 소개하고 있다.

1960년대의 탐구시기 이후의 과학 논문들은 생물학적·환경적 변화에 관한 세밀한 연구들로 채워져 오고 있다. 지난 20세기의 전반기 50년은 생물학 이론을 정립하고 이를 기술한 시기였다고 할 수 있다. 이를 바탕으로 이후 나머지 50년 동안엔 종과 환경 간의 진화적 관련성을 연구한 자료들이 많이 축적되었다. 그러다 절정에 오른 시기가 1977년이었다. 바로 그 해 프레드 생어Fred Sanger가 현재의 유전공학을 이끌고 있는 유전자 염기서열분석법을 개발하면서부터였다. 20년이 지나면서 DNA 염기서열분석은 자동화단계에까지 이르렀다. 그 결과 현재는 하루에 나오는 자료만 갖고 책을 만들어도 1km 길이의 책장을 꽉 채울 수 있을 만큼 매일매일 새 자료들이 엄청나게 쏟아지고 있다. 환경을 중시하는 생태학자 및 분류학자들도 자료의 홍수 시대에 한몫을 하고 있으며, 자료를 검색하고 분석, 저장하는 데 있어 이를 자동화하는 기술도 모색되기 시작했다. 하지만 이미 제어하기 힘들 정도로 국제적으로 자료가 남용되고 있는 형편이기도 하다.

이스트런던대학교의 내 연구진이 거둔 성과 중 하나는 인터넷을 넘나들며 주고받는 엄청난 양의 자료를 충분히 분석할 수 있다는 점이다. 이것은 우리가 하나의 복잡계complex system로 존재하는 지구상의 생명체를 관찰하기 시작하면서부터 축적한 자료를 비롯해, 서로 출처가 다른 견해와 정보들을 모아 이를 가공할 수 있다는 걸 의미한다. 타이베이의 찻집에서 벌어진 논쟁거리를 이해하고 해결하는 문제로만 국한하더라도 아마 우리는 전체로서의 생명계에서 일어나는 생존과 변화의 방식을 파악할 수 있게 될 것이다. 우리는 지금 막 연결고리들을 묶으려 시도하고 있을 뿐이다.

내 경력을 두루 살펴보면 나는 대다수의 사람들보다 과학 분야 전체적으로 그러한 연결고리들을 더 많이 찾아낼 수 있는 특권을 누렸는지도 모른다. 학위를 받으려고 1960년대 초 런던대학교에서 공부할 때는 당시 막 3염기조합의 유전자암호를 밝혀낸 당사자인 프랜시스 크릭Francis Crick과 시드니 브레너Sydney Brenner의 강의를 들었으며, 초기 유전학분야의 선도적 개척자라 할 홀데인J. B. S. Haldane의 강의 또한 내 수강목록에 들어 있었다.

그 당시 홀데인은 자신을 덮친 암과 싸우느라고 뒷머리를 덮을 정도로 점퍼의 깃을 잔뜩 세우고 학교 북쪽의 한적한 곳을 산책하곤 했다. 오늘날엔 듣기조차 어렵게 됐지만, 유전자의 우성 및 열성형질의 돌연변이와 재조합을 수학적으로 풀어내는 게 그가 연구하는 생물학의 중심과제였다. 이렇듯 옛것과 새로운 학문이 교차하는 지점에서 나는 과학철학에도 손을 대면서 열역학에 빠져들기도 하다가 화학과 지질학을 연구하는 등, 이리저리 두리번거렸다. 모험을 즐기는 많은 과학자들이 독자영역이라는 굳건한 경계로부터 탈피해 외부세계에 눈을 돌리고 있었다. 영J. Z. Young이라는 사람은 해부학자들의 사고방식을 바꾸기 위해 여념이 없었으며, 피터 메더워Peter Madawar는 면역학에 관한 기존 관념 및 과학연구의 방향마저 새롭게 정립해 나가고 있었다. 칼 포퍼Karl Popper가 내 미래였으며, 내 기숙사 방문 옆 바닥에서 비틀즈가 잠들기도 했다.

독립된 이론적 배경에 대한 어떤 정형성을 깨트리는 전통이 확립되면서 생명체를 보는 다양한 시각이 동시에 한데 결합될 수 있었다. 아무튼 일단 정형화된 틀에서 벗어나기 시작하면 그 다음부터는 어떤 맥락에 억지로 꿰맞추거나 적용하는 일이 외려 어려워질 수밖에 없다. 그 시절은 겁 없는 과학자들을 위한 환희의 시대일 수도 있었다. 40여 년이 흐른 지금 그런 형태는 새로운 객관성을 담보한 통합이라는, 신조류에 휩싸이면서 더욱 뚜렷한 정체성을 확보한 모양새를 띠고 있다. 조직생물학이 정점에 오른 건 1960년대였다. 생명체의 조직과 기능원리가 분자유전학 분야에서 '유전자'라고 불린 3염기조합의 유전암호 속으로 끌려 들어오면서였다.

내 지도교수는 진화과정의 매력을 설명하는 데는 천부적인 자질을 가지고 있던 고생물학계의 권위자, 빌 챌러너Bill Chaloner였다. 그는 자신의 철두철미한 연구를 통해, 시간의 척도에 따라 달리 일어나는 자연과 생태변화에 관한 개념들을 보다 명확하게 정리하게끔 분위기를 이끌었다. 우리는 시각을 달리해가며 문제를 살펴봄으로써, 그러한 전통과 맞닿아 있는 신조류의 열풍에 파묻혀 열성적으로 연구에 몰두했다. 연구 태도의 변화를 몸소 느꼈기 때문에 흥분된 시간의 연속이었다. 새로운 세기가 열린 지금, 그런 일이 다시 일어나고 있다. 하지만 실로 어마어마한 이 시대의 변화는 우리의 삶에까지 영향을 주기 시작했다.

경우에 따라 '기독교적 보편주의'에 빠질 위험이 있긴 했어도, 과거의 경험이 나를 논쟁에 있어서도 열린 마음을 갖게 만들었다. 돌이켜보면 나는 환경문제와 진화생물학, 유전학, 지질학, 생태학 및 수학과 관련해서도 많은 요소들에 대해 늘 그런 식으로 반응을 보였던 것 같다. 모든 학문이 함께 어우러져야만, 공룡의 멸종과 그 너머까지의 과거를 추적할 수 있는 토대인, 지구상의 복잡계를 제대로 구성할 수가 있다. 그런 복잡계의 변화 사실을 일깨워주는 대부분의 사건을 놓고도 이견이 적지 않다. 예를 들자면, 6500만 년 전 그토록 많던 대형동물 집단이 돌연 지구상에서 사라져버린 일을 설명하는 데도 최소한 네 가지 이론이 있다. 그 첫째는 멕시코 연안에 무려 직경 200km의 운석공隕石孔 crater을 만들었다는 운석충돌설로, 이로 인해 지구가 불길에 휩싸이고 대형동물이 멸종했다는 것이다. 둘째는 인도에서 발생한 맹렬한 화산폭발의 결과라는 설이고, 셋째는 생리적으로 체온조절에 어려움을 계속 겪으면서 나타난 결과라는 것이다. 마지막으로 식량고갈 때문에 공룡이 굶어죽었다는 설도 있다.

제한된 사실만 갖고 좀더 기발한 해답이라는 평가를 받으려고 자신의 주장을 펼치는 여러 이론들을 볼 때, 이는 과학연구를 어떻게 해야 하는지를 보여주는 훌륭한 사례라 아니할 수 없다. 오늘의 답이 어제 터득한 답보다 더 그럴싸하다 해서 그것을 부여잡으면, 내일이면 또다시 다른 답이 그 자리를 차지할 것이다. 하지만 새로운 경향과 유형이 등장하면서 우리는 다양한 학문분야로부터 보다 많은 자료를 취해 보다 명확하게 대상을 보기 시작했다. 컴퓨터 계산능력의 향상과 인터넷의 도입은 이해력을 높이는 데 있어 도약의 발판을 마련하는 활기찬 요소가 되고 있다.

다른 한편으로 보자면 지금은 끔찍한 시대일 수도 있다. 2000년 새해 첫날 세계야생생물보호기금World Wildlife Fund은 영국 일간 《가디언 Guardian》지와 공동으로 『새로운 세기의 새로운 각오 A New Century a New Resolution』라는 제목의 작은 책자를 발간했다. 나중에 영국정부의 수석과학자문위원이 된 로버트 메이 경Sir Robert May은 그 책에서 "우리의 위대한 도전"에 대해 경고했다. 그의 견해에 따르면, 우리의 도전이 "전 지구적 차원의 생산성 향상은 이제 지속가능하면서도 환경친화적인 방식에 의해서만 성과를 거둘 수 있다는 걸 확인시켜 준다. 우리는 정말로 지구 생명역사상 아주 특별한 시대에 살고 있다. 지금은 생물세계를 이루고 유지하는 자연의 흐름에 대해, 그 자연의 규모와 범위에 대해, 인간의 활동이 최대 경쟁자로 떠오른 유일한 시대다." 우리가 지금 제대로 행동을 해야만 대재앙을 막을 수 있다는 게 그의 주장이다.

사실 나는 좀더 비관적인 입장이다. 나는 이 책에서 수천 년이 흘러오는 동안 그 저변에 이미 대재앙의 전조도 함께 한 증거를 제시한다. 또 우리가 환경에 대해 저지르고 있는 짓을 질타한 로버트 메이의 관측이 이제는 우리의 목숨을 재촉하는 현실로 다가온 사실을 입증한다. 대부분의 사람들은 고작 자신의 인생경험에 의존해 시간을 생각하고, 그것도 가장 길게 봐야 몇 백 년에 그친다. 하지만 사고를 확장해 지난 1000년이 과거의 처음이 되도록 저 멀리까지 시간을 생각한다면, 오늘날과는 전혀 다른 모습의 세계를 만나볼 수 있을 것이다. 세계는 여전히 끊임없이 변하고 있다. 이제 이 책에서 수천 년 전, 인간의 간섭이 시작되기 이전의 세계와 현재의 세계를 비교해보도록 하겠다. 초기 인류가 대형 포유류들을 사냥했다는 사실을 보여주는 증거는 끔찍한 공포를 안겨준다. 그 결과 숱한 종種의 멸종이 초래됐기 때문이다. 모든 것은 1만 년 전, 즉 지구를 완전히 집어삼킨 마지막 빙하기가 끝난 시점 이후에 벌어지고 있는 일이다. 바로 그 기간이 계속해서 우리 몇몇이 관심을 촉구한 기간이다. 그렇다면 오래지 않아 닥칠 다양한 양태의 멸종까지는 얼마나 남았느냐는 질문을 받게 된다. 그럴 때마다 나는 이렇게 대답한다. "멀지 않았습니다. 하지만 기억해주십시오. 나는 고생물학을 가지고 얘기하는 사람입니다."

과거는 끝나지 않았다

철기시대 인간이 남긴 유물

대부분의 사람들이 지난 1000년 역사의 전체상像을 어느 정도 그린다 쳐도, 더 먼 과거의 역사를 볼 수 있는 사람들도 있다. 철기시대 성채城砦인 타이어포브로치Tirefour Broch가 스코틀랜드 서부 리스모어Lismore 섬에서 발견 되었다. 직경 12m의 둘레를 돌로 쌓아 아직도 3m 높이로 서있는 이 성채를 고고학자들은 약 2100년 된 것이라고 주장한다(그림 1.1 참고). 길게 뻗은 섬의 가장 높은 곳에 위치한 이 성채에 서면, 로크린네Loch Linnhe 빙하호 너머 북으로 포트윌리엄Fort William과 벤네비스Ben Nevis 산까지 보이고, 또 서쪽으로는 멀Mull 섬까지 시야에 들어와 경치가 장관을 이룬다. 그러나 스코틀랜드 본토의 숲에서 출몰하는 약탈자를 막기 위한 자구책으 로 이 성채를 세우고 섬을 지킨 당시 사람들이 지켜본 것은 지금 보는 경치가 아니었다. 그들이 치는 양과 닭을 본토의 늑대로부터 안전하게 보호하고자 할 따름이었다. 바다에 맞닿은 로우랜즈[남동부 저지대] 지역 및 산악지대에는 스코틀랜드 소나무, 떡갈나무, 자작나무, 오리나무가 뒤섞인 울창한 숲으로 덮여 있었다. 지금은 수목한계선 위로 자줏빛 히스, 호랑가시나무, 크랜베리[덩굴월귤, 진달래과 관목] 등 키 작은 관목들이 뒤섞여 넓게 자라고 있다. 과거 이 지역에는 다양한 종류의 맹수들이 어슬렁거렸다. 그렇다 보니 남쪽이나 서쪽에서 처음 이곳으로 이주해온 사람들에게는 좋은 장소가 아니었다. 하지만 영국 서쪽 해안을 따라 리스모어 섬을 향해 대서양의 멕시코만류가 흘렀다. 여기에서 연유한 해양성기후 덕택에 적어도 겨울만큼은 유럽 본토보다 따뜻했다.

그림 1.1　스코틀랜드 아길(Argyll) 주 리스모어 섬의 타이어포브로치 성채.
성채의 직경은 약 12m에 이르며 가장 높은 지점의 높이는 3m다. 사진의 왼쪽에 내부로 통하는 출입구가 있다. 방사성탄소연대측정법에 의한 방사성탄소(C^{14})측정 결과 기원전 1세기 것으로 보는 시각이 유력하나, 더 오래된 기원전 600년에서 500년에 세워진 것으로 보는 시각도 있다.

　타이어포 같은 스코틀랜드의 성채들은 스코틀랜드보다 문명이 발달한 이집트에서 어린 투탕카멘Tutankhamen이 왕이던 시절 건축된 파라오의 피라미드보다는 수백 년 늦게 세워졌다. 나일강변을 따라 복잡한 사회를 이뤘던 이집트와, 인구도 별로 없던 보잘것없는 그 섬은 뚜렷하게 대비가 된다. 스코틀랜드 사람들의 삶이란 그들이 이주한 흔적을 좇아 끝까지 따라오는 다른 종족과 굶주린 동물들의 계속된 위협으로 말미암아 고단하고 힘겨운 것이었다.

가젤·영양·나귀·하이에나 같은 포유류로 넘치던 북아프리카에는 난대성의 대초원과 사막의 관목덤불이 드넓게 펼쳐져 있었다. 현재는 더 남쪽으로 케냐의 내륙에서 남아프리카까지만 자연상태로 남아있는 그런 초원 풍광이 사라져버린 건 그리 오래 전 일이 아니다. 부채질하는 사람도 데리고 왕이 호위대와 함께 수레를 타고 사냥하는 그림이 투탕카멘의 무덤에서 발견되었는데, 이를 보면 위에서 말한 포유류가 더 북쪽에서도 살았다는 사실을 알 수 있다. 나일강을 따라 남겨진 유물들은 그들의 문화를 엿볼 수 있게 해준다. 전체적으로 사회가 형성된 강 유역에서 정착하기란 쉬운 일이었다.

하지만 시선을 훨씬 북쪽으로 돌려보면, 그곳으로 이주해 간 인간들에게 차디찬 겨울은 곤혹스런 일이었다. 그때는 이미 더 극한조건에도 적응을 하며 몇 백만 년을 살아온 매머드를 비롯한 대형 포유동물들이 인간의 사냥으로 멸종해버린 뒤였다. 새로운 인류는 창과 단검을 만들고 옷과 집을 짓는 기술과 함께 자신의 지능에 힘입어 무척 빠르게 환경에 적응하려는 노력을 기울였다. 리스모어의 성채를 포함, 주변의 다른 여러 섬에서 발견된 20여 개의 유사한 성채는 유럽에서도 가장 오래된 건축물에 속한다. 비록 기후변화로 부서지고, 더 최근엔 반달리즘vandalism[1]으로 인해 파괴되고 있기도 하지만, 서서히 목초지의 풍경 속에 파묻혀

---

1. 인간이 저지르는 신성파괴 또는 문화유적의 파괴를 의미한다. 5세기 초 게르만족의 일파인 반달족의 파괴행위에서 유래된 말이다. 북아프리카지역에 왕국을 세운 반달족이 지중해 연안 및 로마를 침탈하고 파괴를 일삼은 데서 사용되기 시작했다. 최근에는 미국이나 유럽의 대도시에서 벌어지는 약탈과 살인, 공공시설의 파괴, 방화 등의 도시범죄를 일컫는 데 사용되기도 한다.

보존되고 있다. 철기시대 정착민들의 삶의 방식, 즉 그들의 사냥, 문화, 종교, 그리고 그들이 자연환경과 어떻게 관계를 맺고 살았는지, 이를 복원하는 데는 충분할 정도로 많은 증거가 살아 숨 쉬고 있다. 삶은 고단했지만 그들이 공동체 속에서 집을 짓고 질서를 이루며 살아온 것은 분명하다. 또한 고고학자들은 서유럽의 대서양 해안가를 따라 늘어선 당시의 유적지에서 청동검과 여타 무기들을 발굴하면서 무역과 전쟁도 그들 삶의 일부였음을 밝혀내고 있다.

아주 좁은 통로를 거쳐 성채로 들어서면, 식량을 비축하고 가축을 치며 공동작업을 했던 안마당이 드러난다. 벽체 안쪽엔 짚으로 지붕을 얹은 2층의 목재구조물이 마당을 둘러싸고 있다. 이 구조물은 잠을 자거나 물건을 저장하기 위한 여러 개의 작은 방으로 나뉘어 있다. 인간과 문명이 이주하면서 이런 종류의 구조물은 다른 대륙의 과거 인류가 조성한 건축물에서도 다양하게 나타난다. 모로코에는 중앙 안마당에서 가축을 치고 바깥벽을 따라 부엌, 침실, 경비실을 갖춘, 아직도 사람이 실제 거주하는 마을 공동의 성채가 남아 있다. 또 카자흐스탄에는 아직까지 유목생활을 하는 사람들이 같은 목적으로 내부를 나눈 천막을 이용하기도 한다. 다른 인간집단이나 부족들을 겨냥한 훌륭한 방어요새일 뿐만 아니라 가축에게 위해를 가하는 맹수들을 방어하는 데도 유용했다고 한다.

남자들은 보리를 경작하고 무리를 지어 사냥에 나섰으며, 여자들은 가축을 돌보고 음식을 만들며 아이들을 양육했다. 종족의 안녕을 위해 사생활이란 거의 찾아볼 수 없었다. 대신 거대 집단으로 존재하면서 지식과 경험을 나누고 생존전략을 짜기 위해 같은 언어를 사용했다. 지난 수천 년간, 시대를 막론하고 불리한 환경의 위협 속에서 종족의 일상적인 안전 때문에 생활의 변화가 인 것은, 전 세계를 통틀어 사회적으로 집단을 이룬 곳이라면 모든 곳에서 나타난 양상이었다. 몇 천 년 전, 앞날을 걱정하던 우리 인간은 불리한 자연세계의 위험으로부터 스스로 방어하는 법을 익혔다. 또한 일정부분 자연의 흐름을 통제하기 시작했다. 불을 놓는가 하면 청동을 만들려고 주석 같은 광물을 이용했다. 이는 정치와 사회의 시작을 알리는 자연자원의 지배라는 측면에서 위대한 혁명으로 보일 수도 있다. 하지만 이것은 어떤 특정 종이 자연으로부터 무언가를 취하고, 자신의 이익만을 생각해 자연을 변화시킴으로써 처음으로 자연의 균형상태에 의식적으로 간섭했다는 걸 의미했다. 유럽 북서부 지역에 인간의 개입이 없던, 즉 타이어포브로치 성채가 세워지기 이전까지만 해도 그곳 생태계는 나무와 풀이 햇볕을 받으며 자라는 자연의 땅에 풀이 무성한 습지도 가진 안정된 삼림으로 구성돼 있었다. 이런 상황이 지속된 상태에서 포유류를 비롯해 조류와 다른 동물들은 안정된 상태의 생태계 균형 속에 융화되어 있었다. 쓸모없는 것이라곤 없었다. 모든 자연계에 있어 생태계는 내부로부터 조성돼 스스로 제어되고 있었다. 일종의 평화와 조화를 이루고 있었다는 얘기다. 이 아름다운 균형상태를 깨버리는 것은 오직 외부에서 가해진 힘뿐이었다. 그런데 그런 외부의 힘이 작용함으로써 그 변화된 환경 속에서 동물 및 식물계의 다양한 대규모 집단의 진화가 촉진되었다.

지구가 외부로부터 힘을 받았다는 원천증거는 무수하다. 물론 자체의 복잡한 내적 구조로부터도 힘은 작용한다. 외부에서 가해진 힘으로는 소행성이나 혜성의 충돌, 달 및 다른 행성과 작용하는 인력, 태양흑점과 태양풍의 영향 등을 들 수 있다. 또 신을 두려워해야 할 천문학자 프레드 호일Fred Hoyle은 바이러스, 즉 생명체의 외계유래설을 주장했다. 지구 내부 체계에서 비롯되는 것에는 생태계의 연속성, 기상에 따른 침식과 풍화작용, 계절별 환경변화, 여러 종과 개체 간의 다툼을 예로 들 수 있으며, 물론 이기적인 유전자도 있다.

영국의 여러 섬에 흩어져 있는 타이어포브로치 같은 건축물은 인간이 처음으로 환경을 변화시킨 일 중의 하나였다. 인간은 환경에 엄청난 변화를 유발하는 유일한 종이다. 지난 3000년에 걸쳐 인간은 종종 우리의 이해범위를 넘어설 뿐만 아니라, 어쩌면 우리의 통제권을 벗어났다 해도 과언이 아닌 결과들을 야기해 왔다.

초기 인간이 종족 단위로 집단을 이룬 이래 발생한 또 다른 변화들을 생각해보더라도 모든 것은 인간으로부터 비롯됐다. 인구와 활동이 증가하고, 목축이 시작되고, 도시가 형성되고, 여행이 일상화되면서, 오염과 쓰레기가 늘어나면서 말이다. 삼림을 파괴하고 멸종을 불러오고, 해수면의 상승과 기후변화를 이끈 건 인간이었다. 지구 땅덩이 대부분이 그렇게 황폐해져 가는 동안, 파괴적인 변화가 바다에도 해악을 끼치고 있다. 인간의 발길을 면해 3000년 전의 모습을 그대로 간직하고 있는 곳은 세계에서도 극히 일부에 지나지 않는다.

현재 영국의 섬들 가운데 당시와 같은 경치를 구경할 수 있는 곳은 갈웨이 만Galway Bay 정남쪽, 카운티클레어County Clare의 버른Burren 지역이 유일하다. 그곳은 수 평방 km에 걸쳐 석회암으로 덮여 있는데, 다행히 그것을 가지고 할 수 있는 일이 아무것도 없었기 때문에 전혀 간섭을 받지 않을 수 있었다. 거대하게 튀어나온 바윗덩어리들을 가로질러 기어오르면 정상 표면에서 거북 등짝처럼 갈라진, 그라이크grike라고 불리는 바위 '틈새'들을 볼 수 있다. 1m 이상의 깊이를 보이는 곳도 종종 발견되는 이 틈새에는 특별한 식물·동물군을 불러들이는 독특한 극소기후가 유지된다. 버른은 강한 바람을 피할 만한 곳이 아무데도 없어 오직 대기大氣의 영향만을 받는 외진 곳이다. 대서양에서는 뭉게구름이 피어오르고, 검은머리Black Head라는 이름을 가진 바위가 돌출한 바다 쪽에는 회색빛의 석회암이 절벽을 이루고 있으며, 성채를 세우고 청동검을 만든 스코틀랜드의 다른 섬의 그것과 다르지 않은 역사를 간직한 채, 여전히 사람이 살고 있는 애런Aran 섬조차 저 멀리 떨어져 있는 그런 곳이다.

현생인류가 남긴 유물

자연이 빚어놓은 태곳적 유적 사이를 걸으면서 2000년 겨울에 생긴 일을 생각해보면, 인간이 환경에 끼친 영향이 얼마나 가공할 만한 위력을 지녔는지 새삼 절감하게 된다. 지역신문들은 "기상관측을 시작한 지 수백 년 만에 가장 많은 비가 내린 겨울, 모든 게 거의 지구온난화가 가져온 결과"라고 단정했다. 새롭게 길을 닦은 도로변이 무너지고, 제방이 붕괴하면서 홍수가 났으며, 오래된 조림지의 나무들도 무참히 쓰러졌다. 갯벌을 간척한 땅은 폭풍우를 동반한 높은 파도가 덮쳐 자연으로 되돌렸다.

그 피해가 현대 환경의 특색이랄 수 있는, 즉 전체 자연계의 균형을 깨트리는 인공적인 것에만 국한되었다는 사실은 주목해야 할 정도로 흥미로운 일이다. 반면 1000년의 세월 동안 우리 주변에서 자리를 지킨 바위와 땅은 전혀 손상되지 않고 고스란히 남았다. 기나긴 시간을 통해 그 체계 속에서 발전을 해 왔기 때문에, 극단적인 사건에서도 살아남을 수 있는 그렇게 성숙된 구조가 거대한 체계의 일부를 이루고 있는 것이다. 그것이 바로 자연이 이룬 평화요, 복잡성 속에 깃든 균형이다.

우리는 스코틀랜드 서부지역과 아일랜드의 풍광이 토탄土炭의 원천이 되는 화석으로 고스란히 남아있다는 것을 잘 알고 있다. 이러한 환경에 대한 연구 중 가장 탁월한 것의 하나는 '빙하기 이후의 식물 연구' 권위자인 존 버크스John Birks가 스카이 섬의 식물을 연구한 논문이었다. 그곳에서 그는 자작나무와 개암나무가 뒤섞인 삼림과 관목류의 히스가 현저하게 많던 빙하기를 거친 후 형성된 몇몇 식물 서식지를 찾아냈다. 그 식물들을 사슴이 뜯어먹었고, 그 사슴은 곧이어 늑대와 여우들에 의해 억제된 걸로 밝혀졌다. 추운 기후조건에 놓인 포유류들에게는 몸집을 줄여나가는 게 최선의 방책이었다. 따라서 같은 종이라도 좀더 따뜻한 남쪽지역에 사는 것들의 몸집이 더 크다. 지금은 척박한 땅이 돼버린 스카이 섬에서 버크스는 노가주나무속 관목의 꽃가루와 잎사귀들을 발견했는데, 이는 물이 많이 고인 곳에 늪이 생기고 습지가 늘어나면서 생긴 일이었다.

동물 신체조직 중 단단한 부위, 즉 조개껍데기나 뼈가 그대로 화석으로 남기 쉽듯이 식물 잎사귀와 나무, 꽃가루의 외피를 이루는 리그닌은 밀폐상태가 유지되는 습지에서 잘 보존이 된다. 화석화된 식물은 해를 거듭하면서 토탄이 되고 수백만 년 후엔 갈탄으로 변하게 된다. 그리고 적절한 온도와 압력조건만 갖춰진다면 유기체의 화석이 수억 년이라는 까마득한 시간을 거치면서 석탄이나 석유 또는 천연가스로 변하는 것이다. 토탄조각을 강산으로 처리했다가 염기처리한 후, 체로 쳐보면 습지에서 보존된 동·식물체의 파편을 얻을 수 있다. 버크스 같은 전문가들은 현미경을 통해 이런 파편을 분류하고 숫자를 헤아리기도 하면서 원래의 생물권을 그려내고, 여러 지질시대를 거치면서 일어난 변화를 연구한다.

이렇듯 위도에 따라 토탄에는 소나무 밑동, 꽃가루, 동·식물체 파편 등이 증거로 보존돼 있다. 스코틀랜드 하일랜즈[북부 고지대]에서 멀리 떨어진 라노크 무어Rannoch Moor 지역에는 아직까지 수많은 히스류, 늪지와 함께 천연 소나무 숲이 남아있는데, 그곳에선 최근의 환경 및 생물학적 변화까지 담고 있는 토탄층이 많이 발견된다. 유럽 북서지방에서 가장 한적한 철도를 따라 크라이언라리치Crianlarich에서 포트윌리엄까지 완행열차를 타고 가다보면 라노크무어의 독특한 생태계를 쉽게 만나볼 수 있다. 헐벗은 산을 돌아 한참을 올라가면 문명과는 담쌓은 모습으로 길도 없이 늪과 수렁이 널린 고지 습지가 천천히 눈에 들어온다. 라노크무 어산 위스키를 마시면서 야생을 접하고 고지대의 거대한 고립지에 펼쳐진 태고의 서식지를 만나는 순간이다.

다른 시대 라노크의 위스키는 분별력을 잃게 만들기도 했다. 18세기 무렵, 꿩을 기르거나 운동경기를 즐기기 위해 지주들이 오래된 히스 관목 숲에 10년 혹은 20년 주기로 불을 지르며 삼림을 파괴했던 것이다. 또 한쪽에선 오히려 그런 히스를 키우려고 땅을 갈아엎었다. 아직까지도 산에 불을 놔 생태계를 파괴하는 짓을 저지르고 있다. 그냥 두면 울창하게 자랄 나무들의 생장을 방해하고 있는 것이다. 영국의 섬들 가운데서도 천연상태의 삼림을 유지하고 있는 곳은 라노크 지역의 소나무 숲이 유일하다. 한때는 소나무류와 완벽하게 조화를 이룬 침엽수림이 로우랜 즈를 비롯, 영국과 웨일즈 지방까지 뒤덮고 있었다. 그 모든 것이 인간이 집을 짓고, 배를 만들고 운동경기를 즐기면서 사라져버렸다. 환경파괴가 뉴스의 머릿기사를 장식할 정도로 환경재앙이 빈발한, 그 위대한 20세기 이전 수백 년 동안에 저질러진 일이었다.

인간이 없는데도 과연 이런 방식으로 환경에 변화가 일었을까? 결단코 그렇지 않다. 살인현장에 남은 하나의 단서만으로도 살인을 판단하기엔 충분할 만큼, 그렇게 보는 시각도 틀림이 없을 것이다. 그렇다면 타당한 결론을 내리도록 배심원들을 이끌 수 있는 증거는 어디에 있는가?

19세기, 노동자들이 라노크 지역의 습지를 가로지르는 철도를 깔던 때였다. 수천 년에 걸쳐 서서히 형성된 토탄층의 절개면이 드러났다. 밀폐된 진흙 속에서 보존된 동·식물체의 화석 파편은 그것이 퇴적되는 동안 어떤 일이 발생했는지를 알려준다. 스코틀랜드의 습지에서는 주로 식물이 그것을 말해준다. 한편 포유동물 같은 생물이 신기할 정도로 특별하게 절개면에 잔해를 남겨 거의 10만 년마다 찾아온 그 옛날의 간빙기2.로 이끄는 곳도 있다.

스코틀랜드 철도가 깔리던 때와 거의 비슷한 시기, 트라팔가 광장Trafalgar Square에서는 넬슨제독을 기리는 기념탑을 세우려고 기초공사를 하고 있었다. 땅을 파내려가다가 좀더 압력을 받아 단단해진 토탄층이 발견되었는데, 그곳에선 라노크에서 발견된 것과 거의 같은 꽃가루와 잎사귀 파편들이 수없이 쏟아져 나왔다. 이 식물들은 마지막 빙하기가 닥치기 전, 8만 년에서 12만5000년 전에 지속된 온난기에 퇴적된 것으로 드러났다. 따라서 이 시기를 트라팔가스퀘어 간빙기라 부르기도 한다. 그 시기 식물이 현재 간빙기의 그것과 매우 유사했다면, 동물들은 아주 달랐다. 거대한 포유류의 뼈가 발견되자 가장 먼저 공사장 인부들이 놀랐다. 다음으로 놀란 건 빅토리아여왕 시대의 과학자들이었다. 그것이 하마로 분류된 동물의 뼈였기 때문이다. 쭉 뻗은 엄니를 가진 멸종된 코끼리에다, 코가 납작하고 이상하게 생긴 물소를 합쳐놓은 듯한 모습이었으니 말이다. 아프리카에서 잡혀와 리전트 동물원에서나 구경할 수 있는 동물이 세계에서 가장 빛나는 대도시, 런던 한복판에서 한때 어슬렁거렸다는 사실을 빅토리아시대 사람들이 믿기란 지극히 어려운 일이었다. 문명과 문화를 자부하던 인간들에게는 등골이 오싹할 만큼 충격의 파장이 컸다.

현대의 연대결정 기술이 상대적으로 어떤 척도의 변화를 이루기까지, 이처럼 놀라운 발견을 이해하는 데 도움이 되는 발전은 더디기만 했다. 문제는 마지막 빙하가 다 쓸어버린 것으로 알려진 것들이 오히려 그

---

2. 간단히 말해 지구를 빙하가 덮어버린 빙하시대 때, 한랭한 빙하기(빙기)가 지속되다가 위축돼 따뜻한 기후가 펼쳐진 때를 간빙기라 한다. 지구 46억 년 역사상 3차례의 빙하시대가 있었다는 게 정설이다. 즉 선캄브리아대 최말기, 고생대 석탄기에서 페름기, 신생대 제4기의 빙하시대다. 일반적으로 빙하시대라 할 때는 마지막 빙하시대인 신생대 제4기 전반기, 바로 홍적세(플라이스토세)의 빙하시대를 가리키는 경우가 많다. 요약하자면, 빙하시대의 빙하기 사이사이에 존재했던 온난기가 간빙기로, 간빙기에는 기온이 현재와 거의 비슷하거나 약간 높았으며, 빙하가 녹아 해수면이 현재보다도 20~30m 정도 높았다고 한다. 현재를 제4간빙기로 보는 시각이 힘을 얻고 있으며, 그에 따르면 장차 5번째 빙하기가 닥친다고 한다.

이전 온난기 때의 화석증거로 아주 많이 나온다는 점이다. 간빙기 때는 멸종이 진행되지 않았다는 확신을 매우 어렵게 만드는 요소다. 즉 나중에 닥친 빙하기까지 살아남았을 만한 게 거의 없었다는 얘기다. 어쨌든 유럽 전역이나 북미지역, 아시아에서 나온 증거를 보더라도 오히려 그 이전의 간빙기 동안 많은 포유류가 멸종했다는 게 점차 명백해지고 있다.

게다가 멸종원인을 살펴보면 추위 ─ 날씨가 너무 추워지자 대부분 남쪽으로 이주를 했다 ─ 는 우리 자신, 즉 호모 사피엔스의 마구잡이 사냥보다 영향을 덜 끼쳤다는 점이 드러난다. 새로 아프리카에서 발견된 증거는 자이언트 비비[개코원숭이], 세발굽 말, 가지뿔 기린 속(屬)에 속하는 동물 외에도 대형 포유류의 거의 절반을 인간이 멸종시켰다는 사실을 보여준다. 유럽에서도 마지막 빙하기가 정점에 오른 2만1000년 전 이전에 인간이 매머드, 무소, 엘크, 하이에나, 사자, 곰과 호랑이를 절멸시켰다.

과학자를 비롯한 많은 사람이 빙하시대의 멸종원인을 놓고 몇 년 동안 논쟁을 벌이고 있다. 특별한 관심을 가진 몇몇 단체가 가세하면서 논쟁은 인종과 종교문제로까지 비화되고 있다. 변화가 일어난 자연과정을 면밀히 살펴보지도 않으면서 말이다. 인간이 퍼뜨린 '치명적 질병'이 대형 포유류의 면역체계를 붕괴시켰기 때문이라고 하는 과학자들도 있다. 또 일각에서는 포유류 멸종의 원인을 빙하시대에 기후변화를 유발한 기상조건에서 찾는다.

인간 행동의 호전적인 성향(단서가 없기 때문에 이를 본능이라고 부를 용기는 없다)은 인류의 출현 이래 계속 나타났다. 아프리카에서 출현한 초기 인류가 이주해 간 중앙아시아와 동유럽, 이후 진출한 중국과 북서부 유럽에서 우리는 지금 싸움의 흔적을 찾고 있다. 흔적 찾기란 어려운 일이다. 유물·유적이 침식되었거나 빙하기 때 제거되었을 수도 있다.

아니면 싸움 자체가 일어나지 않았을 수도 있다. 하지만 초기 이주자들이 심지어 네안데르탈인을 비롯해 매머드까지 대형 포유류의 수많은 종을 절멸시켰음을 뒷받침하는 구체적인 정황들이 속속 밝혀지고 있다. 또한 북미지역으로 진출한 인류의 역사에 관한 논란도 새롭게 일고 있다.

마지막까지 남아있던 극지의 빙하가 점차 녹기 시작하던 1만1000년 전 이전에 아주 굉장한 사건들이 있었다는 데 현재 대부분의 과학자들이 동의하고 있다. 그 당시 미개화된 상태의 인류조상, 즉 시베리아인들은 시베리아에서 북미를 잇는 다리 역할을 하게끔 새롭게 나타난 베링대륙을 가로지르기 시작했다. 그들은 숙련된 사냥꾼들이었다. 그들이 이주한 지 수천 년 만에 북미지역 대형 포유류 종의 70%가 멸종을 당했던 것이다.

또한 지난 100년을 거치는 동안 인간이 야기한 환경변화로 인해 많은 종이 사라져간 증거도 무수하다. 내가 타이베이의 찻집에서 나눈 대화를 언급했다시피 우리가 이대로 이 지구를 계속 학대한다면 남는 것이 하나도 없게 된다. 그런 학대를 멈추지 않는 한, 과학적으로 사회정치적으로 상황은 악화될 뿐이다. 생물다양성협약 이행을 위해 정기적인 환경장관 회담뿐 아니라, 정상회담을 비롯해 상설화된 유엔환경회의 및 관련회의들이 열리고 있다. 하지만 인도와 중국에서는 자동차와 냉장고 판매가 급증하고, 북미지역에선 휘발유가 여전히 값싼 연료로 대접받고 있으며, 유럽은 점차 사라져가는 열대우림에서 벌목된 목재를 소비하고 있다. 여행산업이 전 세계적으로 활기를 띠고 있다. 우리 지구가 경험해본 적이 없는 종류의 재앙으로 치닫는 삶이 계속되고 있는 것이다. 그것은 중요한 환경변화를 겪기 이전에 필연적으로 생물다양성을 파괴한다. 하지만 그 파괴가 생물 종 자체에서 생기는 법은 결코 없다.

인류는 얼음으로 뒤덮인 빙하기 현장부터 온난한 간빙기를 거쳐 수만 년 동안 발전을 거듭했다. 의심할 것도 없이 그 과정에서 포유류에 속하는 수많은 종이 절멸했다. 인간은 아프리카, 유럽, 아시아, 마침내 아메리카 대륙에서도 마구잡이로 포유류들을 사냥했다. 지금도 우리 인간은 파괴되는 환경에 노골적인 공격을 서슴지 않고 있다. 겨우 몇 천 년 동안의 이 모든 인간행위만을 생각해보더라도 인간이 불러 온 연쇄적 위기의 심각성이 보다 명확해진다. 지구의 대지 위에서 생명이 부침을 거듭한 지난 4억 년을 놓고 볼 때는 한줄기 섬광에 불과한 그 몇 천 년 동안 말이다. 한편 산업혁명이 일어난 지 200여 년밖에 되지 않았다는 사실과 비교해보면 수천 년이라는 세월이 긴 시간이라고 주장할는지는 모르겠다.

지구상에 출현한 지 얼마 되지도 않은 인간이 저지른 일들이 수천만 년 전에 일어난 대재앙에 맞먹는 정도였을지도 모른다. 그 마지막 대재앙은 6500만 년 전 일이다. 그것도 하나의 섬광처럼 발생했다. 운석이 지구와 충돌해 대폭발을 일으키기 전 대기권을 통과하는 데는 단 몇 초밖에 걸리지 않았다. 이후 지구 환경이 복원되는 데는 기나긴 시간이 흘러야 했다.

물론 충돌 당시 어떠한 일이 벌어졌는지 지금으로선 알기가 어렵다. 현재 우리가 겪고 있는 피해는 약 1만 년 전, 마지막 빙하기가 막을 내린 이후에 발생해 온 일들로 인한 것이기 때문이다. 그리고 인간은 아직도 어떤 단계를 밟아나가고 있다. 지금은 석유연료에 지배된 단계다. 상대적으로 최근이라 할 수 있는 1899년 4월 《뉴욕 헤럴드 트리뷴*New York Herald Tribune*》지는 이런 기사를 실었다. "런던에선 우정당국이 새로운 교통수단을 이용해본다는 꽤 괜찮은 결정을 내림으로써 두 대의 자동차가 여왕의 편지배달을 시작할 것이다. 자동차는 쌍두마차만큼이나 아주 훌륭한 운송능력을 가지고 있다." 그 이전 산업화 초기부터 인간은 또 다른 화석연료, 즉 석탄을 다량으로 사용했다. 더 과거로 거슬러 올라가면 대규모로 숲을 파괴하면서 얻은 나무가 주요 연료였다. 인간이 그토록 많은 포유류를 멸종시키기 더 이전, 바로 그때부터 모든 재앙이 시작된 것인지도 모른다. 인류의 역사 기준에 따르면 1만 년이라는 시간이 하나의 시대를 이룬다고 볼 수도 있으나, 지질학적으로 보면 그것은 번쩍하고 사그라지는 한줄기 섬광에 불과하다.

태초로부터의 여행

지질학적 시간 속에서 이런 섬광이 어떤 식으로 자리하고 있는지 이해하는 데는 그 옛날 엄청난 환경재앙으로 공룡이 멸종된 후 흘러온 6500만 년을 단 하루로 잡아 가상의 타임머신을 타고 시간여행을 해보는 게 도움이 된다 ─ 이 여행에서 현재의 우주는 아직 8개월 령의 나이를 넘지 않았다. 그러면 먼저 우주대폭발Big Bang이 일어난 태초의 시간으로 가보자. 새해 첫날의 한밤중이 막 지나면서 우주가 폭발한다고 상상한다. 무한대의 밀도를 가진 무엇이 폭발해 순식간에 우주가 탄생한다. 시간이 시작된다.

견딜 수 없이 뜨겁고 탁한 대기가 눈도 뜨지 못하게 만든다. 우리가 가상한 연도의 3월 18일이 되자 우주는 50억 년의 나이를 먹게 된다. 사실 그때 무슨 일이 일어났는지 우리가 아는 것은 거의 없다 ─ 별들이 폭발하고, 천체는 뜨거운 가스로 뒤덮여 있으며, 여러 개의 태양항성은 있어도 그 주위를 도는 행성들은 없었을 것이다. 점점 온도가 떨어진다. 아니면 끔찍하게 뜨겁지는 않은 정도로 식을 수도 있다. 6월 11일이 되면 세 개로 깨져 그 중 하나가 지금의 우리 태양이 된, 그 태양 주위를 어떤 물질덩어리 하나가 궤도를 그리며 돌기 시작한다. 화성과 지구가 형성되고, 그로부터 약 5억 년이 지난 6월 19일에는 지금의 달도 태어난다. 온도가 점차 더 떨어지면서 7월초에 이르자, 지구에 생명체가 자라기 시작한다. (이 생명체가 우주공간에서 유래했다고 말하는 사람들도 있으나, 다른 일각에서는 지구의 무기물에서 필연적으로 유기분자가 형성되었다고 주장하기도 한다.) 8월 10일 근처까지도 생명체가 살기에 충분할 만큼 식은 땅은 없다. 그래서 그때까지의 초기생명체는 대개 기묘하게 보이는 방대한 규모의 수생생물들만 존재한다. 스티븐 제이 굴드Stephen Jay Gould는 자신의 저작 『경이로운 생명Wonderful Life』에서, 스미스소니언협회Smithsonian Institution 의 데릭 브리그스Derek Briggs 및 다른 과학자들이 훌륭하게 묘사하고 그림으로 남겼던 버지스셰일Burgess Shale[캐나다 로키산맥의 해양생물 화석유적지]의 화석을 바탕으로 이 생명체의 일부를 설명했다.

캐나다 브리티시컬럼비아 주에서 발견된, 5억4000만 년 전의 이 엄청난 양의 화석은 초기 생명역사에 있어서 놀라울 정도의 구조적 다양성이 존재했음을 보여준다. 미생물이 아닌 유기체로서는 생명 초기의 것인 이들은, 현재도 살아 있는 동물의 화석에선 찾아볼 수 없는 진귀한 형태들을 띠고 있기 때문이다. 그래서 해석을 놓고 논란이 분분하다. 이 화석들은 고생물학자 찰스 월콧Charles Walcott에 의해 1909년 발견되었다. 그는 이를 "과학이 밝혀낸 신의 웅대한 구상"이라고 표현했다. 그들의 다양한 모양과 구조는 상상을 뛰어넘는 다양성을 보여주며, 수많은 과학자들은 이들을 멸종된 것으로 드러난 더 최근의 동물들과도 전혀 다른 종류의 것들로 생각하고 있다. 또한 그들은 급격히 분화해 갑작스럽게 멸종된 것으로 여겨지고 있다. 최근엔 화석이 내보인 특성 간의 유사성을 밝혀보는 노력이 가해지면서 삼엽충과 해면동물처럼 가까운 계통의 연결고리를 찾고 있다. 하지만 혼란만 가중되고 있는데, 이는 놀랄 일도 아니다. 탐구하면 할수록 대개 새로운 것으로 드러나기 때문이다.

이제 6500만 년을 하루로 잡은 여행은 현재와 가까운 지점에 다다른다. 8월 중순경 매우 빠른 속도로 진화를 하면서 하루하루가 다르게 분화해 나간다. 척추동물, 양치식물, 공룡 등이 출현한다. 어떤 생명체들은 8월 초와 중순에 멸종의 길을 걷는다. 바로 삼엽충과 턱없는 척추동물[3]들이다. 그 후 8월 20일에는 공룡도 멸종된다. 이 시간의 척도에 따르면 그 일이 일어난 건 어제다.

8월 21일, 새날의 시작을 알리는 자정의 시계 종소리를 들으며, 가장 끔찍한 악몽이 벌어진 지구라는 행성에서 우리는 깨어난다. 가상의 하루가 시작되자마자 단 수천분의 1초 만에 지구 북반구는 자욱한 연기와 먼지로 완전히 뒤덮인다. 식물의 성장은 아주 경미한 변화만으로도 단 몇 분 만에 정상으로 돌아간다. 반면 더러워진 구름에서 쏟아진 빗물의 오염물질을 바다가 정화하는 데는 더 오랜 시간이 걸린다. 바닷물에 섞인 오염물질은 다량의 산소를 훔쳐가 플랑크톤 및 어류의 광범위한 멸종을 야기한다.

자정에서 한 시간이 지나면 악몽에서 벗어나 오염물질이 걷히고, 새로운 기회의 이점을 살린 밝고 새로운 세상이 시작된다. 이는 이를테면 제2차 세계대전 이후 발전한 서구의 경제를 뒤엎어버리는 것과 다르지 않다. 처음에야 적응 문제로 우왕좌왕하지만, 이후 새로운 고지를 향한 다양성 속에 하나의 흐름을 이룬다. 이는 하나의 모범이 될 만한 사례다. 이에 대해서는 5장에서 되짚어보겠다. 약 오전 3시경까지는 지질시대 구분에서 신생대 제3기의 팔레오세에 해당한다. 이 시기 전반에 걸쳐 환경은 매우 따뜻한 기후 속에서 새롭게 생태적 적소適所를 확립한다. 이것이 새벽 6시까지 포유류의 수많은 종들이 번성해 정점에 이르도록

---

3. 무악류(無顎類)라고 한다. 뱀장어 모양의 원시어류로 턱뼈가 없이 둥근 모양의 빠는 입을 가지고 있어 원구류(圓口類)로 분류되기도 한다

만들며, 공룡의 먹잇감에서 벗어난 그들이 새로운 실체로 자리를 잡는다.

아주 뚜렷한 경향이 전개되는 걸 보면서 여행 마지막 날의 특징을 찾을 수 있을 것이다. 다양한 속屬 및 과科로 분류되는 새로운 거대 집단 속에 새롭게 수많은 종이 함께 출현했다는 점이다. 하지만 멸종은 극소수에 그친다. 전체적으로 다양한 생물이 대량으로 증식한다. 이른 아침엔 최초의 영장류, 최초의 말, 그리고 고래도 등장하면서, 각각 수백에 이르는 새로운 종을 가진 동물집단들이 존재하게 된다.

4900만 년 전에 해당하는 아침 9시, 지질시대로는 이를 신생대 제3기 에오세라고 부른다(그림 1.2 참고). 이때 지구는 울창한 삼림과 동물이 무리지어 풀을 뜯는 대초원을 이루며, 닭도 나타나 홰를 치면서 생명이 살기에 아주 좋은 곳으로 변해간다. 원숭이도 새롭게 출현해 빠르게 분화한 거대 집단의 하나가 된다. 전체 지구의 온도차이가 현재보다 훨씬 적어 지금의 열대지방이든, 극지방이든 거의 비슷하게 온화한 온도를 보인다. 태양의 고도가 낮아 남극대륙의 어느 언덕뿐 아니라 북극해의 해변도 긴 여름동안 온난한 기후를 나타내며, 나머지 칠흑 같은 긴 겨울도 날씨가 추운 날은 거의 없다. 만약 당시에 인간이 살아 여행산업이라는 게 있었으면 여행객들에게는 1년의 절반이 낙원 같았을 것이다.

점심시간 직전이 지질학적 시대로 3500만 년 전이 된다. 이때 대기에 이산화탄소 농도가 짙어지면서 온도가 급상승한다. 이 시기 온실효과는 지금보다 훨씬 강력했다. 지각변동이 활발해지면서 북대서양이 확장되고, 그와 동시에 대서양이 당시 온난했던 북극해와 연결된다. 그러곤 극지방의 온도가 떨어지기 시작한다. 어떻게 이런 일이 일어났는지 확실한 건 없다. 다만 어떤 천문학적 현상이나, 대륙과 바다의 위치 변화 때문에 생긴 일이 아닐까 추측할 따름이다.

반면 아시아부터 확장되기 시작한 열대우림이 오늘날 인구가 밀집해 있는 북반구의 온대지역, 즉 유럽 및 새로 분리된 북미대륙까지 퍼진다. 아주 다양해진 동·식물군이 유형을 갖추기 시작한다. 그 이전 어느 때보다 종이 늘어나면서 세계가 많은 변화를 보이고 생태학적으로도 현대와 같은 광범위한 서식분포를 보이게 된다. 기후와 기상조건의 편차도 크게 벌어지면서 동·식물의 분화가 정점에 다다라 그 복잡성과 규모면에서도 최고치에 이른다.

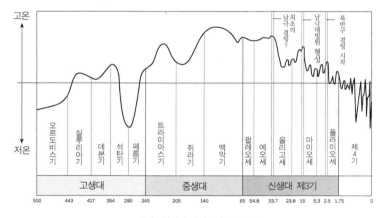

현재로부터의 과거시간 (100만 년)

그림 1.2　현생누대(顯生累代)[4]의 온도변화.
　　　　과거 5억 년의 지질시대 동안의 온도변화를 나타냈다. 지질시대 분류는 가장 큰 단위인 누대(累代, Eon)부터 대(代, Era), 기(紀, Period), 세(世, Epoch), 절(節, Age) 등의 세부 단위로 이어진다. (출처 : W. B. Harland *et al.* 1990 and S. Lamb & D. Sington, 1998)

4. 화석이 많이 산출되어 생물상이 드러나는 고생대 이후의 지질시대를 말한다. 반면 지질시대 중 가장 오래 된 시기인 6억년 이전의 선캄브리아대 지층에서는 화석이 아주 드물게 발견되기 때문에 이 시기를 은생누대(隱生累代)라고 부른다.

이제 이른 오후시간으로 접어들자 서로 가까운 수많은 동·식물 집단이 자신들의 원형을 만들어나간다. 오직 기묘한 종들만 멸종했을 뿐, 모든 과의 생명체들이 계속해서 분화한다. 지금은 따뜻한 숲에서 사는 유인원 류도 나타나고 관목지대에 사는 낙타와 사슴류를 비롯한 새로운 과의 동물들도 보인다. 콩과 식물과 야자나무도 보이고 새롭게 펼쳐진 대초원 또한 눈에 들어온다. 아직까지도 계속되곤 있지만 진화가 빠른 속도로 진행되어 마이오세 초기에는 이미 현대의 종도 출현한다. 저녁이나 돼야 생길 일이지만, 그러한 종들은 남쪽으로, 더 국한시키자면 지금의 열대 적도까지 이주를 하고, 더 나아가 한대의 숲에, 온난한 지역의 습지와 초원지대에도 정착하는 다른 집단으로 진화할 것이다.

오후시간 내내 온도가 더욱 떨어져 기상이 훨씬 극단적으로 변하고 해수의 흐름이 오늘날과 유사한 해류로 발전한다. 평탄하고 단순한 변화 가 아니라, 다른 지질시대로까지 이어지는 급격한 변화가 일어난다. 현재의 변덕스런 날씨를 보더라도 예측할 수 없는 변화가 계속되고 있음을 알 수 있다. 오후에 차 한 잔을 곁들일 때쯤이면 극지방은 만년설로 뒤덮이게 된다. 서서히 적도까지 확장되면서 빙하기가 전개되고 빙산이 바다를 냉각시킨다. 기다랗게 털이 자라면서 추위에도 아랑곳 않게 된 포유류들이 얼어붙은 대지에 새로운 서식지를 확보한 채 우위를 점한다.

밤 11시쯤, 초기의 호미니드Hominid[5]들이 처음으로 등장한다. 이윽고 자정을 20분 남긴 시각에 호모 하빌리스Homo habilis[손재주 있는 사람]의 뒤를 이어 곧 호모 에렉투스Homo erectus[두발로 걷는 사람]가 출현한다. 자정 몇 분 전에는 네안데르탈인이 나타나고 곧바로 현생인류가 태어난다. 물론 정확한 시간과 장소, 이들에 대한 정의는 보는 사람에 따라 다를 수 있으나, 지금으로부터 거의 200만 년 전에 시작돼 수차례의 빙하기가

---

5. 유인원과 구별해 인간의 조상으로 추정한 원시인류를 말한다.

반복된 신생대 제4기 홍적세 기간에 인류의 조상이 출현한 것이다. 북반구 대륙이 30분 동안, 또는 우리의 하루가 끝나가는 자정 전에 5분에서 10분 간격으로 빙하기의 내습을 받는다. 바로 그때, 자정을 단 2초 남겨두고 예수 그리스도가 태어나 우리가 오늘을 기록한 달력의 첫 번째 1000년이 시작된다.

미래로 가는 데 있어서는 실제의 종착역이 얼마나 멀리 떨어져 있는지, 얼마나 가야 우리의 가상여행이 끝나는지 확인시켜줄 사람이 아무도 없다. 게다가 그토록 멀리 갔다 온 가상여행에서 내가 제시한 날짜조차 이론의 여지가 있어서 많은 전문가들이 그 모든 것에 대해 논쟁을 벌이고 있다. 하지만 이야기의 기본 줄거리는 현재까지도 썩 괜찮다는 평가를 얻고 있다. 지구는 정말로 그런 류의 여정에 있다. 그러한 변화가 실제 진행 중인 것이다.

우리 지구가 종이 출현해 번성하고 다양성을 꽃피우다 마침내 스러지고 마는, 그런 연쇄적인 순환을 따르는 체계의 일부에 불과한 것만은 아니다. 종과 종의 집단은 그런 과정을 밟는다. 나는 인간이 만든 제도나 기구, 즉 정부나 제국·사업·유행 등도 같은 유형을 보인다고 생각한다. 가설을 입증할 만한 자료를 갖고 있지 못해 탈이긴 해도 말이다. 만일 그렇다면 여기서 중요하고도 보편적인 문제 하나가 대두한다. 외관상으로는 서로 달라 보이는 체계들이라 해도 모두 동일한 양상을 따르는 건 아닐까?

그러나, 저마다 끼치는 영향의 전부를 명료하게 가늠하긴 어렵지만 너무나 많은 것들이 지구 체계 자체에 다양한 영향을 끼치고 있다. 이제야 우리가 지구에 끼치는 수없이 다양한 영향과 자연계에서의 인간의 역할을 생각해보기 시작한 수준이더라도, 우리는 그것을 함께 인식해야 한다. 내가 지난 6500만 년을 그리며 언급했다시피 2100년 전에 타이어포브로치 성채를 세우고, 알래스카에서 8000년 전에 포유류를 사냥한 우리

조상의 행위를 과연 똑같은 진화과정의 일부로 볼 수 있을까? 게다가 더 근본적으로, 체계 내부에 속한 인간의 지성이 이렇게 복잡한 양상을 해석하고, 지구 전체 생명이 살아 움직이는 방식을 설명할 수 있는 능력을 갖고 있을까?

참신한 연구단체를 위한 도전거리

위 질문에 관해서는 학문 간의 제휴라는 개혁을 통해 답을 얻을 수 있다고 생각한다. 이제 막 그런 싹이 자라나고 있다. 그와 함께 정보기술은 서로 다른 학문분야의 자료를 공유할 수 있게 만들어주고 있다. 내 연구실의 인적구성을 보면 초기에 시도된 일이 무엇이었는지 좀더 명확해지리라고 본다. 59살의 고생물학자인 나는 30살 동갑내기 컴퓨터광 두 사람과 함께 연구를 하고 있다. 한 사람은 말꼬리처럼 머리를 길게 묶은 여성과학자로, 생물다양성을 다루고 있는 웹사이트에 관해서는 둘째가라면 서러울 정도로 두루 꿰고 있다. 또 한 사람은 아무리 엄청난 양의 자료라도 이를 분석해내는 데 천재성을 유감없이 발휘하는 젊은 수학자이자 컴퓨터공학자인 중국 출신의 딜샷 휴줄라Dilshat Hewzulla다.

모두 배경은 다르지만, 우리는 지질시대별 생물과 환경변화라는 주제를 놓고 함께 연구에 몰두하고 있다. 우리는 모두 아주 다른 분야의 지식과 기술을 보유하고 있으며, 컴퓨터를 다루는 능력에도 차이를 보인다. 그래서 서로 전적으로 의지한다. 우리 연구실에선 어떤 학문의 주류를 좌우하는 유명대학의 연구실에서 일어나는 일들하고는 판이하게 다른 일들이 벌어진다. 우리는 모두 공통적으로 각자 개성이 강하고 좀 괴팍한 면도 있기 때문이다. 우리가 뭉친 것도 어떤 계획 하에서 그랬다기보다는 어찌 보면 우발적이었다. 그냥 괴짜들이 의기투합했던 것이다.

딜샷은 또 다른 컴퓨터공학자를 소개하기도 했다. 우루무치 출신의 앨림 아하트Alim Ahat였다. 학부에서 수학을 전공하고 우루무치에 우가르소프트라는 소프트웨어 회사를 차려 대표를 맡고 있는 사람이었다. 그 회사는 5600만 년 전부터 생물이 살았던 중국의 신장위구르 자치구에서 컴퓨터업계를 선도하고 있었다. 또한 내 오랜 동료이자 친구인 리처드 허바드Richard Hubbard도 있다. 그는 목에 열쇠꾸러미를 걸고 에어텍스 셔츠에, 손수 만든 화려한 색상의 바지를 입고, 샌들을 신은 채 자전거로 런던 시내를 돌아다니길 좋아한다. 무더운 밤 벌어지는 프롬나드콘서트Promenade concert[산책 연주회]가 TV로 방송될 때마다 제일 앞자리에 서 있는 그를 볼 수 있다. 옥스퍼드대학교에서 화학을 공부하고 런던대에서 고고학을 전공한 그는 현재, 우리가 얻은 고생물학 자료를 바탕으로 중요 고고학적 요소들을 분석하면서 국제적인 명성을 얻고 있다.

우리는 간단하지만 논리적인 방식으로 공동연구를 진행한다. 하나의 판단을 얻기 위해 각자 맡은 전문분야에 책임을 지고, 각자의 관점과 일반 지식까지 동원하면서 연구를 한 후, 끝에 가서는 함께 결론을 도출한다. 나는 과학논문과 인터넷을 통해 새로운 자료를 찾는 작업으로 내 일을 시작한다. 그 다음 확인과정을 거치면서 버릴 건 버리고, 취할 건 취하는 선별작업을 한다. 그러면 작업의 절반은 진척된 셈이 된다. 이 책에서도 누차 언급하겠지만, 화석기록이란 부실하기 짝이 없는 것으로 악명이 높다. 결함이 있는데다 불확실하다보니 명백한 잘못을 저지르는 일이 태반이다. 수학과 통계학은 이를 가려내는 데 도움이 된다. 연구실 내 다른 사람들은 입증된 자료를 전산처리하고 축적된 자료와 비교할 수 있는 프로그램도 작성하면서 분석방법을 강구하고 유형화하는 작업을 거친다. 이런 과정을 거친 연구결과 일부는 누구든지 우리 웹사이트(http://www.biodiversity.org.uk)에서 찾아볼 수 있다.

정보기술의 발전과 자료의 유용성은 너무나 변화가 빠르기 때문에 연구가 끝나기 전에 선수를 빼앗기는 위험을 감수해야 할 때도 있다. 또 수학, 물리학, 화학, 유전학, 진화와 계통생물학, 인지심리학 분야에서 새로 정립된 개념과 자료를 비교하고 통합해야만 하는 것도 우리의 과제다. 이것이 지구상에서 환경의 역할은 무엇인지, 진화과정은 어떠했는지를 연구하는 데 있어 새로운 사고방식을 이끄는 발판이 된다.

전체적인 시각에서 보면 물리학적 변화와 생물학적 변화는 서로 양극단에 놓여있다. 또 물리학과 생물학은 서로 너무 다르다. 하나가 법칙에 따라 움직인다면, 남은 하나는 전혀 그렇지 않다. 하나가 양적으로 묘사될 수 있다면, 하나는 질로 묘사된다. 따라서 이렇게 양극단에 놓인 게 서로 비교될 수 있는지, 물리학과 생물학이 같은 방식으로 이해되고 설명될 수 있는지 의문이 생기기 마련이다. 여기에는 그 의미 이상의 것이 담겨있다. 왜냐하면 인간이 자연계의 생물집단에게 해를 끼치는 상황에서 우리는 그로 인한 변화를 감시하고, 생명을 보존할 수 있는 어떤 수단이 필요하기 때문이다. 우리가 양적으로 헤아리고 있건 그렇지 않건, 생태학적 견지에서든 동·식물학을 통해 바라본 입장에서든, 또 유전학적 시각으로 보든, 나는 거의 필연적으로 생물다양성이 파괴되고 있는 현실에 두려움을 느낀다.

'생물다양성'이라는 단어는 1986년 미국 과학아카데미가 '생물다양성에 관한 포럼'을 개최하면서 사용되기 시작했다. 이것이 1992년 브라질 리우데자네이루 국제환경회의에서 최고 의제가 되고 '리우 생물다양성 협약Rio Biodiversity Convention'을 낳으면서 생물다양성이라는 말이 보다 폭넓게 받아들여졌다. 생물다양성의 변화라는 측면에서 볼 때, 과학계뿐 아니라 산업계·정치계에서도 생태계 파괴에 대한 문제제기가 있을 만큼 유럽에서의 변화는 아주 심각했다. 지난 20세기 유럽은 해양척추동물, 자연 삼림, 초원의 대부분을 비롯해 수많은 생물의 서식지와 종을 잃었다. 지역별로 따져보면 그 파괴의 정도는 더 심각했다. 하지만 특정 생물종을 놓고 유럽 전역으로 확대해 살펴볼 때는 상대적으로 변화가 적은 것으로 나타나기도 했다. 이는 전적으로 상황을 어떻게 제시하느냐에 달린 문제다. 나는 오히려 내 직관과 상식을 더 믿고 있는 편이다.

21세기에 들어서는 양적 평가에 관한 한, 유럽 관측결과와의 비교 자체를 무색하게 만들어 버리는 문제가 있다. 현재 12억의 인구가 살고 있는 중국과 관련된 내용으로 "누가 중국을 먹여 살릴 것인가?"라는 문제다. 동양과 서양의 비교가 무의미해지는 지점이다. 만일 모든 중국인이 잉여곡물로 기른 닭을 1년에 오로지 1마리씩만 먹는다 해도, 이 닭 전부를 키우려면 캐나다에서 1년간 생산한 곡물을 고스란히 먹여야 한다. 중국인들이 미국인들만큼 자동차를 보유한다면, 전 세계의 석유생산 및 이산화탄소(CO_2) 배출로 인한 오염정도는 각각 지금의 두 배를 넘게 될 것이다.

보다 확장된 진화론적 관점을 가진 일각에서 이를 발전과정으로 바라본다는 데 문제의 복잡성은 있으나, 전체 지구생태계를 이해하는 데는 오히려 큰 도움이 된다. 지금은 100개국 이상이 비준한 1992년의 유엔생물다양성협약에 고무돼, 과학이 이와 관련해 할 수 있는 일이 무엇인지를 중요 화두로 삼아 고민하는 단체들에게 그런 요소들이 파급되고 있다. 중요한 일 하나는 생물의 다양성이 파괴되지 않도록 감시하는 것이다. 또 하나는 지구를 소중하게 여기도록 전 세계 사람들을 교육하는 일이다. 유전학자와 약리학자들은 멸종위기에 처한 동·식물에서 유용한 화학물질을 추출하고 이를 규명하는 데 힘을 쏟고 있다. 새로운 개량 품종을 만들어내려는 농업과 원예 분야의 연구자들에겐 풍부한 유전자원이 필요하다. 또한 과학자들은 정치가와 행정당국, 세계적 기업들에게 조언을 할 수가 있다. 그들이 귀담아들으려 하지 않아 탈이지만.

민감하기만 한 생물다양성이 파괴되는 현실을 감시하고, 곳곳에서 사라져가는 종의 궤적을 보존하는 데 이를 조직하기란 생각 이상으로 어렵다는 사실이 드러나고 있다. 리우협약 체결 직후, 몇몇 개별 및 국제단체들은 감시 프로젝트를 계획하기 시작했다. 그 첫 번째가 기존에 알려진 모든 동·식물 종 목록을 2000년까지 함께 연결시킨다는 목표를 가지고 90년대 중반에 시작된 '종 2000' 프로젝트다. 우리 계획은 세계적으로 권위 있는 생물다양성 데이터베이스를 인터넷상으로 엮어내는 일이었다. 우리는 필리핀의 어류전문가도 끌어들였고, 워싱턴 DC 스미스소니언협회의 곤충연구실, 도쿄의 바이러스 연구단체, 영국 사우샘프턴의 콩과 식물 연구단체를 비롯해 화석을 연구하는 우리 연구진도 함께 참여했다. 머리를 길게 묶은, 내 연구실의 데이비드 지David Gee는 필요한 걸 바로 검색할 수 있는 프로그램을 개발했다. http://www.species2000.org에서 이를 시험해볼 수 있다.

하지만 5년 동안 작업을 했어도 목표를 달성하는 데는 아직 길이 멀다. 종 2000이든 다른 프로젝트든 수많은 논의를 거쳐야 하고, 모임을 위해서도 세계 도처를 다녀야 하며, 어느 것을 표준으로 삼을지 이견도 많기 때문이다. 또한 이와 관련해 곤경에 빠지게 되면 결코 헤어나지 못하는 경우도 있다. 명확한 목표를 가지고 이를 연구하는 데 있어 이런 분야의 과학자들은 강한 신념을 갖고 참여한다. 그것은 아주 지난하고 비용이 많이 드는 일일 뿐 아니라, 일순간에 해결될 수도 없기 때문이다. 그렇다고 빠른 결과와 통속적인 명성을 얻으려는 한 개인이 특별한 조건을 붙여 돈을 건넨다 해도 이를 쉽게 받아들일 사람은 없다. 그것이 어떤 생물이 특정 종에 속하는지 아닌지를 명확히 판명해 달라는 정도의 요구라 해도 말이다. 이런 분야에 속한 과학자 대부분은 상업목적의 일에 대해선 질겁을 하고 멀리 도망치려 한다. 자신을 아는 사람들한테서 좋은 평판을 얻지 못한다는 점도 작용하기 때문에 그런 종류의 일을 꺼리게 되는 것이다.

리우회의 훨씬 이전부터 작동되기 시작한 감시 프로젝트도 있다. 바로 유네스코UNESCO의 자연보호단체인 '인간과 생물권MAB, Man and the Biosphere'이 펼치는 프로젝트다. 동·식물과 함께 자연보호구역이 지속적으로 유지될 수 있도록, 특히 생물권을 보호하기 위한 국제체제의 하나로 고안된 프로그램이다. 현재는 91개 나라에 368곳의 자연보호구역이 있으며 그 수가 늘어가고 있다. 이 보호구역들은 다양한 형태의 환경단체 및 기구들에 의해 선택되어 감시되고, 유지되고 있다. 영국의 경우, 공식적인 정부기구보다는 한겨울에도 두꺼운 옷을 입고 새들을 관찰하는 단체라든지, 위에서 말한 거대 데이터베이스 구축에 공헌하고 있는 단체들이 더 큰 몫을 담당하고 있는 형편이다.

생물다양성 파괴 감시를 위해 옥스퍼드와 워싱턴의 과학자집단이 공식화시킨 접근 방식도 있다. 그들은 세계의 일부를 집중관측지역Hotspot으로 분류했다. 고도의 생물다양성을 보이면서도 예외적인 파괴 위험에 노출돼 있는 지역들이었다. 지중해 인근 지역처럼 집중관측지역에는 개략 살펴도 지구상에 30만 종으로 알려진 관속식물管束植物[관다발식물]의 44%가 집중돼 있으며 전체 포유류 종수의 35%가 몰려 있다(집중관측지역에 4809종의 포유류 서식). 그 외에도 9881종의 조류, 7828종의 파충류, 4780종의 양서류가 서식하고 있다. 하지만 매우 민감한 이 지역들을 어떻게 감시할 것이며, 해당 국가들로 하여금 한결같이 복원에 동참하도록 이끌고 단속하는 일은 문제로 남아있다.

집중관측지역으로부터 나온 자료들이 계속 축적되고 있다. 이 특별한 지역들의 생물다양성을 조사하기 위해 국가기관 및 국제기구들이 자금과 전문성을 뒷받침한 결과다. 자료도 공개적으로 이용할 수 있게 되었다. 사실 초기의 이런 계획들은 다양한 기구들에 의해 산발적으로 진행돼 서로 다른 표준에다 목표도 다른 양상을 보였다. 그렇지만 결국 함께 작업이 이뤄질 것이다. 인터넷이 그 가능성을 보여준다. 리우회의에서 공개적으로 표현된 암담하다거나 파멸적이라는, 그런 논쟁을 뒷받침하기에는 정보가 부족했다는 게 분명했다. 아직도 그런 일이 수없이 벌어지고는 있지만 상황은 아주 달라졌다. 리우회의가 열렸던 그 즈음만 해도 우리 연구실은 연구를 선도해야겠다는 생각은 못하고 화석발견지에 관한 데이터베이스나 구축하기 시작했던 터였다. 생물종의 목록을 만들어, 세부적으로는 지질학적 시대별로 종을 구분하는 한편, 현재 서식하고 있는 곳 정도만 밝히려 했던 것이다. 그것도 완성까지는 여전히 먼 길을 가야하지만 말이다.

　지금은 혼돈이론Chaos theory까지 넘나들며 복잡계를 수학적으로 분석하는 등, 종전과는 판이한 방식으로 자료를 분석하는 데 역량을 집중하고 있다. 우리는 모든 자료를 같은 형식으로 표준화한 접근방식을 취하고 있다. 즉 마이크로소프트 엑셀 프로그램을 이용하여 이름, 시대, 서식지 등을 열별로 구분해 입력하고 여기에 생태계와 다른 변수들을 대입한다. 그리고 어마어마한 자료의 요점을 간추리기 위해 이를 검증할 수 있는 모형을 고안한다. 이를 테면 특별한 방식으로 생물다양성에 변화가 일고 있는 것으로 생각되면, 이를 수학 방정식으로 표현해 이에 문제가 없는지 먼저 검토한 다음, 설정한 모형에 부합하는 어떤 대강의 경향성을 찾을 수 있는지 검증을 해보는 것이다. 우리 자신도 놀란 일은 멸종된 동·식물의 기록을 분석해서 구분지은 유형들이 명확하게 실제와 들어맞았다는 점이다. 또한 우리가 얻은 과학적 결과가 지구 생명체에게 일어나고 있는 일에 대해 심히 우려했던 우리의 주장을 그대로 확인시켜 주었다는 점이다.

우리는 진화적 변화 속에 일관되게 나타나는 유형들을 발견했다. 이미 멸종된 동물 집단이든 아직 살아있는 것이든 마찬가지였다. 변화는 하나의 수학 방정식으로 표현될 수 있는 간단한 모형을 그대로 따르고 있었다. 이를 이용하면 진화적 변화 추세를 예측할 수가 있다. 이는 기상예보관이 온도, 바람과 기압 등 과거의 지역별 기록을 축적해가는 방식과 다를 게 없다. 이를 토대로 얻은 유형은 앞으로 시간에 따라 전개될 양상을 수치로 계산하는 데 이용된다. 또한 별도의 통계 처리는 논리적으로 확실성을 더 얹어주게 된다. 우리는 진화유형을 통해 거의 유사한 작업을 해오고 있는 것이다. 그리고 이제 그런 유형 속에 급작스럽고 예측할 수 없는 간섭이 일고 있음이 더욱 분명해지고 있다. 바로 인간이 야기하는 환경변화다.

다윈Charles R. Darwin의 정신적 스승이자 초기 지질학자 중 한 사람인 찰스 라이엘Charles Lyell은 "현재는 과거를 푸는 열쇠다"라는 명언을 남겨 오늘날까지도 기억되고 있다. 이 원리는 지질학자들로 하여금 현재 일어나는 방식을 관찰함으로써 고대의 지질구조를 해석하도록 고무하고 있다. 종종 신문기사가 그렇듯이, 지나친 단순화가 지질학을 공부하는 순진한 학생들을 잘못 이끌지나 않을까 두렵다. 나는 이 책에서 생물다양성 앞에 닥친 화급한 위기를 다른 방법으로 논하기로 하겠다. 그것은 라이엘의 말을 거꾸로 돌려놓은 방식이다. '과거는 현재를 푸는 열쇠다.' 이는 내가 대만에 머물고 있을 때 딜샷이 e-메일로 출판결정을 알려준 우리 논문에서도 일관되게 취한 방식이다. 즉 화석에서 얻은 자료를 기본으로 해서 컴퓨터로 모형화한 작업이다. 사실 그 연구는 가장 최근의 진화이론보다도 훨씬 주체적인 접근방식으로 이루어졌다. 그게 왜 그토록 논란거리가 되었는지를 말해주는 이유다. 그 속에서 우리는 혼돈이론과 함께 복잡계를 통계학과 수학으로 접근하면서 화석기록에 남은 진화의 유형을 분석했다. 3장에서 설명하겠지만, 우리는 이미 잘 알려진 세 가지 자료분석 방법을 통해 얻은 결과와 우리가 얻은 결과를 비교해 보았다. 그 세 방법이란 첫째, 완전히 무작위적인 과정을 거치는 방법, 두 번째는 인위적인 실험에 의한 방법, 세 번째는 자연을 분석하는 방법이다. 우리가 얻은 결과는 세 번째 방식을 통해 나온 결과와 동일한 형태를 보여주었다. 단언하건대, 자연은 제 스스로 관리된다. 즉 생물학적 진화는 지구 생명계 내부체계에 의해 제어되는 것이다.

우리는 이제 다양한 형태로 함께 연구를 수행하면서, 여러 학문분야의 막대한 데이터베이스에서도 생물학적 정보를 찾아가며 분석방법을 확대하고 있다. 이에 따라 무슨 법칙을 찾아 명쾌한 개념을 정립하고 이에 필요한 양적 실험을 해보는 것에서는 벗어날 수 있었다. 그 대신 모든 것을 상세하게 설명할 수는 없다는 사실을 받아들이고 수수께끼와 불확실성 속에서 일한다는 마음가짐을 갖게 되었다. 다양하고 많은 변화가 일고 있는 지구의 생명계는 이제 주체적인 방법으로만 평가할 수 있을 정도로 너무 복잡해지고 있다. 과학자들은 이제 생명의 아름다움을 받아들여 마치 요정이야기를 다루듯이 연구를 할 필요가 있다. 또한 달라진 시대의 특별한 환경에는 특별한 필요성이 제기된다는 데 초점을 맞춰야한다. 이야기가 바뀌고 있다. 종전의 과학은 세상에 대해 이야기하고 사실을 찾아 확인만 하면, 그것을 다 알게 되었다는 식으로 반응을 보이기 일쑤였다. 오늘날, '사실'은 새로운 이야기를 하고 있다. 그 옛날 어느 정도 우리 인간을 환대했던 '사실'이, 이제는 인간이 막을 수 없을지도 모르는 종말을 얘기하고 있다.

2 멸종

쥐라기 이야기

아이들은 언제나 요정이야기를 좋아한다. 어린 시절의 상상력은 등에서 날개라도 돋을 것 같은 환상 속에 빠져들게 만든다. 동화를 들려주는 부모의 슬하에서 보호를 받으며 자라는 동안 그런 환상은 지속된다. 선과 악의 구별을 명확하게 할 줄은 몰라도 최후에는 필연적으로 정의가 악당을 물리치고 승리하는 걸로 인식한다. 심리학자들은 인간의 상상력이 빚어내는 은유의 결정체로, 세대를 이어 영속적으로 전해지는 요정이야기 같은 동화의 중요성을 잘 안다. 또한 그토록 많은 경쟁상대에도 불구하고 동화가 계속해서 인기를 끄는 데는 별도의 복잡한 이유들이 있을 것이다.

영화 〈쥐라기 공원Jurassic Park〉과 BBC가 방영한 〈공룡대탐험Walking with Dinosaurs〉 속에 나오는 공룡세계 이미지는 차라리 『빨간모자 소녀Little Red Riding Hood』라는 동화에 나오는 늑대처럼 상상이 빚어낸 이미지일 뿐이라는 생각으로 덮어버리는 게 속이 편할 만큼 끔찍했다. 다행스럽게도 그들은 우리 곁에 더 이상 존재하지 않는다. 더는 직접적인 물리적 위협이 되지 않는다. 다만 우리 마음속에 끔찍한 이미지로 남아있을 뿐이다.

영화 〈프랑스 중위의 여자_The French Lieutenant's Woman_〉 및 18세기 모험담을 그린 수많은 TV영화의 촬영 장소였던 도셋_Dorset_의 라임리지스_Lyme Regis_ 부둣가를 따라 배우가 걷던 장면을 떠올려 보자. 몇 세기 전, 부두 방파제는 커다란 바윗덩어리들로 이루어져 있었음을 알 수 있다. 아직도 작은 항구에는 영국해협에서 몰아치는 파도를 막으려는 그런 방파제가 남아있다. 그런 돌들은 바위 속에 파묻힌 초기 생명체의 잔재를 보여준다. 2억 년 전, 이 해변을 따라 번성했던 쥐라기 초기 홍합과 굴 등 패류의 화석이 남아있는 것이다. 18세기의 그 묘한 걸음걸이를 흉내 내면서 바다로 내려서면 여기저기 자라는 끈적한 녹조류_綠藻類_ 때문에 주르륵 미끄러지게 된다. 역시 쥐라기 바다에서 자라던 태곳적 해조류다. 바다 속으로 더 걸어 들어가면 언제나 그렇듯이 물결이 출렁거린다. 노 젓는 작은 배에 올라타면 노꾼이 닻을 거둬 올려 밧줄을 푼다. 작은 항구를 벗어나 세상 멀리 두둥실 떠나간다. 멀리서 훈풍이 불어온다. 파도에 흔들리며 작은 배가 우리를 환상의 세계 언저리로 데려간다. 공룡을 보기 위해 바다로 나아간다.

2억 년 전의 바다는 지금보다 훨씬 따뜻했다. 바람도 거의 없고 파도도 잔잔했다. 우리 같은 방문객들은 대기에 산소가 적어 숨쉬기가 힘들다는 걸 알아차릴 것이다. 또 높은 습도는 틀림없이 기분을 언짢게 만들 것이다. 배에서 물속으로 뛰어들어 여러 차례 몸을 식힌다. 우리가 아는 바다보다 소금기가 훨씬 적다. 연구원 한 사람이 둥근 부표처럼 생긴 커다란 물체를 향해 헤엄쳐 간다. 그러자 그 물체가 바닷물을 뿜어대 배에 타고 있는 우리는 물벼락을 맞고 만다. 갑작스런 소동에 겁을 집어 먹곤 황급히 노를 저어 도망친다. 암모나이트다.

이런 현생 앵무조개의 조상들은 단단하고 둥근 껍데기로 보호되는 납작한 나선 모양의 몸체를 가지고 있었다. 그들이 우리보다 조금 빠른 정도로 해류를 타고 움직인다. 그중에는 힘겹게 항해를 하는 우리 배와 크기가 거의 맞먹는 것도 보인다. 껍데기 속에 제트엔진처럼 공기를 흡입했다 뱉었다하며 부력을 조절할 수 있는 커다란 기방氣房들을 갖고 있던 녀석들은 플랑크톤이나 물고기들을 어설프게 씹어 먹었다. 대다수가 한데 엉겨 화석으로 발견되는 걸로 볼 때, 암모나이트 가운데 좀더 작은 종들은 대형 육식동물에게 잡혀 먹힐까봐 감히 해안을 떠나지 못한 것으로 생각된다. 그들은 매번 밀물 때까지 강한 햇볕을 받으며 먹잇감을 기다렸던 것이다. 싸움을 위해 특별히 설계된 듯, 길고 날카로운 주둥이를 가진 수많은 물고기가 헤엄치는 동안, 노 젓는 배위에 앉아 훤히 노출된 우리는 하늘을 날아다니는 괴물들을 본다.

털 없는 날개를 가진 20마리 이상의 익룡이 무리를 이룬 채 공격하려고 내리 덮친다. 우리가 탄 배 주위, 수면 가까이에서 우리의 흥미를 끌며 먹이사냥을 하던 물고기들을 작살 모양의 이빨로 물어 낚아챈다. 하늘을 덮은 야수들로 인해 일순간 바다가 컴컴해지고, 엄청난 날갯짓으로 거대한 물결이 일어 배가 요동친다. 하지만 우리가 또 다른 야수라도 되는 양 우리를 보고 흠칫 놀라, 출렁이는 물결만 남긴 채 먹잇감을 물고 빠르게 솟구쳐 날아오른다. 겁에 질린 우리에게 새로운 관심을 끄는 게 있다. 바로 시체를 먹어치우는 새와 시조새Archaeopteryx라는, 깃털날개를 가진 호적수가 나타난 것이다. 그들은 암모나이트처럼 소리 없이 찾아왔다. 새들의 조상은 바위 속에 증거를 남겼다. 오늘날의 부엉이같이 먹잇감을 통째로 꿀꺽 삼켰다가 소화할 수 없는 뼈대를 그대로 게워내 바위에 잔존물을 남긴 것이다.

또한 플랑크톤을 먹고산 암모나이트는 어류에게 먹히고, 공룡은 암모나이트와 어류를 모두 잡아먹은, 그런 먹이사슬을 보여주는 증거도 있다.

중생대 트라이아스기 초기에 노토사우루스Nothosaurus라고 불리는 공룡이 있었다. 날카로운 이빨을 가진 작은 머리에, 목이 길고 꼬리가 달린 4m 길이의 이 공룡은 지느러미 모양의 네 발로 헤엄치며 물고기를 잡아먹었다. 또 껍데기에 어류의 이빨자국이 난 암모나이트가 발견됨으로써 물고기가 암모나이트를 잡아먹었다는 사실도 알 수 있다. 때로는 이 먹이사슬이 확대돼 새롭고 다양한 종들이 포함되기도 했다. 절지동물(바다가재처럼 체절을 가진 무척추동물)을 그 예로 들 수 있다 절지동물은 화석화된 해양 파충류의 위나 배설물에서 뿐만 아니라 새가 토해낸 물질 속에서도 몸체가 부서진 채로 발견된다. 말하자면 갯벌에서 플랑크톤을 먹고살던 작은 암모나이트종들을 절지동물도 먹잇감으로 삼아 또 다른 먹이사슬이 이어졌다는 얘기다.

먹이사슬은 환경과 조화를 이루며 모든 게 천천히 변하는 체계의 일부다. 그와 함께 부드러운 리듬의 일부를 이룬다. 어느 한곳에 변화가 생기면 나머지가 영향을 받는다. 떠들썩한 분위기가 조성되는 것과 유사한 양상의 리듬이 최근 형성되고 있다. 다수의 인간이 모이는 공항이나 호텔로비에서나 느낄 수 있는 그런 소란스런 분위기 말이다. 특정계절만 아니면 사람들은 제각기 자신의 방식대로 살면서 일정한 흐름을 유지한다. 즉 긍정적인 목적의식을 갖고 평온하게 효율을 추구하면서 일하고 먹고사는 것이다. 하지만 크리스마스나 찌는 듯한 여름 휴가철만 되면 전혀 다른 양상을 드러낸다. 설계된 체계의 수용용량과는 상관없이 사람들로 미어터져 체증을 일으키고, 기다리다 지쳐 짜증을 내고 불만을 터뜨리며 아귀다툼을 벌이는 것이다.

지구상의 생명체가 옮기는 발걸음 또한 시간에 따라 변한다. 빙하시대 및 맹렬한 화산활동기는 크리스마스를 앞두고 히드로공항이 사람들로 미어터지고 분주하게 움직이는 그 며칠과 의미가 똑같다. 반대로, 중생대 쥐라기와 백악기는 그런 정점에서 비켜있던 시기였다. 단지 한두 차례의 격렬한 활동이 있었을 뿐이다. 이 시기 전반에 걸쳐 생물학적 진화는 안정적인 환경변화에 발맞춰 천천히, 그리고 한결같은 발걸음으로 지속된다. 마치 한바탕 법석을 치르고 난 공항과 호텔로비에서 새로 여행을 떠나는 사람은 별로 찾아볼 수 없듯이, 새로 등록된 종도 몇몇에 불과했다. 하지만 큰 혼란은 없었다. 생태적으로 균형을 이루고 한결같이 다양성을 꽃피울 때, 즉 상대적으로 안정된 환경에서는 주로 종種과 속屬의 수준에서 진화가 진행됨을 알 수 있었다. 그것도 하나의 떠들썩한 리듬일 수는 있다. 하지만 중요한 격변이나 재앙이 없는 리듬이다.

다시 우리의 배를 타고 쥐라기의 해변으로 가보자. 두 종류의 공룡이 보인다. 골반구조가 도마뱀과 같은 용반류龍盤類 Saurischia가 두 다리로 서서 그 유명한 티라노사우루스Tyrannosaurus 자세를 취한 채 다른 동물과 싸우고 있다. 또 거대한 몸집에 아주 작은 머리를 가진 조반류鳥盤類 Ornithischia가 소철과 침엽수의 딱딱한 나뭇잎을 뜯어먹거나 네발로 조심스럽게 주변에서 서성이는 게 보인다. 새와 같은 구조의 골반을 가진 조반류는 초식공룡이었다. 그들은 또한 티라노사우루스 같은 초기 용반류의 공격에 맞서기 위해 온몸을 두꺼운 비늘로 감싸고 있었다.

노 젓는 배에 남아 동화처럼 얘기를 풀어가기에는 그들의 상호관계에 대해 밝혀진 게 너무 적다. 개체와 개체, 종과 종 간에도 모두 그런 식으로 경쟁을 하며 싸웠다는 게 일반적인 관점이고, 바로 그게 진화의 원동력이었다고들 말한다. 그것은 빅토리아여왕 시대 때부터 '적자생존'을 외쳐온 다윈주의자들의 기치아래 놓여 있는 신화다. 그것은 잘못된 생물학의 역사 속으로나 추방시켜야 마땅할 구시대적 개념이다. 우리는 지금, 생명체와 환경 간의 복잡한 관계 또한 중요하다는 걸 알고 있다. 진화는 종 및 개체들 간의 싸움에서 이기려는 것과 관계가 있다기보다는 같은 환경 속에서 모두 함께 잘사는 쪽으로 나아가려는 것과 더 관계가 깊다. 반드시 최강자가 성공하는 게 아니라, 갑작스럽고 예측하기 어려운 새로운 환경에 가장 잘 적응할 수 있는 것들이 성공을 거둔다.

쥐라기와 백악기처럼 평온했던 때는 거의 없었다고 할 만큼 그때는 환경변화도 크지 않았다. 온도와 대기 중 이산화탄소 농도만 현재 수준 이상으로 꾸준하게 증가했다. 광포한 집단과 개체들 간의 험악한 싸움이 중요한 진화적 변화를 촉진하는 일은 없었다. 초기의 것들로부터 새로운 종이 출현했을 뿐, 다른 동물과의 격렬한 싸움이나 특별한 환경변화를 겪은 뒤 새롭게 특정 과의 동물이 나타나는 일은 드물었다. 속커녕 종이 절멸한 것도 소수에 불과했다. 지구는 평화롭고 비교적 조용했다. 진화는 소규모로 진행됐으며, 새롭게 나타나는 것은 주로 종 수준의 발생이었지 속도 별로 없었고, 과 수준에서 발생이 일어나는 일은 극히 드물었다. 환경에 큰 변화가 없다면, 생기는 일도 드물다. 그렇다면 대규모의 진화도 일어나지 않는다. 특히 쥐라기 중기에는 바다와 육지 환경 모두 작고 미세한 변화만 있었다. 당시엔 재앙이 없었기 때문에 진화적 변화도 대개 종과 속 수준에서 아주 소폭에 그쳤다.

이렇듯 가장 평온했던 시기를 통해 파악된 수많은 사실 중에는 대부분의 사람이 예상하지 못하는 게 하나 있다. 일반적인 시각은 한 놈이 다른 놈을 잡아먹는 모든 먹이활동, 즉 모든 싸움을 진화의 기본 동력으로 본다. 그런 시각을 가진 사람들은 그것이 인간의 진화도 이끈다고 말한다. 그래서 사람들은 우리 자신을 진화 계통수系統樹의 맨 꼭대기에 자리 잡은, 가장 막강한 존재로 바라본다. 그것은 자연이 작동하는 방식이 아니다. 주로 어류를 잡아먹고 산 대형 암모나이트 중에는 하늘을 나는 프테라노돈Pteranodon[익룡류]의 부리공격에 맞서 싸운 종이 있었다. 더 큰 위험에 노출된 종들과 비교해보면 조금도 그럴 필요가 없었는데도 말이다. 결국

이 용감무쌍한 암모나이트들은 최전선의 전투에서 임무를 다하곤, 안전한 생태적 적소適所를 발견한 무척 소심한 겁쟁이들보다 훨씬 대규모로 사멸하고 말았다.

환경이 변할 때도 살아남는 것이 가장 큰 성공을 거둘 수 있다. 투쟁력이 아니라 기회에 의해, 즉 주어진 계기를 잘 활용한 생명체가 우위를 점하게 된다. 다른 무엇보다도 특별한 시기를 맞아 새로운 주변 환경에 누구보다도 훨씬 더 적합해진 결과다. 환경에 의해서든 생체 내부의 변화에 의해서든, 혹은 사회적 행동에 의해서든 변화를 보인다. 그래서 그들은 유효적절한 생태를 가지고 적절한 때에 맞춰 적절한 장소를 차지하게 된다. 지금 우리는 인간이 최고 위치에 있다고 생각한다. K-T(중생대 백악기-신생대 제3기) 대량멸종을 겪기 전, 중생대 때의 공룡이 그랬던 것처럼 말이다. 그러나 다시 한번 강조하건대 환경은 변하고 있다, 그것도 극적으로.

환경변화를 파악하는 데 지질학자보다 뛰어난 사람은 없다. 바위의 형태만 보고도 그들은 대기권의 변화, 육지 및 바다 변화의 흔적을 찾아내고, 서로 의존적인 상호관계, 시간에 따라 연결된 사건들을 읽어낸다. 지구 역사상 좀더 극적으로 인 변화 중에는 해수면의 상승과 하강－이는 대륙의 이동, 기후와 기상계의 변화에 영향을 준다－을 비롯해 대기권의 변화, 바닷물 조성의 변화가 있다. 지구는 아직까지도 제각각 다른 속도와 비율로 변하고 있는, 무수한 환경조건 속에 놓여 있다. 이는 믿기지 않을 만큼 굉장한 하나의 복잡계다. 그리고 이제 막 추적을 시작하고 있을 뿐이다.

배를 타고 쥐라기를 여행한 라임리지스 앞바다는 수억 년 전에 일어난 일을 관찰하는 데 도움이 된다. 라임리지스는 방파제뿐만 아니라 암모나이트 화석으로도 유명하다. 도셋 해변으로 파도를 몰고 오는 현재의 영국해협 바다는 그 옛날 너무도 다른 모습을 하고 있었다. 정말 오늘날의

세계 어떤 바다와도 다른 모습이었다. 쥐라기가 시작된 무렵만 해도
세계는 판게아라고 부르는 하나의 거대한 C자 모양의 대륙으로 이루어져
있었다(그림 2.1). 현재의 영국 남부지방에 해당하는 지역은 C자의 오목한
부분 안쪽에 오른편으로 치우쳐 있던 저지대였으며, 북쪽에서 서쪽과
남쪽으로 펼쳐진 모양의 강 하류 삼각주에 자리하고 있었다. 이처럼
아주 고립된 얕은 바다의 해안선에는 육지로부터 다량의 퇴적물이 흘러와
쌓였다. 바다는 통상적인 수준의 염도보다 훨씬 소금기가 적었다. 이는
습지식물뿐 아니라 암모나이트와 공룡에게는 아주 이상적인 장소였다.
그렇다고 여타의 많은 생명체에게 다 그런 것은 아니었다.

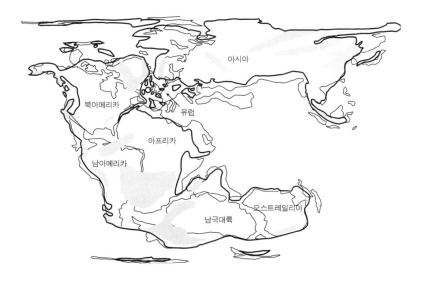

그림 2.1 2억 년 전, 쥐라기 초기의 세계 지형도.
굵은 실선이 당시의 해안선을 나타낸 것이고, 실선은 현재의 대륙 윤곽이다.
회색으로 칠한 부분은 고원지대다. (Hubbard & M. C. Boulter 1997, *Palaeontology*
40, 43~70)

C자 모양의 땅덩어리, 판게아가 중심축부터 갈라지면서 천천히 그 지역의 대륙이 움직이기 시작했다. 해수면이 요동치고, 건조한 대륙이 형태를 갖추기 시작했으며, 소금기가 많지 않은 습지가 확산되었다. 결국 C자 대륙의 왼쪽, 즉 서쪽으로 새롭게 얕은 바다가 펼쳐지게 되었다. 복잡한 상호과정의 전후 순서는 정확하지 않지만, 북미대륙이 남미대륙으로부터 분리되었다. 이것이 계속해서 지구 전체의 해류가 완전히 바뀌는 이유로 작용했고, 해수면이 높아지면서 라임리지스에도 혹독한 기후가 찾아들게 되었다. 지구의 지리학적 변화과정은 우리 웹사이트(http://www.biodiversity.org.uk)에서 좀더 상세히 볼 수 있다.

이 간단치 않은 그림에는 여러 학문분야별로 풀어야 할 숙제가 담겨있다. 이를 제대로 해석하는 비결은 체계의 여러 부분에서 나타난 모든 요동의 흔적을 어떻게 분리해내는가에 달려 있다. 거기엔 정확하고 폭넓은 지식이 필요하고, 경우에 따라서는 기나긴 지질시대별 증거도 요구된다. 우선적으로 체계를 각 구성요소별로 분류함으로써 거기서 생긴 변화들을 읽어내야 한다. 그런 다음 거기서 얻은 사실들이, 전체 지구 체계의 각 부분들이 함께 어우러져 나타난 결과라는 걸 입증해야만 한다. 결국 비결이란 복합 학문의 과학적 접근을 통해 차츰 이해력을 높여가는 길밖에 없다.

명백한 증거가 없어서 전체 지구 체계의 형상이 불명료하더라도, 자연 변화가 빈번했던 사실만큼은 추정이 가능하다. 지구가 여러 형태의 요동을 겪고 주기성을 띠면서, 단 몇 초에 관한 문제부터 수백만 년에 걸쳐 일어난 일까지, 어떤 변화를 겪은 것이다. 라임리지스에서 발견된 증거는 2억 년 전, 서로 다른 주기를 수없이 반복하면서 환경요인의 변화가 무수하게 일었다는 사실을 말해준다. 비록 전체적으로 쥐라기의 생태적 변화는 규모가 작았지만, 미세한 진화적 변화를 자극하기에는 충분한 수준이었다.

변화를 야기하는 리듬의 정점에서 비켜나, 생물다양성이 하나의 복잡계를 이루면서 그 이전 어느 때보다도 다양하게 생물이 번성했다. 대륙이 이동하는 한편, 기후와 생태계의 근소한 변화가 먹이사슬의 변화를 가져왔으며, 대기 중 이산화탄소 농도가 증가하고 온도가 상승했다. 하지만 그 증거가 이미 형체를 잃었거나 산산이 부서지고, 풍화와 침식작용으로 훼손되어버린 너무 오래된 과거의 이야기이긴 하다. 시간에 따른 변화의 크기를 가늠하기란 무척 어렵고, 종종 불가능하기까지 한 일이다.

이는 변화가 일고 있는 체계의 한복판에 내던져졌을 때, 방향감각을 찾기가 어려운 것과 마찬가지의 이치다. 말하자면, 장기간의 날씨변화에 관한 이해는 광범위한 시간·공간에서 벌어진 기상변화 자료의 확보 여부에 따라 달라진다. 라임리지스 부두에서 발견된 쥐라기 때 바위만을 근거로 어떤 생명체가 2억 년 전 쥐라기 때의 것이라고 단정하기에는 어려움이 많다는 데 이의를 다는 사람은 없다. 특히 모든 변화가 상대적으로 서서히 진행된 이후의 일이라면 더욱 그럴 수밖에 없다. 그러나 복잡계의 이해를 돕는 발상이, 그것도 뜻밖의 곳에서 제시된 적이 있었다. 바로 150년 전, 은퇴한 어느 철도기술자로부터였다.

영국 더비에서 철도기사로 일하던 허버트 스펜서Herbert Spencer는 그 일을 그만두고 1850년대에 저술활동을 시작하면서 저술가이자 철학자로 성공하게 된다. 한때 그는 《이코노미스트Economist》지 부편집장으로 일하기도 했다. 그의 사회이론의 요체는 가장 적합한 인간들이 가장 효과적으로 살아남는다는 것이었다. 다윈이 애용했고, 이후 정치가와 잘못 배운 학생들이 즐겨 쓰는 말이 돼버린 '적자생존'은 바로 스펜서의 말이었다. 1950년대, 미국의 유명한 유전학자 슈얼 라이트Sewall Wright는 야생동물을 관찰하면서 '적합성 지형'이라는 이름으로 똑같은 발상을 적용했다. 홀데인J. B. S. Haldane, 조지 게이로드 심프슨George Gaylord Simpson 및 진화생물학계의 보루라 할 만한 20세기 중반의 다른 사람들과 함께 라이트는 유전적·진화적 변화의 관찰을 처음으로 시도한 사람들 중 하나였다. DNA나 많은 환경자료가 별로 도움이 안 되자, 진화과정에 주목하게 된 것이다. 집단유전학에서는 적합성을 나타내는 변수를 전통적으로 'W'로 표시하는데, 짓궂은 학생 하나가 라이트에게 'W'를 그의 이름에서 따온 거냐고 물은 적이 있었다. 돌아온 대답은 '아니다'였다. 그는 "가치Worth"라는 뜻을 담고 있다고 했다.

적합성 지형에서 높낮이가 다른 봉우리[정상]들은 생명체 간의 투쟁과 압박을 도식화한 것이다(그림 2.2 참고). 생명체 간의 투쟁이든 압박의 결과든, 둘 다 복잡하게 얽히는 특징을 가진다. 즉 서로 다른 적합성을 증명하기 위해 지점에 따라 우열을 나누고, 특정 상태에선 잘 살아가나 반대의 경우에는 그렇지 못하다는 식으로 증명을 했다. 평온했던 쥐라기든 빠르게 변하는 오늘날의 세계든, 생물다양성을 가진 복잡계는 가장 성공 가능성이 높은 최고로 적합한 개체들만 취한다는 얘기다.

적합성 지형과 관련해 새롭고도 흥미롭게 바라봐야 할 점은, 우리가 화석기록을 통해 파악할 수 있는 요동이 어느 정도 여타의 자연계에서 나타나는 유형을 그대로 따르고 있다는 사실이다. 자연 지형에서는 기후 및 생태계의 복잡한 변화에 적절히 대처를 할 수가 있다. 따라서 지구상의 모든 생명체는 변화를 계속 이어가면서 체계적으로 함께 적응을 한다. 정상에 있는 종들도 체계의 어느 한 부분에서 변화가 생긴다면 한순간에 미끄러져 내릴 수도 있다. 그렇더라도 평형상태는 그대로 유지되고 리듬 또한 계속된다.

지질시대 전체를 꿰뚫어보더라도 지구 안팎의 여러 요인이 지형과 기후에 엄청난 영향을 끼쳐 왔다. 내부 요인의 대부분은 지구의 대륙판구조에서 비롯되었으며, 외부 요인들로는 운석충돌 같은 예를 들 수 있다. 방향과 차원에 관계없이 다방면에 걸쳐 일종의 연쇄반응이 지속돼 온 지구는 대단히 역동적인 체계였기 때문에 아주 오랫동안 동일한 환경이 유지된다는 건 거의 있을 수 없는 일이었다. 암모나이트와 공룡이 번성했던 중생대의 트라이아스기와 쥐라기 사이, 라임리지스 부근도 기후변화가 약했을지언정 아주 완만한 주기 하에 기온이 상승 중이었다. 복잡하게 부침을 거듭하면서 도셋의 해안가에 쌓였던 퇴적물이 과거 실제 발생한 일의 실마리를 제공해준다. 침엽수의 꽃가루와 양치류의 포자가 화석으로 남은 바위들이 한곳에서 발견됨으로써 식물 속에서 찾을 수 있는 기후변화의 증거가 드러나는 것이다. 이는 당시 온도가 일정하게 상승했음을 보여준다. 산호초와 조개를 비롯해 따뜻한 조건을 좋아하는 수많은 해양저서 생물군도 번성할 수 있는 조건이 갖춰졌다는 얘기다.

유전암호

그림 2.2 적합성, 혹은 종의 생존능력.
　　　　　이를 곡선(정상과 골짜기를 의미)으로 표시했다. 유전학적 복잡성을 곡선으로
　　　　　나타낸 하나의 이론적 개념이다. 골짜기에 위치한 종들이 적합성이 높아지려면
　　　　　정상에 위치한 종들과는 달리 넘어야 할 작은 장벽들이 많다. 이 적합성 지형은
　　　　　시대에 따라 진화가 진행되는 종들이 달라지기 쉽다는 사실을 반영하고 있다.
　　　　　(P. Bak, 1996)

쥐라기의 기후변화를 재구성한 이런 설명에 모든 과학자가 동의하는 건 아니다. 예를 들어 런던대학교의 빌 챌러너Bill Chaloner 교수의 지도를 받는 제니 맥얼웨인Jenny McElwain과 데이비드 비어링David Beering이 얻은 결과와 우리 연구진의 결과는 직접적으로 상충되고 있다. 우리 연구결과는 주로 내 연구실의 리처드 허바드Richard Hubbard가 1억9000만~2억1000만 년 된 트라이아스기와 쥐라기의 퇴적물에서 나온 수천 개의 꽃가루와 포자를 분석해서 얻은 것이었다. 허바드의 논리를 구성하는 요소들 중 하나는 차가운 기후를 좋아했을 것으로 보이는 일군의 식물이었다. 이 식물들이 번성한 시기는 트라이아스기와 쥐라기의 경계시점인 2억500만 년 전과 꼭 일치했다. 반면 제니 맥얼레인과 데이비드 비어링은 그 시기가 따뜻한 때였음을 알려주는 걸 발견했다고 주장했다. 대기 중 이산화탄소 농도를 나타내는 지표랄 수 있는 나뭇잎의 기공氣孔 조밀도를 2억500만 년 된 나뭇잎화석을 통해 추정한 결과라고 했다. 기공수가 적은 것으로 파악되었으며 이는 수분 손실을 줄이려 했다는 것을 의미하기 때문에 당시 기온이 높았음을 보여준다는 것이다. 당시가 갑자기 추위가 닥친 때였는지, 아니면 따뜻한 때였는지, 우리는 누가 옳은지를 밝혀 줄 증거를 기다리는 수밖에 없는 형편이다.

이러한 논쟁거리는 그게 과학논문이든, 대만의 찻집에서 장시간 벌어진 논란이든, 국제회의든, 곳곳에 널려있다. 모든 과학적 사고방식이라는 것은 다른 사람이 낸 결론을 무조건 수용하지 않고 자기가 옳다고 여긴 예감을 증명할 수 있다는 희망 속에서, 잘못된 무언가를 증명하려는 도전정신을 그 바탕에 깔고 있는 게 사실이다. 정치인은 말할 것도 없이 대중에게 이런 논쟁을 전달하는 고약한 일을 하는 게 기자와 교사들이다. 대중은 모두 솔직한 질문에 솔직한 대답을 듣고 싶어 한다. 그렇지 않은 경우 그것을 이해하지 못한다. 목에 잔뜩 힘이나 들어갔지, 현재 무슨 일이 벌어지고 있는지도 잘 모르는 것 같은 인상을 주는 과학자들을 그들은 틀림없이 불만족스럽게 바라보게 된다. 에이즈AIDS, 광우병BSE[소 해면상뇌증], 구제역FMD은 대중의 인식에 혼란만 부추기고 있는 최근의 좋은 예다. 아직까지도 명쾌하거나 완벽한 설명도 없이 복잡한 논쟁의 한복판에 머물러있는 게 현실이다.

쥐라기를 조망해보면, 점차 상승하는 온도에도 동·식물들이 잘 적응을 했다. 이는 지금의 우리에겐 친숙해진 매서운 추위의 특징이 많이 사라졌음을 의미했다. 당시 털을 가진 포유동물은 너무 더웠을 것이다. 잎사귀가 얇은 낙엽수나 식물은 더위에 말라죽었을 테고, 따라서 진화를 할 수가 없었다. 소수에 불과한 소형 포유류들은 털을 벗는 쪽으로 진화하고, 식물은 두꺼운 외피를 가진 것들만 남게 되었다. 새로운 집단이 분화함에 따라 대다수의 포유류 개체는 몸집이 작아지고, 다른 야수들과 서식지 및 먹이다툼을 벌이려 해도 힘에 부쳤을 것이다. 적합성 지형으로 보자면 정상보다 낮은 위치에 놓이게 된 것이다. 다양하게 분화하고 크게 자라기도 전에 중요한 환경변화를 맞은 격이었다.

오늘날 도셋의 해변과 해안절벽에는 화석화된 쥐라기 잔해가 가득 널려있다. 특히 암모나이트와 공룡 잔해가 많다. 처치클리프스Church Cliffs 절벽의 하단부에선 쥐라기 때의 산호초도 볼 수 있다. 쥐라기의 얕은 바다가 점차 깊어진 사실을 웅변하듯 절벽의 상단에는 석회암과 셰일[점토암]층이 형성되어 해양퇴적물 증거를 남겼다. 유명한 도셋 해안절벽의 장엄한 풍경은 일련의 작은 환경변화들이 빚어낸 작품이었다. 자갈 무더기, 우뚝 선 누른빛의 사암, 해안에 펼쳐진 회색 갯벌, 파도치는 듯한 지층, 무른 바위가 바닷물에 침식돼 형성된 동굴 및 다리 모양의 바위 등은 또 다른 옛 사건들을 일러준다. 더 나아가 이러한 실제 지형은 쥐라기의 적합성 지형을 푸는 실마리일 뿐만 아니라, 2억 년 전에 형성된 이래 수많은 변화를 겪어왔으면서도 어떻게 그런 게 보존될 수 있었는지 그 단서도 제공해준다.

서쪽으로!

대륙 위치에 따른 지형의 변동은 해수면 등 날씨와 기후변화로 인해 발생한다. 계속해서 이런 요소들은 동일한 체계 내 생명체들의 진화적 변화 속도에 영향을 준다. 자연을 뜯어보면, 단조롭고 평이한 리듬 속에 모든 게 함께 엮여있다. 모든 생명체는, 그것이 다른 종이든 같은 종 내의 다른 개체든, 다양한 방식으로 서로 의존적인 관계를 이룬다. 또한 각각의 개체와 집단을 위한 특별한 환경에도 의존하게 된다. 결국 이런 상호의존은 어느 정도 지속적인 조화를 이룬 상태를 만들어 생명체들이 함께 살아가도록 하는 데 영향을 미친다. 모든 생명체가 함께 어우러져 안정상태에 접어들게 만드는 것이다. 성숙한 체계가 나타나는 것은 스스로 자신을 보호하기 위해서며, 특별한 간섭만 없다면 변화란 없을 것이다. 개별 생명체는 완벽하게 자신의 종집단과 융화하고 광범한 생태계와도 융화를 이룬다. 여기서 우리는 질문을 던지지 않을 수 없다. 그러한 안정상태가 영원할 수 있는지 여부에 대해서 말이다. 즉 '체계로서의 지구'가 그 상태를 보장받을 수 있는지를 묻지 않을 수 없다. 오래지 않아 우리는 반드시 어떤 변화에 직면할 것이다.

차창 밖에 펼쳐지는 풍광을 감상하며 긴장을 늦추기 위해 나는 주기적으로 런던에서 데번Devon 주까지 브루넬Isambard K. Brunel이 부설한 대서부철도를 따라 여행을 한다. 런던에서 출발한 기차는 서쪽 브리스틀Bristol을 거쳐 남쪽으로 엑서터Exeter와 콘월Cornwall까지 내달린다. 다윈이 탐사선 비글호로 남미 탐험을 마치고 돌아온 직후인 1840년대에 건설된 그 철도는 철도역사 초기에 건설된 것 중 하나였다. 영국 서부지역을 가로지르는 철도를 따라 가보는 기차여행 또한 하나의 지질학적 여행이 될 수 있다. 지질시대(그림 1.2 참고) 순서대로 암석층이 형성된 걸 볼 수 있기 때문이다.

런던 외곽의 템스Thames 계곡을 지날 때 보이는 점토층은 신생대 제3기 전반기 그 지역이 얕은 바다였을 때 퇴적된 것이다. 기차가 서쪽으로 향할수록 더 오래된 지층이 나타나면서 비중이 무거운 잿빛 점토가 비중이 가벼운 사질토沙質土로 바뀐다. 레딩Reading의 사질층은 5500만 년 된 것이고, 뉴베리Newbury의 것은 그보다도 500만 년 더 오래된 층이다. 런던에서 출발한 지 한 시간이 지나면 기차는 그렇게 수수한 경치를 벗어나, 옛 정취를 풍기는 시장도시 헝거포드Hungerford와 말보러Marlborough에 이를 때까지 광활하게 백악白堊[연질 석회암] 지층을 이룬 지역으로 진입하게 된다. 이 백악 지층은 웨스트베리Westbury 인근에 있는 백마 모양의 석회 언덕 너머까지 펼쳐진다. 배스Bath 근처에 다다르면 쥐라기 시대의 사암砂巖을 활용해 지은 아담한 주택들이 보인다. 톤튼Taunton에서는 붉은 벽돌로 축대를 쌓은 주택들 여기저기서 2억 년 이상 된 암석들을 보게 된다. 그것들은 그곳의 바로 남쪽, 도셋 해안에서 발견된 암석의 형성순서와 같은 과정을 밟아왔다.

기차가 변화하는 환경을 지나왔듯이, 지역마다 다르게 나타난 석재들은 여전히 2억 년 전에 무엇이 퇴적되었는지 믿을 만한 단서를 제공한다. 멀고 먼 과거의 지질시대로 그토록 짧은 시간 안에 여행을 하면서, 과거 변화하는 환경 속에서 암석이 형성되는 순서를 볼 수 있게 해주는 곳은 지구상에서도 극히 일부에 지나지 않는다. 지구상에서 현재 영국이라는 섬나라가 차지하고 있는 곳은 중생대 전반에 걸쳐 중추적인 위치에 있던 땅이었다. 대륙이 갈라지기 전에는 그 지점이 C자 모양의 판게아[그림 2.1 참고]의 안쪽에 있었다. 어떤 때는 육지였다가 때론 바다에 잠기기를 반복하는, 대체로 범람원泛濫原 flood plain 상태에 있었다. 유로-아시아 대륙과 지금은 북미지역으로 갈라져 나간 대륙 사이에 위치하고 있던 그 지역은 두 땅덩이가 거대 규모로 겪게 되는 대륙이동 역사의 축소판이었다.

엑서터에서 기차가 멈춰서면, 서쪽 가까이 다트무어Dartmoor[데번 주의 다트 고원지대]의 화강암 형성에 오래 전 영향을 끼친, 극도로 복잡한 지질학적 구조를 목격하게 된다. 칼륨-아르곤 연대측정법에 의하면 그 화강암은 2억8000만 년 전 화산폭발의 결과라는 걸 알 수 있다(www.phdcsm.freeserve.co.uk/overview.htm). 보드민무어Bodmin Moor[콘월 주의 보드민 고원지대]와 서쪽 끝의 랜즈엔드Land's End를 포함해 다트무어에는 그와 같이 페름기 초(그림 1.2 참고)의 화산구조로부터 단단한 화강암이 남게 된 것이다. 엑서터 인근지역과 그 아래로 가늘고 긴 지형을 이룬 토키Torquay, 또 서쪽으로 크레디튼Crediton 지역에는 화산폭발로 분출된 용암이 흘러내린 흔적이 남아있다. 유명한 데번 주의 적토赤土는 2억 년보다도 오래 전에 형성된, 철이 많이 함유된 암석이 굉장히 넓게 퍼져있음을 말해준다. 훌륭한 과학적 전통 속에서 그러한 일이 벌어진 시기에 대해서는 20년 이상 논쟁거리가 되어 왔다. 하지만 연대측정 기술을 이용한 지구물리학자들이 이를 명쾌하게 정리했다.

여느 때처럼 기차에 몸을 실었던 어느 날 아침, 몇 가지 연구기록을 챙겨 떠난 일이 있었다. 화석 데이터베이스를 조사해 그 결과를 토대로 새롭게 작성된 그래프 몇 개를 선별하는 중이었다. 바위에서 얻은 화석기록을 토대로 작성된 자료는 묘하게도 지질시대 면에서 기차여행에서 본 시대범위와 너무나 유사했다. 런던에서 레딩까지는 신생대 제3기의 열대 습지, 헝거포드 근처에 이르러선 중생대 백악기의 깊은 바다, 배스

인근은 쥐라기의 잎 끝이 말린 식물과 사막, 데번 주의 북부지역은 고생대 석탄기 습지와 바다의 특징을 보여주었다. 그렇지만 그래프는 영국의 남서지방에 국한시킨 게 아니라 전 세계에서 얻은 자료를 집약시킨 것이었다. 그렇다 보니 끔찍하게 혼란스럽고 머릿속이 뒤죽박죽될 판이었다. 시간을 100만 년 단위로 나눠 화석 종류별로 기록된 숫자를 나타낸 그래프였다. 그것을 분석해 온 이전의 모든 작업이 잘못되었다는 생각이 들었다. 그래서 나는 그것을 한쪽에 치워두곤 마음을 다스려야 했다.

식물과 미생물, 즉 긴 이름에 발음조차 어려운 해양 플랑크톤에 관한 대부분의 화석기록은 과거 삼림과 바다에서의 서식 변화를 보여준다. 모두 지금으로부터 2억 년 된 퇴적물에서 나온 화석기록들이었다. 당시 육지에서는 최초의 양치식물과 색다른 형태의 상록침엽수, 소철류가 식물상植相의 주류를 이뤘고, 이윽고 저지대에 현화식물顯花植物 flowering plant[1]들이 널리 자라게 된 걸로 알려진다. 또 비록 플랑크톤이 특정 기간 동안에는 전혀 보이질 않아 한층 더 눈에 띄긴 했지만, 바다에서는 따뜻한 물 대부분을 지배하던 플랑크톤이 크게 번성한 것으로 보였다. 전반적으로 재앙이 될 만한 환경변화가 지속된 게 아닌가 싶었다.

그러다가 웨스트베리 근처의 어느 곳−너무 흥분했기 때문에 정확한 장소를 기억하지 못하고 있다−을 지나던 중 나는 수백 개의 그래프 중에서 딱 5개의 곡선에 주목했다. 그것은 분명히 변화를 읽을 수 있는 동일한 유형을 보이고 있었다. 역시 5개의 그래프가 보여주는 변화가 거의 같은 시기에 일어났다는 것을 알 수 있었다. C-T Cenomanian−Turonian[2]

---

1. 일반적으로 양치류처럼 꽃이 피지 않고 포자로 번식하는 식물, 즉 은화식물(隱花植物)에 대응하는 의미로 쓰인다. 꽃이 피는 식물의 총칭이다. 이를 세분해 겉씨식물과 속씨식물로 나누니, 현화라는 의미 자체가 암술과 수술을 보호하는 화피(꽃덮개)가 있는 식물로 국한시키는 경향이 있어, 꽃에 화피가 없는 겉씨식물까지 포괄하기 위해 현재는 종자식물이라는 이름으로 대체된 형편이다.

2. 백악기를 더 세분해서 12시기로 나타낼 때의 특정 시기. 시노매니언(Cenomanian)은 9천600만∼9천200만 년 전, 튜로니언(Turonian)은 9천2백만∼8천8백만 년 전의 시기다.

경계에 놓인, 9000만 년 전 중생대 백악기의 바위들에서 얻은 것들이었다. 나는 식물군을 선택해 전체 지질시대별 출현빈도를 각각의 곡선으로 나타냈었다. 5개 모두 그렇게 같은 시기에 갑작스럽게 출현했다. 그 식물군은 가장 민감한 고식물학의 수수께끼에 맞닿아 있었다. 어떻게 현화식물이 처음으로 나타날 수 있었을까?

놀랍게도 당시 갑자기 출현한 최초의 다섯 식물 가운데는 자작나무와 느릅나무가 있었다. 그것들은 초기의 열대 홍수림紅樹林 mangrove[3] 식물의 화석기록 속에서도 나타났다. 하지만 꽃가루를 퍼뜨리는 식물 중에 가장 크게 번성했던 것은 아퀼라폴스Aquilapolles와 노마폴스Normapolles라는, 지금은 멸종된 두 식물군이었다. 약 50년간 이것들은 다른 꽃가루들ー화석을 통해 알려진 것이든 현생의 꽃가루든ー과는 아주 다른 것으로 알려져 왔다. 두 식물은 그 후 2000만 년이 지난 때에 정점을 이뤘다가, 점차 멸종의 길로 들어섰다. 사실 아직까지도 그들의 조상 식물의 구조와 상태에 대해선 알려진 게 없다. 하지만 초기 현화식물의 진화에 중요한 역할을 하기 위해 출현한 것만은 사실이다.

몇 개의 그래프를 놓고 내가 왜 그토록 흥분했냐고 물을지도 모르겠다. 나와 동료과학자들은 현화식물 중 속씨식물의 기원과 초기 진화에 대해 다윈이 "넌더리나는 수수께끼"라고 일컬었던 문제를 풀려고 몇 년 동안이나 매달리고 있었다. 아름답게 잘 보존된 새로운 꽃의 발견은 최초의 꽃을 찾아 중생대 백악기 초기까지 시간을 거슬러 올라가게 만들었다. 꽃의 기원과 이후 전개되는 진화경로에 관한 논쟁 역시 서로 다른 전문가들을 들뜨게 했다. 그것들은 모두 아주 생생한 화젯거리였다.

그 5개의 곡선은 2억 년 전의 쥐라기 초 이래 대부분의 땅 표면을 변함없이 덮어 왔다던 식물계에 단절이 있었음을 보여준 최초의 증거였

---

3. 열대지역의 강어귀나 해안에 조성되는 숲으로, 염분에 강한 식물이 자란다.

다. 쥐라기 초기는 두꺼운 껍데기를 지닌 소철류와 상록침엽수, 은행나무, 양치류들이 번성한 시기였다. 대체로 열대성 기후와 지형은 수백만 년 동안이나 바뀌지 않았다. 하지만 C-T 경계시기의 화산폭발은 생명체의 생존에 막대한 위협이 되면서 어쩔 수 없이 급격한 변화를 남기게 되었다. 삼림의 중요 구성요소가 되는 현화식물의 갑작스런 등장은 수많은 생명집단의 진화속도를 가속시킴으로써 더욱 복잡한 생태계를 만들어냈다.

웨스트베리 근처에 다다른 기차 안에서 내가 흥분을 한 데는 또 다른 이유가 있다. 내 연구실의 새로운 접근방식이 성공을 거두리라는 예감을 처음으로 맛본 순간이었기 때문이다. 어떤 특정 유형이 나타나리라고 그 누가 알았겠는가? 그동안 하나둘 축적한 많은 양의 다른 데이터베이스에서도 뭔가를 찾아낼 수 있지 않을까? 이것이 첫 번째 맞는 의미심장할 정도로 놀라운 결과라면, 특히 두 시기 사이의 경계에서 조만간 또 다른 사건을 만나게 되지 않을까? 엑셀 프로그램에 담아놓은 그 엄청난 자료 속에는 통계적으로 의미 있는 유형이 숨어있는 건 아닐까? 공통적인 특징을 나타내는 이름으로 묶어 자료를 분류할 수 있지 않을까? 진화와 분류에 관한 실마리를 찾을 수 있을 것만 같았다. 내가 생각하는 것 중에서 가장 만족스러운 일의 하나가 과학이라는 생각을 갖게 해주는 순간이었다. 정말 병세가 깊던 환자가 벌떡 일어난 것처럼, 연주회에서 박수갈채를 받으며 훌륭한 연주를 마친 연주자처럼, 큰 경기에서 결승골을 넣어 환호하는 선수처럼 위대한 승리를 거둘 것만 같은 기분이었다. 그게 항상 따라 다니고 이치에 닿는지는 모르겠으나, 내게 있어 숫이란 바로 적극적인 사고에서 나온다.

9000만 년 전 현화식물이 출현해 크게 확산되었다는 것을 사실로 인정하게 된 데는 다른 곳에서 나온 증거가 한몫을 했다. 환태평양 지역에는 지구내부에서 쉽게 용암이 분출할 수 있을 만큼 지각이 얇은 위험한 지점이 많이 있었다. 결국 9000만 년 전, 시노매니언 말엽에 대부분의 화산이 거의 동시에 폭발을 했다. 이는 전 세계 바닷속 산소량을 급격히 감소시키게 된다. 또한 대기 중 아황산가스 농도를 치솟게 함으로써 지구가 더워지고 산성비가 내렸다. 이러한 사건의 연쇄가 지구 삼림의 주류였던 침엽수의 몰락을 가져왔던 것이다. 우리가 데이터베이스를 구축해 얻은 곡선이, 다섯 가지의 현화식물군이 증가하기 바로 직전에 소나무류[겉씨식물]의 화석기록이 급감했다는 사실을 보여준다는 점에서도 이를 충분히 증명하고 있다. 훨씬 더 복잡한 생태적 내성으로 강한 번식력을 지니게 되는 속씨식물에게는 화산활동이 유발한 삼림의 황폐화가 기회로 작용했던 것이다.

그 다섯 가지의 식물집단이 출현한 때는 그보다 수백만 년 더 이른 시기였다. 즉 그것들이 새롭게 생화학적 경로를 따라 처음 환경에 생리적으로 적응한 유전자재조합은 모두 그보다 훨씬 이전에 이루어졌다. 초기에 이런 조짐이 싹트고 시험을 거치는 과정은 매우 소규모로 일어났다. 현대의 상품기획자들을 보면, 세상에 내놓기 전 원형 모델과 똑같은 것을 만들어, 작동에 문제가 있는 경우 이를 고쳐가면서 어떤 여건 하에서도 잘 작동하도록 미리 확실한 대비를 해둔다. 그런 다음 새로운 틈새시장을 노려볼 만한 때에 이르면 전면적으로 판촉활동을 개시한다. 그 시점이 바로 9000만 년 전 C-T 경계였다. 비록 기회가 제한적이긴 했지만, 수백만 년간 시도하고 시험을 거치면서 새로운 속씨식물의 다섯 가지 원형 집단이 잘 작동할 수 있는 단계에까지 도달했던 것이다. 한때 침엽수가 지배했던 공간이 갑작스럽게 활짝 열리자 개별 속씨식물들이 폭발적으로 늘기 시작했다.

소나무 화석기록이 갑자기 수적으로 급락한 것에 처음 주목했을 때, 또 한편으로 내 머릿속을 파고든 생각은 데이터베이스라는 광산의 잠재가

치에 관한 것이었다. 그것은 이미 1장에서 언급한 대로 찰스 라이엘Charles Lyell의 동일과정설uniformitarianism[4.]에 대한 역逆으로 응용할 수 있는 가치였다. 백악기 소나무의 급속한 감소가 그처럼 중요한 의미를 담고 있다면, 많은 종이 사라져가고 있는 현대의 상황도 그에 필적할 만한 결과를 가져오진 않을까? 화석기록 속에서의 출현빈도가 급감했다는 게 분명히 어떤 추세를 보여주는 것이라면, 오늘날 멸종위기에 처한 종도 같은 경향을 보이지 않을까?

이런 저런 생각을 하는 동안 기차가 엑서터에 막 진입할 때까지 웨스트베리에서 시작된 흥분은 좀처럼 가라앉을 줄 몰랐다. 그렇다고 다른 그래프 일부를 대충 훑어보지도 못할 만큼 여행 내내 그랬던 건 아니다. 몇몇 곡선은 신생대 제3기가 막 시작된 6500만 년 전, 현화식물에 속하는 과科들의 출현이 급속하게 늘어나는 걸 보여주고 있었다. 북계北界-제3기 Arcto-Tertiary 식물로 알려진 온대성 속씨식물 집단 대부분이 변화를 향해 뚜렷하게 반응하고 있음을 알 수 있었다. 엄청나게 다양성을 꽃피워가고 있었던 것이다.

K-T(백악기-제3기) 재앙

공룡과 암모나이트를 포함해 수많은 생명집단이 어느 따뜻한 봄날 멕시코에서 발생한 어느 사건 이후 멸종의 길을 걸었다. 따뜻한 봄날로 밝혀진 것은 잔해 속에서 목련꽃이 발견되었기 때문이다. 외계에서 날아든 직경 20km의 바윗덩이[5.]가 멕시코 남동부의 유카탄Yucatan 반도 앞바다

---

4. 현재의 지질학적 변화가 과거에도 동일한 방식으로 일어났다는 학설이다.
5. 직경 10km로 보는 시각도 있다.

에서 지구를 강타했다. 그 운석이 좀더 깊은 바다에 떨어졌더라면 양상은 달라졌을지도 모른다. 하지만 얕은 바다에서의 충돌은 지구 역사상 물리적으로 가장 참혹한 위기를 가져왔다. 대폭발이 지구를 뒤흔들었다. 폭풍과 불길이 일어 순식간에 북미지역을 가로지르며 번져갔다. 낙진과 연기가 동쪽으로 퍼져 유럽너머까지 뒤덮어버렸다. 그 운석은 서쪽 방향에서 날아든 걸로 알려져 있다. 대기권을 통과하면서 쪼개져 나온 파편들이 태평양의 퇴적물에서 발견되었기 때문이다.

화염과 열기가 지구 전체를 집어삼켰다. 바위와 흙먼지, 수증기와 연무, 숯덩이가 된 나무토막, 검게 그을린 고깃덩어리, 이 모든 게 한데 뒤섞여 북반구 전체뿐만 아니라 남반구 대부분을 덮어버린 매캐한 대기 속에 날아다녔다. 기상이변이 생기고, 지구는 암흑천지였다. 생명이 멈췄다. 종적을 찾을 수 없었다. 살아있는 건 아무것도 없었다. 두껍게 지구를 덮은 오염된 구름은 몇 년이 흘러가도 걷히질 않았다. 잿더미로 변해버린 육지, 재가 섞인 산성비가 내려 바다로 흘러들었다. 대다수 생명체가 그대로 정지해버렸던 것이다.

폼페이 사건 때는 무덤이라도 남았건만 여기선 그 같은 것을 찾아볼 길이 없었다. 그나마 쉽사리 보존될 수 있는 습지조차 흔적이 없었다. 남은 것이 아무것도 없었다. 모든 게 사라져버려 우리가 할 수 있는 일이라곤 추측이 전부였다. 불길이 얼마나 오래 지속되었으며, 위력은 어떠했는지, 지리적으로 미친 전체범위는 어디까지인지 정말 우리는 아는 게 없다. 그런데도 지형을 연구하는 사람이나 토론을 즐기는 과학자, 고생물학자들은 증거를 찾는답시고 6500만 년 전 파멸의 현장을 여전히 뒤적거리고 있다. 하지만 이 경우에도 우리는 원인을 파악하기도 전에 이미 증거를 발견했었다. 상황이 악화될 수밖에 없는 이유는 지옥 같은 데서도 숨을 수 있는 레퓨지아Refugia6.마저 극히 드물고, 있었다 해도

6500만 년을 거치는 동안 파괴되었기 때문이다. 하지만 많은 부분이 화석기록으로 표출됨으로써 우리는 사건을 미리 알아챌 수 있었던 것이다.

대폭발이 일어나자 지구상에서 가장 공격받기 쉬운 여행객들은 대형동물과 암모나이트, 공룡들이었다. 결국 그들은 살아남지 못했다. 대부분의 해양생물도 바다의 용존산소량이 감소했기 때문에 운석충돌 후 단 몇 주 만에 죽음을 맞이하면서 멸종의 길로 접어들었다. 이후 언젠가 먼지구름이 걷히고 불길이 잦아들자 지구상엔 새로운 생명이 출현했다. 육지와 바닷속 주검들은 퇴적물 속에 남아 우리에게 탐사의 길을 열어주었다. 그로 인해 그토록 끔찍했던 시기에 진행된 일을 더 잘 이해할 수 있게 된 것이다. 그 시기가 바로 일반적으로 K-T 경계(K는 독일어로 백악白堊, 백토를 의미하는 '크라이데*Kreide*'에서 따왔다)라고 알려진 6500만 년 전의 백악기-제3기 경계다. 북반구 곳곳, 특히 멕시코 북부로부터 로키산맥 동쪽에 이르는 지역의 바위에 보존된 채로 발견된 화석기록을 통해 대재앙의 흔적을 찾아볼 수가 있다.

가는 띠 모양의 퇴적층에는 일부 소행성에선 흔하지만 지구에선 흔치 않은 금속원소인 이리듐을 많이 함유하고 있다. 폭발 후 녹아버린 규산염 잔해인 지름 몇 mm의 유리알갱이 파편도 들어있다. 드물게는 봄꽃뿐만 아니라 숯덩이가 된 식물체가 들어있는 것도 있다. 심지어 유카탄 앞바다 수 km의 깊이에 잠겨있는 칙술룹Chicxulub 운석공隕石孔 crater에서 나온 바윗덩어리 자체에서도 잔존물들을 검출할 수가 있다.

모든 것을 뒷받침하는 이 훌륭하고도 이론의 여지가 없는 증거들이 불과 지난 몇 년 동안 한꺼번에 쏟아졌다. 전 세계에서 다양한 분야의 과학자들이 조사에 참여하게 되면서 떠들썩했던 이론이 형태를 갖추게

---

6. 환경재앙의 영향을 덜 받아, 다른 곳에서는 멸종된 것이 살아 있는 지역을 말한다.

된다. 사실 K-T 충돌사건은 서로 다른 학문분야에 종사하고 있던 어떤 사람 둘이 대화 중에 의견의 일치를 보자, 1977년 자신들의 생각을 밝히면서 그 이론의 시작을 알렸다. 젊은 현장지질학자였던 월터Walter Alvarez는 루이스Luis라는 유명한 노벨물리학상 수상자와 어떤 새로운 표본에 관해 얘기를 나누고 있었다. 그것은 보기에 따라 꽤나 이상스런 일이었다. 일반적으로 말해 지질학자가 물리학자와 의견을 주고받는 일은 없었기 때문이다. 하지만 그들은 앨버레즈 집안의 부자지간이었다. 그렇다 보니 실험계획 없이도 만나는 게 특별한 일이 아니었다.

월터 앨버레즈가 암석을 수집한 곳은 로마 북부의 움브리아Umbria라는 산지 근처였다. 그곳은 3단으로 지층을 이루고 있었는데, 백색의 석회암층을 얇은 점토층이 덮고 그 위에는 지층이 형성될 당시의 화석이 전혀 없는 붉은 색의 또 다른 석회암층이 얹혀 있었다. 아래쪽의 백색 층에는 백악기 후기를 대표하는 아주 작은 바다 조개류가 빼곡했다. 윗부분의 붉은 암석층은 신생대 제3기 초기의 것으로 알려진 지층 곳곳에서 발견되는 것과 같은 종류였다. 그런데 형성 시기가 다른 두 암석층 사이에 문제의 점토층이 놓여 있었다. 백악기도 아니고, 제3기 지층도 아닌데, 이게 어떻게 된 거지? 어떻게 연대가 이어지는 지층 사이에 다른 게 끼어들어 3단으로 쌓일 수 있지? 그렇다면 이 점토층은 분명히 지질시대의 단절을 시사하고 있지 않은가, 공백기?

월터는 부친의 연구실에서 미량의 중금속원소로 암석의 연대를 측정하는 새로운 방법을 실험중인 걸 알고 있었다. 중성자로 암석표본에 충격을 가하면 금속원자가 붕괴하고 방사성을 띠게 된다. 그 방사능 수준으로 암석의 연대를 알 수 있는 것이다. 앨버레즈 부자의 예감은 움브리아에서 가져온 시료의 금속원소 실험을 재촉하게 만들었다. 이리듐은 지구상에선 드문 금속이었다. 극히 소량만 나왔다. 그렇다 보니 그 점토층에서

9ppb라는 상대적으로 다량의 이리듐이 검출되자, 대단히 놀랄 만한 일이 아닐 수 없었다. 갑자기 연대측정 실험에 문제가 있는 게 아닌가 하는 의구심이 들 정도였다. 이제 중요한 건 이리듐이 많이 함유된 사실을 설명하는 일이었다. 결과가 정말로 흥미를 자아내는 건 대부분의 이리듐이 우주로부터 유성우流星雨 등을 통해 지구로 날아든다고 알려진 내용 때문이었다. 그건 분명히 어떤 유성우의 존재를 증명하고 있었다. 더욱더 엄청나게 흥분을 감출 수 없게 만든 일은 그 새로운 연대측정법으로 파편의 연대를 측정하면서 벌어졌다. 루이스 앨버레즈가 측정한 움브리아의 암석 시료는 6500만 년 된 것이었다. 바로 그 K-T 경계였다.

시료의 이리듐 양을 기초로 계산한 결과를 가지고 캘리포니아대학교 버클리 캠퍼스의 앨버레즈 부자의 동료들은 직경 20km의 외계 물체가 지구와 충돌했으며, 그에 따라 쪼개진 파편 속에 담긴 이리듐이 널리 퍼지게 되었다는 이론을 제시했다. 우리 생각으로는 1980년대와 1990년대에 북미지역을 비롯해 영국의 에식스Essex, 덴마크, 아시아와 그 밖의 여러 곳에서 발굴된 '이리듐 층'이 그것과 같은 걸로 보고 있다. 증거가 적어 고도의 상상력에 의지한다면, 그것은 시험 가능한 관념이 아닌, 추론적인 관념에 불과하다. 불명료한 공상에 가까운 위험한 발상처럼 시작된 앨버레즈 부자의 이론이 이제는 더 원숙해진 다양한 학문분야에서 나온 증거들로 인해 명확하게 규명됨으로써 이론적으로 잘 뒷받침을 받고 있다.

운석의 잔해가 묻힌 멕시코에서 계속 증거가 발굴돼 온 게 인상적인 일은 아니다. 아마 재발견이라는 단어가 더 잘 어울릴지도 모르겠다. 이미 1962년, 그 구조가 처음으로 지도에 등장했기 때문이다. 당시에는 재와 용암이 흐른 흔적을 일반적인 화산 구조의 일부로 생각했다. 관심을 가질 만한 이유도 없었거니와 지도란 일상에서 매일 사용하는 물건과는 동떨어져 있었다. 그러다가 앨버레즈 부자가 충돌설을 주창한 지 4년이 흐른 1981년, 모 석유회사 소속의 두 지질학자가 유카탄 반도 앞바다에서 칙술룹 운석공을 발견했다. 충돌로 생긴 운석공에 석유가 있을 턱이 없으므로 그들은 떠날 것을 제안했다. 달리 방도가 없다는 데 의견의 일치를 볼 수밖에 없었다. 아주 망신스럽지는 않겠지만, 그들의 명성에 어떤 식으로 금이 갈지 알 수 없는 노릇이었다.

운석충돌의 또 다른 증거로는 유리알갱이가 있다. 전 세계에 걸쳐 얇게 퇴적된 이리듐 층에서는 유리알갱이도 발견된다. 모래밭에다 뜨거운 대포알을 쏘면, 분출된 에너지가 모래를 녹여버리고 사방팔방으로 뛰는 아주 작은 유리알갱이들이 형성된다. 이는 수세기 전부터 알려진 내용이다. 규모는 다르겠지만 칙술룹에 떨어진 운석처럼 거대한 바윗덩이도 그 같은 일을 유발한다. 대단히 광범위하게 여러 종류의 광물질을 생성시키는 것이다. 그 중 일부는 지름 1mm도 안 되는 수정 형태를 이룬다. 또한 유일하게 운석 잔해에서만 발견되는 석영은 물론이고, 니켈이 함유된 자철석磁鐵石처럼 매우 특별한 물질이 형성되기도 한다. 이 같은 단서들은 전자현미경으로 수정의 형태를 관찰해보면 쉽게 구별이 된다. 이미 과학계에 잘 알려진 아주 특별한 수정인 것이다. 시대를 막론하고 운석충돌로 생긴 운석공 주변에선 그런 수정이 빈번하게 발견된다. 운석공들이 전혀 훼손되지 않은 달 표면에서도 당연히 그런 수정이 발견된다. 이런 것들이 순수한 유리에 가까운 반면에, 운석충돌 지점은 물론이고, 이리듐 층이 형성된 몇몇 곳에선 크기가 좀더 큰 다른 알갱이도 발견된다.

우주개발 경쟁이 프라이팬을 코팅하는 테플론을 만들어냈다고들 말한다. 냉전 시기를 보더라도 K-T 충돌이 전 세계 핵무기를 다 합친 것보다도 훨씬 더 위력적이었다는 증거가 드러난다. 운석충돌 시의 충격에너지는 이 지구상의 바위라면 어떤 형태의 바위든지 그 속에서 아주 흔하게 발견되는 석영이라는 광물에 반응을 일으켰다. 고에너지가 분출되는 사건에서 충격을 입은 작은 석영 알갱이들 표면엔 특징적인 흠집이 나타난다. 그런 석영 알갱이들은 유성이 떨어진 근처에서도 발견되고, 짧은 시간 동안 고에너지를 가한 모의실험에서도 같은 결과를 얻을 수 있다.

유일하게 그런 흠집을 낼 만큼 에너지가 분출될 수 있는 원천으로 나타난 게 있으니, 그건 핵폭탄이다. 핵실험 장소에선 어김없이 그런 흠집이 보인다. 하지만 에너지가 약한 폭발상태에선 다른 종류의 흠집이 생기며 이는 고성능의 현미경을 통해서만 차이를 식별할 수 있다. 고강력 에너지로 생긴 흠집은 유일하게 중남미 지역에서만 발견되고 있다. 에너지 분출이 크지 않은 사건으로부터, 즉 낮은 에너지 상태에서 생긴 흠집은 여기저기서 쉽게 찾아볼 수 있다.

그렇다면 칙술룹의 K-T 운석충돌에 관한 생물학적 증거는 무엇인가? 사건이 일어난 시기는 언제며, 그로부터 환경이 재구축되었다는 사실을 동물과 식물상을 통해서는 어떻게 뒷받침할 것인가? 증거는 무수하다. 앨버레즈 부자가 아탈리아의 암석표본에 관해 언급한 이래, 지난 20년간 수백 명의 과학자가 그것을 연구하고 글을 썼다. 갑작스럽게 공룡과 암모나이트가 멸종한 것보다 더 풍부한 증거가 있다. 장대한 위용을 갖춘 생물학적 변화가 행동에 돌입한 것이다. 1980년 미국 워싱턴 주 세인트헬렌스 산의 화산폭발로 발생한 산불이 생태계의 변화까지 유발했다는 것은 익히 알려진 사실이다.

공룡과 암모나이트라는 양 집단은 K-T 대재앙 이전 수백만 년 동안 분화가 주춤하는 조짐을 보이고 있었다. 그림 2.3은 시간에 따라 공룡과㋐의 수가 변화된 걸 보여준다. 공룡의 다양성이 정점에 올랐던 시기는

2억 년 전, 1억5000만 년 전, 8000만 년 전 이렇게 세 번 있었다. 정점이 세 번 있었다는 것은 과의 수가 세 차례 하락했으며 세 번의 환경변화가 있었다는 의미다. 해양 생태계 변화는 달랐다. 따라서 암모나이트는 다른 곡선을 그리며 정점에 올랐다. 만일 이들 거대 생명집단의 일부가 평온한 환경 속에서 안정상태에 도달한다면 진화는 필요가 없게 된다. 하지만 위와 같은 시기에도 유전자 내 화학적 변화가 외부로 표출되지 않고 세포내에서 일었을 것이다.

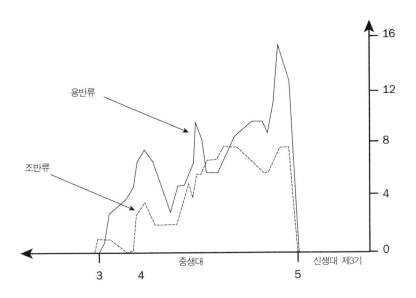

그림 2.3 용반류와 조반류 과(科)의 수.
　　　　중생대 전체 기간을 100만 년 단위로 나눠 공룡을 대표하는 두 집단을 나타냈다.
　　　　가로축은 지질시대 동안 등장한 5대 대량멸종사건 중 마지막 세 차례 사건을
　　　　숫자로 표시한 것이다.

지각변동에 의한 격변이든 운석의 충돌이든, 그로 인해 환경에서 일어난 불상사는 그때마다 곳곳에서 규모를 달리하며 집단 전체의 멸종을 가져왔다. 이는 다른 생명을 자극해 다양성을 나타내는 그래프가 상승곡선을 그리게 만든다. 쥐라기와 백악기 전 시대에 걸쳐 공룡은 재난으로부터도 회생을 했다. 그런데 마지막 재앙은 너무나 가혹했다.

공룡과 암모나이트의 이미지는 부분적이나마 잘 알려져 있다. 인상적인 그들의 크기 때문이다. 그들의 몸 크기는 주목을 끌 수밖에 없다. 백악기가 끝나기 바로 직전, 그것도 마지막으로 모든 걸 휩쓸기 전에 그들이 멸종한 데는 크기도 한몫을 한 것 같다. 물론 잘 알려지지 않은 다른 작은 동물들도 멸종을 했다. K-T 재앙 이후 전 세계 바다에 재가 쌓여가고 산소가 결핍되면서 셀 수도 없는 미세 플랑크톤 종들이 서서히 피해를 입었다.

많은 미생물들은 가혹한 조건에서 살아남기 위해 생활사에 휴지기를 갖는다. 곧 죽지 않는다는 의미다. 암모나이트뿐만 아니라, 수많은 종이 사라진 집단으로는 얕은 바다에서 살던 총알 모양의 동물, 벨렘나이트 belemnite들이 있다. 온도의 급상승으로 생태계가 교란되자 환경변화에 저항력을 갖지 못한 것이다. 대부분의 다른 무척추동물처럼 요행히 이매패류 二枚貝類는 살아남았는데, 이는 종種 수준에선 이미 사라져버린 존재가 다른 것으로 대체된 결과만으로 명맥을 유지할 수 있음을 보여주는 예다.

대형육지동물이 사라진 걸 보면 크나큰 변화가 있던 것은 분명하다. 몸집이 비교적 작은 개보다 큰 포유류가 나타나기까지는 수백만 년 이상이 걸렸다. 신생대 제3기 전반기까지 그에 관한 화석기록이 없는 걸로 볼 때, 대형동물의 부재不在는 가장 큰 수수께끼의 하나가 아닐 수 없다.

최초의 회복

대부분의 공룡은 육식성과 초식성으로 나뉘었다. 극히 일부만 잡식성으로 동·식물을 안 가리고 먹어치웠다. 모든 것을 단숨에 삼켜버릴 수 있는 육식공룡은 먹이를 잡아 찢어 먹은 반면에 작은 입을 가진 초식공룡은 특별한 식물만 골라 먹었다. 백악기 C-T(시노매니언-튜로니언) 경계인 9000만 년 전보다 이른 시기, 초식공룡이 먹던 식물은 침엽수와 양치류를 의미했다. 그러다가 나타난 맛있고 더 부드러운 속씨식물의 잎사귀는 우리가 알기로 당시 한창 다양하게 분화해 나가던 조반류 형태의 공룡들을 자극할 만했다(그림 2.3참고). 몸집이 작은 것부터 아주 거대한 뒷발을 가진, 그 초식공룡들 말이다. 또 다른 주요 공룡집단, 즉 두발로 걷는 육식공룡을 포함해 대표적인 육식공룡인 용반류는 대체로 다른 공룡을 먹잇감으로 삼았다.

그러나 6500만 년 전, 육식성이든 초식성이든 모든 공룡이 갑자기 자취를 감추고 말았다. 대부분의 식물의 경우엔 비록 운석의 충돌 여파로 불길에 완전히 타버리고, 세상이 온통 연기로 가득 찬 암흑천지로 변해 광합성이 중단되었을지언정 뿌리만은 살아남았다. 위기에 반응한 환경은 빠른 속도로 회복을 했다. 침엽수와 양치식물이 더 이상 굶주린 적들의 먹잇감이 되지 않을 수 있었으며, 숲을 소생시킬 수 있는 토양이 더욱 비옥해지고 미생물들의 활동이 급격히 증가했다. 대기의 온도가 올라가면서 말라만 가던 대지 곳곳에 거세게 비를 뿌리기 시작했다. 변화하는 환경이 현화식물을 아주 빠르게 진화하도록 자극했다.

육지에서 생산적인 생태계가 활발하게 조성됨과 동시에 해양 생태계에선 커다란 환경변화 속에서 식물성플랑크톤이 바다를 살찌웠다. 바다와 흙, 그리고 공기 속의 미생물들은 아주 빠르게 변화를 바로잡을 수 있는 특별한 능력을 갖고 있다. 작은 생명체들은 훨씬 단순한 구조와 생리를 가진다. 따라서 대부분의 변화에 더 취약하다. 하지만 그렇기 때문에 오히려 무엇보다도 빠르게 회복을 할 수가 있다. C-T 경계 및 K-T(백악기-제3기) 사건 당시 산소가 희박한 환경에선 대부분의 종이 멸종의 길을 걸을 수밖에 없었으며 회복은 더뎠다. 하지만 그렇게 비어버린 공간이 작은 생명체들에겐 아주 빠르게 진화하는 데 오히려 도움이 되었다. 한쪽에선 멸종이 일어나고, 또 어떤 것들은 자신만의 공간에서 새싹을 틔운 그 경계지점에 이르러서는 특별히 기술해야 할 내용이 있다. 바로 광합성을 하는 조류藻類에 관한 것으로, 조류는 태양에너지를 모아 양분을 저장하고 산소를 내뿜는다. 그 과정에서 이산화탄소를 흡수함으로써 분명히 지구환경을 안정시키는 데 지대한 역할을 한다. 조류는 백악기와 그 이전시기에도 그런 일을 해 왔다. 그래서 우리는 미생물의 위대한 분화에 대해 많이 알게 된 것이다.

대부분의 작은 포유류 또한 자신만의 독특한 감각으로 대폭발을 알아차리고 열기를 피함으로써 살아남을 수 있었다. 몇 해가 지나자 지구 생태계는 동물과 식물, 곤충계에 새로운 주인을 맞아들이기 시작했다. 생명이 새롭게 정상 궤도를 밟아나가기 시작한 것이다. 무엇보다도 중요한 것은 DNA 수준에서의 심각한 훼손이 없었다는 점이다. 따라서 수많은 생명의 계통수가 절멸의 길에서 벗어나 계속 가지를 칠 수 있었다.

역경을 딛고 일어서면 대개 기회가 오기 마련이다. 정말로 대재앙 뒤에 창조적인 국면이 있었다. 그렇게 살아남은 생명체들은 확실하게 구조적으로 적응하는 새로운 기회를 찾을 수 있었다. 몰살 및 순간적으로 일어난 대량멸종사건 전만 해도 생명체는 수백만 년에 거쳐 유전자가 섞이거나 돌연변이를 일으키면서 서서히 진화해 왔다. 대재앙 전에는 환경변화가 매우 적었기 때문에 그들 스스로 분자적 특성을 발현할 기회를 얻지 못했던 것이다. 진화는 세포내 유전자의 DNA 속에서만 계속 되었지, 포유류의 눈이나 식물의 꽃잎 색깔처럼 조직상의 특징까지 보여주진 못했다. 그랬던 것이 어떤 유전적 용수철이 튀어 오르듯이, 수백만 년 동안 모은 에너지를 일순간에 분출했다. 지배집단과 경쟁해야 하는 불리한 환경 속에서 억제되기만 했던, 그런 동물과 식물군이 순식간에 종의 다양성을 증가시켰던 것이다.

유전자와 DNA를 모르던 다윈 자신도 이것은 인식하고 있었다. 그래서 이를 '전적응前適應 preadaptation'이라고 일컬었다. 늘 참신한 단어로 훌륭한 표현을 하던 스티븐 제이 굴드Stephen Jay Gould는 이를 가리켜 '내재적응 exaptation'7.이라 했다. 그런 과정이 적합성 지형이라는 한계 속에 갇혀

---

7. '익셉테이션(exaptation)'은 대개 특정 기능을 발휘하는 것을 목적으로 진화한 어떤 형질이나 기관이 나중에 가서는 부수적으로 다른 기능이 추가되거나 아예 본래의 기능을 잃어버리고 다른 식으로 발현된 경우를 지칭하는 용어로 해석되고 있다. 애초 체온유지를 위해 진화한 것으로 알려진 새의 날개 깃털이 기류를 탄다든가 먹이를 잡기 위한 활강에 중요한 기능을 하고, 새에 따라서는 먹이사냥 시 날개를 펴 그림자를 만듦으로써 수중생물 포착에 유용한 도구로 활용하는 경우를 볼 수 있다. 이런 것이 모두 익셉테이션의 결과라는 것이다. 비록 대량멸종 이후 나타난 현상을 해석하는 도구로 이용되긴 했지만, 이 책에서도 저자가 전적응(preadaptation)─이 용어는 이미 자연선택을 배제한 것으로 이해돼야 한다 ─과 의미상으로 거의 유사한 것처럼 익셉테이션을 등치시킨 것은 오랜 진화과정을 통해 생명체에게 이미 잠재된 형질 중에 어느 하나가 기회를 맞아 발현된 것으로 보는 시각을 표출한 걸로 봐야 할 것이다. 하지만 이 용어를 둘러싼 해석은 아주 다양한 스펙트럼을 갖고 있는 게 사실이다. 국내에 소개될 때도 "굴절적응", "외적응", "파생적합", "탈적응" 등으로 번역되었듯이 오역을 포함, 시각이 다양하다. 그 만큼 개념 정립에 있어 편향이나 혼동을 초래하고 있거나, 진화생물학 용어로 정착되는 과정에서 의미의 전성 내지 확대가 있었던 걸 방증하는 게 아닌가 싶다. 그렇다면 여기서 중요하게 짚어야 할 점은 용어를 만들어 낸 굴드의 입장일 것이다. 굴드는 '자연선택에 의한 적응'에 비판적인 입장을 견지했다는 데 주목할 필요가 있다. 자연선택이라는 외부적 강제 또는 조건이 작용한 기능적 형질의 고착을 적응(과정) 으로 보는 게 일반적인 적응주의의 관점이다. 따라서 굴드가 말하는 익셉테이션은 자연선택을 배제할 뿐만 아니라, 일반론적인 적응과는 다른 것으로 봐야 한다. '생명체의 창발성'에 주목한 관점과 무관하다고 볼 수 없을 것이다. 그러니 "굴절적응"과 "외적응"은 기존의 자연선택에 의한 적응론적 관점을 내포하고 있기 때문에 부적절하게 생각된다. "파생적합"은 굴드가 익셉테이션이라는 개념을 발표하기 이전에 건축용어에서 차용한 '스팬드럴(spandrel)'에 치중해서 나온 결과로 보인다. 스팬드럴이란 건축에서 돔 구조나 아치가 평면이나 직선과 만나면서 생기는 세모꼴 부분을 말하는데, 굴드는 르원틴(Richard C. Lewontin)과 함께 1979년에 발표한 논문 「The Spandrels of San Marco and the Panglossian Paradigm: A Critique of the Adaptationist Programme」에서 원래의 목적인 돔이나 아치를 만들면서 부수적으로 세모꼴(면) 이 생겨 이를 장식적으로 활용한 산마르코라는 성당의 예를 든 바 있다. 이 논문의 제목에서 볼 수 있듯이 굴드는 적응주의자들을 비판하는 입장에서 자신의 개념을 창안한다. 이후 익셉테이션이 구체화되

연구되던 적응진화 기제의 중심에 새로 자리 잡게 되면서 환경변화 및 진화에 모두 부응하는 생물학 연구가 가능하게 되었다. 그런데 그것이 절멸이든 열기에 타 죽든, 또 생명의 정지든, 수백만 년간의 고요한 정적을 깨고 갑작스럽게 폭발하듯 나타난 환경변화만으로 생명체가 구조적 변화의 과정에 조응하는 반응을 보일 수 있을까?

그 참혹성이나 결과 면에서는 매우 달랐지만, 다른 이유로 또 다른 지질시대에도 대량멸종사건은 있었다. 우리는 각각의 사건이 모두 다르며, 그 누구도 예측할 수 없다는 사실을 잘 알고 있다. 그럼에도 그것은 쉽게 일어날 수 있는 일이다. 사건은 환경변화로 촉발된다. 불길과 홍수 같은 것으로부터도 시작될 수 있다. 햇빛과 산소의 감소는 육지와 바다를 막론하고 점차 광합성과 호흡의 저하를 가져온다. 절멸의 결과는 대개 풍부했던 생태계의 파괴로 이어진다. 하지만 결국 새로운 조건에 적응한 새 생명체가 자리를 메운다.

불과 몇 년 전보다 환경과 생명체의 밀접한 관계에 대한 인식은 훨씬 강화되었다. 그전엔 지리학, 지질학, 생물학, 물리학, 화학이라는 이름으로 분야별로 따로 움직이던 것이 생물다양성에 대해 함께 고민하고 있기 때문이다. 이제는 별도의 다섯 학문으로 존재하지 않는다. 여기서 나온 증거가 환경변화를 야기한 사건들을 알게 해주었다. 그리고 환경변화가 멸종의 주요원인으로 작용했다. 환경변화는 그간 축적된 생화학적·유전적 발전의 결과가 일거에 솟구쳐 오르는 새로운 기회를 제공했으며

것은 1982년 브르바(Elisabeth S. Vrba)와 공저로 《Paleobiology》에 발표한 논문 「Exaptation - A Missing Term in the Science of Form」을 통해서였다. 저자가 이 책에 소개한 것은 굴드의 원래 용어를 언급한 부분이며, 본문에서도 언급하다시피 내부에 축적된 생화학적·유전적 발전의 결과가 외부로 표출된 현상을 의미하므로 최소한 굴드의 논지에 부합하려는 뜻에서 "내재적응"으로 옮겼다. 즉 자연선택과 상관없이 이미 생명체 내부에서 발전을 거듭하며 자리한(내재된) 어떤 형질이나 기능이 필요에 따라 발현되어 그것이 결과적으로 일반론적인 적응의 모습으로 비친 것일 뿐이라는 의미를 담고자 했다. 물론 '내재'와 유전자결정론자들이 말하는 정형화된 '사전결정'은 그 창발성과 가변성이라는 측면에서 완전 별개의 개념이다.

그로 인해 새로운 생태계 속에 새로운 종이 출현했다. 이렇듯 세포 수준에서 전개된 변화들이 모여 결국 소행성의 충돌, 화산폭발, 해수면의 변화, 대기권의 변화, 그리고 용존산소가 저하된 바다로 인해 파괴된 환경에 반응을 보인 것이다.

추세를 찾아서

특별하게도 미국의 고생물학자들은 로키산맥 동쪽에서 풍부하게 드러나는 퇴적물을 관찰함으로써 규칙적으로 재앙이 찾아온 증거를 축적할 수 있었다. 공룡의 쇠퇴와 포유류의 부상에 관한 이야기가 인기를 끌자 1980년대 말에서 1990년대 초기엔 대중의 관심이 증폭되면서 더 많은 연구를 가능케 하는 기금도 늘어나기 시작했다. 분방한 사고방식을 가지고 기금출연자를 찾던 사람들은 심지어 즉석에서 미 항공우주국NASA의 자금을 지원받기도 했다. 로널드 레이건Ronald Reagan의 스타워즈 정책[SDI(전략방위구상)]으로 야기될 수 있는 핵겨울의 여파를 가늠하는 데는 K-T(백악기-제3기) 대재앙의 여파가 단서를 제공할 수도 있으리라는 것이었다.

이는 그보다 조금 이른 1984년, 전혀 예기치 못한 방향으로 선회한 어느 논쟁 때문에 가능한 일이기도 했다. 그해 2월 시카고대학교의 저명한 고생물학자인 데이비드 라우프David Raup와 잭 셉코스키Jack Sepkoski는 K-T 운석 같은 무언가가 2600만 년 간격으로 지구와 충돌한 증거를 찾아냈다며 이를 발표했다. 그들은 화석기록을 통해 해양 무척추동물들이 최초로 출현해 마지막으로 사라진 게 언제인지, 그에 관한 데이터베이스를 막대하게 구축해 놓았다고 했다. 그들이 제시한 그래프에는 6500만 년 전, 3900만 년 전, 1300만 년 전, 그리고 한참을 거슬러 올라가 2억5000만 년 전, 고생대 페름기와 중생대 트라이아스기 사이에서 멸종이 가파르게 정점에 도달한 곡선을 담고 있었다. 다른 과학자들에게는 그것이 감히 생각도 못할 정도의 위험을 무릅쓴 도발적인 내용으로 비춰졌다. 따라서 과학자들은 놀라움을 금치 못했다. 내용이야 어떻든 그것은 분명 환경위기와 진화 간의 아주 깊은 상관관계에 대해 보다 많은 생각과 역량을 집중하라는 경고인 셈이었다.

미국의 천문학계에서도 특히 분방한 사고의 소유자들이 2600만 년 주기설에 반응을 보였다. 그들은 이를 도전으로 받아들인 거였다. 과거 이 같은 주기를 가지고 태양계나 지구에 규칙적으로 엄습한 방문자가 있을 수 있을까? 대형 컴퓨터가 자료를 훑기 시작했다. 지금은 달리 생각하지만, 당시만 해도 자료가 너무 방대하다고 여겨졌고, 이를 컴퓨터가 아주 **빠르게** 처리한다고 생각했다.

라우프와 셉코스키가 《미국 과학아카데미 논문집*Proceedings of the National Academy of Sciences*(PNAS)》을 통해 발표한 지 꼭 2개월 후, 《네이처*Nature*》에 10명의 미국 천체물리학자가 쓴 다섯 편의 논문이 실렸다. 2월의 논문에 응답한 격인 그들의 논문은 이례적으로 빨리 발표된 경우였다. 따라서 그들 논문의 타당성에 관해 수많은 의견이 쏟아질 정도로 관심을 불러일으켰다. 한마디로 어떻게 그토록 빨리 결론을 내릴 수 있었느냐는 얘기다. 그것이 발표내용 및 결과의 정당성을 놓고 터진 소동의 발단이었다. 논쟁이 격렬하게 계속되었다. 특히 논문고찰의 불성실 여하에 따라 장래의 기금조성에도 영향을 미칠 수 있기 때문에 더 그랬다. 아무튼 1984년 4월에 발표된 논문 가운데 두 편은 태양의 작은 반성론(伴星論)[8]을 주장하고,

---

8. 과거 태양이 쌍성계를 이뤄 작은 반성을 가지고 있었다는 설이다. 그 반성이 타원형의 궤도를 돌며 혜성 간의 중력 교란을 야기해 주기적으로 혜성이 지구와 충돌했다면서 타원궤도의 공전주기로 2600만 년을 제시했다. 그리스 신화에 나오는 일명 복수의 여신 네메시스(Nemesis) 이름을 따 그 반성을 네메시스라 불렀다. 태양 반성의 존재에 대해서는 논란이 분분하지만 가능성이 극히 희박한 것으로 알려져 있다.

또 다른 두 편은 부침이 심한 은하계에서 태양계가 요동하기 때문이라는 입장을 펼쳤다. 약간의 견해 차이는 있었으나 네 편 모두 2600만 년이라는 시간 간격을 인정했다. 나머지 다섯 번째 논문은 운석공의 생성시기를 증거로 2800만 년 주기를 선호하는 입장이었다. 하지만 그 이후 천체물리학자들로부터는 K-T 사건에 관해 어떠한 얘기도 들을 수 없었다.

라우프와 셉코스키의 학설에 대해 미국 밖에서 보인 반응은 훨씬 더 신중했다. 유럽, 오스트레일리아, 아시아에서 특별회의들이 개최되었는데, 주요 동·식물 집단의 멸종에 관해 알고 있는 지식수준을 가늠해보는 자리가 되었다. 1986년 9월, 영국 더럼Durham에서 영국계통학협회 주최로 열린 회의에서는 흥미로운 기류가 강하게 흐르고 있었다. 생명체를 연구하는 다양한 단체의 전문가들이 멸종 형태에 관한 증거를 주고받는 자리였다. 모임은 공룡의 짝짓기에 관한 베브 홀스테드Bev Halstead의 논증과 함께 성공적으로 시작되었다. 척추동물 화석연구 분야의 전문가인 그는 기인으로 통했다. 그와 그의 아내 앤Ann Halstead은 옥스퍼드 주의 어느 채석장에서 발자국 화석을 연구하며 활동을 했다. 그러니 먼지를 뒤집어쓴 모습은 상상을 불허할 정도였다. 그는 청중을 배꼽 잡게 하는 데는 남다른 재주가 있었다. 베브가 그렇게 비협조적인 마누라는 세상에 없을 거라며 허풍을 떨 때면 웃다가 눈물까지 뽑을 지경이었다. 시도 때도 없이 눈앞에서 엉덩이가 씰룩거리니 어쩌면 그렇게 협조를 안 할 수 있느냐는 거였다. 제 아무리 발자국이 선명한 암석판이든 기다란 척추뼈든 눈에 들어오지 않더라고 했다.

진화과정이 어느 정도 외계의 영향을 받았다는 의견 때문에 회의는 시작부터 흥분으로 달아오르고 있었다. 늘 최초 출현, 즉 기원에 관해서만 관심을 집중해 온 터라 멸종에 대한 탐구를 거의 하지 않던 사람들로서는 기대치도 한껏 높을 수밖에 없었다. 게다가 더 흥미를 자아내는 것은 홀스테드의 공룡 짝짓기에 관한 논증이었다. 진화생물학자들은 환경변화의 부정적 영향에 대해서는 관심을 많이 기울이지 않으려는 경향이 있다. 하다못해 다윈의 고전인 그 책의 제목9.만 봐도 의심할 것도 없이 영향이 있다는 걸 알 수 있을 텐데도 말이다. 어쩌면 인간 내면에 자리한 낙관론이 멸종보다 기원에 더 관심을 두게 했는지도 모르겠다. 그럼에도 불구하고 멸종은 자주 일어났다. 화석기록은 많지 않아도 다양한 형태의 대량멸종이 공통적인 추세를 따르며 발생했다. 2600만 년 주기설을 뒷받침할 만한 증거가 유럽에도 많이 있는지 확인하기 위해 더럼에서 만났던 것이다.

회의에서는 멸종 시기별 추세를 연구해 온 선도적인 전문가 한 사람이 중요한 해상 및 육지 생명체 집단에 대해 발표를 했다. 어쨌든 우리가 얻은 소득은 아주 다양한 변화가 있었다는 생각을 떨칠 수 없게 되었다는 점이다. 무수한 멸종이 동시에 진행된 것으로 파악되면서 멸종과 관련된 환경변화에 대해서는 그 어느 때보다도 많은 논의를 했다. 환경변화 후엔 다른 종들이 나타나 회복과정을 이끈 것으로 보았다. 1986년의 회의에서 멸종과 관련된 원인이나 특정한 리듬을 찾진 못했으나, 어떤 질서나 유형이 있지 않나 하는 데까지는 생각이 미쳤던 것 같다.

당시 2600만 년 주기설을 놓고는 고생물학계가 분열되는 양상까지 보였다. 옳고 그름을 가리려면 복잡한 수학적·통계학적 수단을 활용해 입증해야 한다는 주장이 제기되면서 화석 자료의 무분별한 대입에 대한 반감이 한동안 지속되었다. 화석기록에 대한 불신은 역시 큰 관심을 끌 수밖에 없었다. 환경위기에 처할 때는 사라졌다가, 위기가 끝나면 다시 출현하는 것으로 관찰된 어느 해양생물에 관한 불신 문제도 마찬가

---

9. 1859년 발간돼 『종의 기원』으로 알려진 그 책의 원제목은 『자연선택에 의한 종의 기원, 또는 생존경쟁에 유리한 종족의 보존에 관하여 On the Origin of Species by Means of Natural Selection, or the Preservation of Favoured Races in the Struggle for Life』다.

지였다. 죽었다가 다시 살아났다는 의미에서 나사로 군Lazarus taxa[10].으로 일컬어지는 종들에 관한 얘기였다. 나사로 군에 속하는 것 중에 가장 일반적인 생물이 바로 연체동물과 산호류다. 이 두 집단은 모두 환경변화에 민감해서 멸종사건 때마다 아주 분명한 반응을 보였다. 생존개체는 거의 사라져버리고 환경재앙으로부터 보호를 받은 레퓨지아에서만 보이다가 나중에 재등장하는 것이었다. 아마 화석으로 발견되기에는 그들의 개체수가 워낙 적어서 그렇게 보인 게 아닌가 싶다. 반드시 종전과 같은 방식은 아니겠지만, 결국 환경이 일종의 정상화의 길로 접어들면 이용가능한 모든 생태적 적소適所가 다시 채워진다. 이것이 나사로가 죽은 것으로 알려진 동안 추측이 난무하며 의문시되던 죽음에 관한 진상이다.

이후 1993년에 이르자, 전처럼 두 명의 미국 과학자가 일명 5대 대량멸종사건과 관련해서 주요 동물 집단의 출현 및 멸종에 대해 좀더 대중적인 지지를 받을 만한 의견을 내놓는다(그림 2.4 참고). 해양 생태계만을 별도로 다뤘을 뿐, 자신의 원래 자료에서 출발한 잭 셉코스키의 의견이 그 중심내용이었다. 그들은 다른 멸종사건 가운데서도 특별히 다섯 차례의 대량멸종이 정점에 오른 시기를 보여주었다. 셉코스키는 이를 4억3900만 년 전, 3억6700만 년 전, 2억4500만 년 전, 2억800만 년 전, 그리고 6500만 년 전으로 제시했다. 그 중 어느 것도 2600만 년 단위로 리듬을 타는 것은 없었다. 하지만 그 모든 것이 지층학地層學의 표준 시대구분상의 주요 경계 지점 가까이에 놓여 있었다. 그 시대구분은 지질학 연구 초창기에 라이엘과 그 동시대 사람들이 윌리엄 스미스William Smith의 의견을 따라 제안한 것이었다. 운하공사장의 조사자였던 윌리엄 스미스는 절벽 절개면에 드러난 암석유형별로 층이 갈라지는 것을 보고 그것을 연구해

---

10. 나사로는 성경에서 예수가 다시 살렸다는 인물이다. 텍사(taxa)는 생물분류학에서 쓰는 용어로 분류학상의 집단(군집), 즉 분류군을 뜻한다.

지질학 분야에 큰 업적을 남긴 사람이었다. 그가 오래 전에 환경과 생물학적 변화에서 파생된 유형을 연구해 남긴 진술은 한껏 정교해진 우리의 자료로도 확인이 되고 있다.

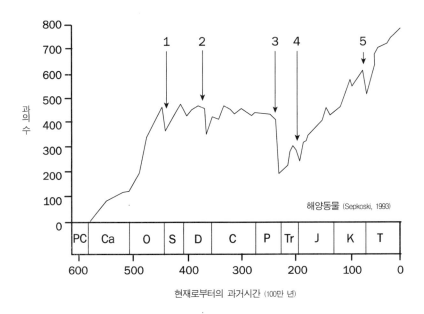

그림 2.4 해양동물 과(科)의 수 변화.
잭 셉코스키(Jack Sepkoski)가 지질시대별로 해양동물 과의 수를 그래프로 제시한 유명한 모식도다. 진화의 '단속평형(punctuated equilibrium)' 모형을 지지하는 사람들은 위의 5대 대량멸종사건을 상대적으로 평온했던 진화단계로 구분한다. 반면 기하급수 모형을 지지하는 사람들은 그림 3.5에 제시한 것처럼 이 곡선 전체를 하나의 기하급수적 상승곡선으로 본다.
(선캄브리아대) PC: 선캄브리아대
(고생대) Ca: 캄브리아기, O: 오르도비스기, S: 실루리아기, D: 데본기, C: 석탄기, P: 페름기
(중생대) Tr: 트라이아스기, J: 쥐라기, K: 백악기
(신생대) T: 제3기

미국에서는 과학에 대한 대중의 관심도가 높다. 가장 크고 극적인 것, 가장 긴 것, 심지어 가장 오래된 것 등에 관한 기대치가 압력으로 작용할 정도다. 그래서 그런지 P-Tr(고생대 페름기-중생대 트라이아스기) 경계의 멸종이 가장 큰 멸종사건으로 간주돼 여기에만 관심이 쏠린다. 사실 5대 대량멸종사건처럼 훌륭한 화젯거리도 없다. 하지만 선택의 우선순위는 그 규모를 어떻게 가늠할 것이며, 그 의미는 무엇인지, 또 어떻게 멸종이 일어났는지 등을 가려서, 달리해야 옳다. 대량멸종사건들은 그 원인과 진행기간, 또는 그 영향까지 다 다를 수밖에 없다. 따라서 그런 식의 취급은 마땅히 타개돼야 한다. 입맛에 맞는 것만 고르다 보니 아직까지도 5대 사건이 제대로 평가되지 못하고 있는 것이다.

게다가 섣부르게 띄운 화젯거리는 자칫 사람들로 하여금 그것을 진실이라고 믿어 버리게 만드는 결과를 초래할 수도 있다. 최근의 광우병 파동에서도 알 수 있듯이 대중은 물론이고 정치가와 기자들마저 과학자들은 모든 걸 알고 있으리라는 기대를 갖는다. 하지만 과학이라는 것이 꼭 그렇지만은 않다. 과학자라 해도 모든 걸 알 수는 없는 노릇이다. 단지 지식을 동원해 추측을 해보고, 다음엔 그 추측의 옳고 그름을 증명해 보려고 노력할 뿐이다. 따라서 많은 부분이 시간이 지남에 따라 바뀔 수도 있고, 다양한 방식 속에서 여러 형태의 파동을 겪을 수도 있는 법이다. 생활이 됐든, 경제든 유행이든, 또 주식시장이든, 현대의 모든 것은 서로 다른 주기와 한계를 통해 수많은 지표 속에서 부침浮沈을 겪기 마련이다. 각각의 가변적인 변화를 감지하는 데는 여러 가지 방법이 있다. 자연계만 국한시켜 보더라도 날씨 같은 것은 측정방법에 따라 결과가 달라진다. 풍향·기압·기온 등, 기상조건들은 변화의 형태가 제각각이다. 상대적인 것도 있으나 그렇지 않은 것도 있다.

지질시대 전반적으로 환경변화가 일어난 때의 중요한 본질적 특징은 그것이 지표면에 영향을 준다는 점이다. 지구의 지각을 형성하는 데는 활발한 대륙판의 이동이 있었다(그림 2.5 참고). 지리학 전문용어로 말하자면 대륙판이동설로, 대륙판의 표류가 엄청나게 뜨겁고 유동적인 지구 내부 맨틀의 대류에서 비롯되었다는 학설이다. 그와 함께 대륙판이 확장되는 동안에 지각 밑으로부터 지표면의 융기지점 같은 곳을 꿰뚫고 용암이 분출한다는 설도 있다. 아이슬란드나 인도 북서부의 데칸Deccan고원 지역처럼 대부분의 화성火成 작용을 받은 지역이 바로 그런 지점이라는 것이다. 대서양 중앙에 해저산맥[해령]이 솟은 것처럼, 광활한 지역을 덮고 있는 대륙판들이 한쪽에선 용암을 밀어 올리고, 다른 한쪽에선 맨틀 속으로 가라앉기도 한다고 말한다. 아무튼 그러한 대륙운동은 대개 1년에 단 몇 cm도 넘지 못한다. 그래도 이런 지각변동이 오랜 세월을 거치는 동안 해류 및 기상계 곳곳에 영향을 준다. 반드시 하나의 연쇄 고리를 이루는 것은 아니겠지만 서로 상호작용을 하는 것이다. 두 대륙판이 만나 솟구치면서 바다가 단절되면, 이것이 모든 변화방식의 원인이 될 수도 있다. 때로는 해저에서 엄청난 용암이 분출돼 해수면이 높아지고 물이 차오를 수도 있다.

예를 들어, 일찍이 인도대륙이 아시아판 쪽으로 움직여 엄청난 충돌을 일으킨 일도 있었지만, 약 1000만 년 전엔 아프리카판과 유럽판이 움직이면서 모로코를 스페인 쪽으로 밀어 올렸다. 그 결과 지브롤터해협이 들러붙게 되었다. 영국의 글래스고Glasgow에서 남아공의 케이프타운Cape Town까지 걸어서 갈 수도 있었을 것이다. 해협이 없어질 당시, 대기 중 이산화탄소 농도의 변화도 일어 온실효과가 나타났다. 이로 인해 육지에 갇혀버린 지중해의 물이 모두 증발해버리고 말았다. 이것이 바로 지중해·흑해·카스피해, 그리고 아랄해의 물이 왜 그렇게 짠지를 알려주는 이유다. 모두 유사하게 겪은 복잡한 변화의 잔재인 것이다. 판구조론은 환경에 가해진 엄청난 영향뿐만 아니라, 주요 변화가 때론 매우 완만하게 때론 급격하게 일어났다는 사실을 쉽게 알 수 있게 해준다. 한순간에 바다 하나가 소금사막으로 변한 것이다. 그러곤 수백만 년이 흐른 뒤, 식물과 동물계에 엄청난 변화를 야기할 만큼 큰 변화가 일어 대륙이 움직이고, 모로코와 스페인이 다시 떨어지면서 지브롤터해협에 거대한 폭포수처럼 물이 차오르는 광경을 상상해볼 수 있다. 환경, 기후와 날씨는 매우 쉽게 바뀔 수 있다. 대부분의 변화는 여러 종류의 과정을 통해, 또한 그런 과정이 합쳐지면서 나타난다. 소규모의 멸종을 방치하거나 변화를 오래 끌면 그것이 하나의 독특한 과정의 결합으로 전화되고, 그로 인해 대량멸종사건을 불러들일 수 있다.

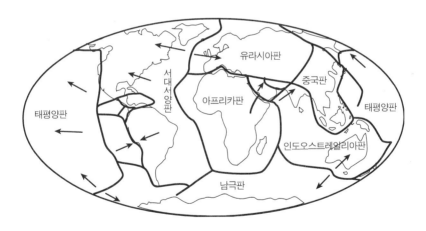

그림 2.5   지구 판구조 요약도
(D. H. and M. P. Tarling, *Continental Drift*, London: Bell, 1971)

대서양 중앙해저산맥은 지하 깊숙한 맨틀에서 해저면 위로 용암이 분출되면서 형성된 것으로, 바닷물의 온도를 상승시켜 독특한 해저 생태계를 유발했다. 이렇게 대륙판 언저리에서 용암이 분출되는 일이 지상에서 일어나면 다른 종류의 대혼란을 가져오는데 그게 바로 화산폭발이다. 이는 동·식물의 기질 변화는 물론, 강물의 흐름을 바꾸고 지형변화까지 몰고 온다. 특히 대기권은 정말로 충격적인 상황에 휩싸이게 된다. 재와 연기로 뒤덮이고 이산화탄소와 아황산가스 같은 가스로 가득 차게 된다. 또 숲과 토양이 잿더미로 변해버린다. 격렬하고 무시무시한 용암이 거칠 것 없이 바다까지 흘러들기도 한다. 이렇게 드문 상황을 맞은 지표면은 지상으로 분출된 용암에 의해 바로 변성을 일으킨다. 하늘을 두꺼운 구름이 덮어 식물은 광합성을 할 수 없게 된다. 생명체는 심각한 위협을 받는다. 바다에도 빛이 없는 상태가 지속되고, 산도가 높아지고 검게 타버린 유기체 재가 흘러들면서 용존산소량의 결핍을 가져와 결국 해양생물 또한 몰살을 당하고 만다. 육지에 곤충이 사라지고, 바다에 플랑크톤이 없으면 좀더 큰 생명체는 살아갈 수가 없다. 모든 순환이 정지해버리고 만다.

오늘날까지 발견된 화석기록만으로 따져 본다면, 약 2억5000만 년 전의 P-Tr 경계에서 일어난 사건이 수적으로는 가장 큰 규모의 멸종사건이었다는 건 맞는 얘기다. 가장 최근의 자료에 따르면, 그 당시 해양동물 모든 종의 90%, 육상 척추동물은 70%, 육지식물은 90%가 멸종한 것으로 추정된다. K-T(백악기-제3기) 경계에 관한 한, 훨씬 의욕적으로 설명 자료들을 쏟아내고 있다. 지난 10년간 대부분의 지질학자들은 그 거대멸종으로 야기된 종의 손실이 1100만 년에 걸쳐 일어났다는 시각을 견지하고 있었다. 그 이전, 이후에도 유례가 없을 만큼 많은 화산들이 폭발했다는 것이다. 처음엔 구름이 햇볕을 가려 기온저하를 초래할 테고 이후엔 이산화탄소 농도가 올라가면서 온실효과가 나타난다. 연대측정결과 그 당시 것으로 밝혀진 현무암이 시베리아에 거대하게 형성되었듯이 전 세계에는 용암이 흘러 형성된 어마어마한 현무암 줄기가 발견된다. 규모 면에서 대재앙이었다는 사실은 의심의 여지가 없다. 따라서 질문은 대재 앙 '여부'가 아니라 대재앙이 '어떻게 발생했는지'에 모아져야 한다.

2001년 초에는 P-Tr 사건을 이해하는 데 커다란 진전을 가져올 만한 새로운 사실이 발표되었다. 그 재앙이 수백만 년에 걸쳐서 일어난 게 아니라 짧은 시간 동안, 그것도 자연발생적으로 일어났다는 내용을 제시 하고 있었다. 재앙이 일어난 당시의 대기상태를 파악할 수 있는 단서가 중국과 일본, 헝가리에서 나온 암석 속에 작은 기포로 포집돼 발견되었기 때문에 이를 알 수 있다는 것이었다. 그들은 두 종류의 미량가스, 즉 헬륨과 아르곤이 각각의 암석에 특별한 비율로 함유된 사실을 알아냈다. 그 특정비율은 운석 속에서만 나타나는 비율이었다. 하지만 P-Tr 경계를 연구해 온 전문가들은 이미 그쪽으로 시선을 돌려 대량멸종사건의 원인을 밝혀줄 결정적 증거를 찾기 위해 노력하고 있었다. 즉 충돌지점이 어디며, 그 잔해로 남은 운석공은 어디에 있을지 찾고 있었다.

어찌 되었건 운석충돌이 가져온 지구온난화는 육지와 바다 생명체들에 게 엄청난 위협이 아닐 수 없었다. 특히 해안가 서식지는 해수면의 변화 때문에 큰 피해를 당해야 했다. 또한 해수면의 변화는 용존산소량의 엄청난 감소를 의미했다. 광활한 육지 역시 재앙에 노출돼, 당시 엄청난 육상 동·식물의 절멸을 야기한 원인으로 작용했다. 트라이아스기 말엽엔 또 다른 해수면의 급격한 변화가 나타나 결과적으로 해양동물의 멸종을 가중시킨 특징도 보인다. 다음 단계의 이야기는 라임리지스 부두에서 노 젓는 배에 올라 쥐라기 바다여행을 떠난 이 장의 시작부분으로 이어지 므로 다시 언급하진 않겠다.

P-Tr, 백악기의 C-T 및 K-T 대량멸종사건에 관한 이야기를 끝내면서 하나의 가설을 제시하고자 한다. 지금 우리가 또 다시 대량멸종이라는 재앙을 맞게 된다면, 그 원인은 어느 특정 종 때문이다. 바로 우리, 인간이다. 해수면의 상승이 저지대 해안 변화에 위협으로 작용하고, 대기 중 온실가스가 기상이변을 일으키고, 또 내륙의 호수가 말라가는 등, 이런 수많은 조짐들이 지질학자들에겐 낯선 게 아니다. 수천 년 단위로 반복되는 빙하기-간빙기 순환주기 속에서 현재의 지구 기상계는 급격하게 냉실에서 온실로 자연스런 교체를 보이고 있다. 이렇게 변화하는 세상에 가장 큰 위협은 바로 인간이 끼치는 영향이다. 2001년 2월, '기후변화에 관한 정부간 협의체IPCC, Intergovernmental Panel on Climate Change'는 그 세 번째 평가보고서를 발행했다. 생각보다 훨씬 더 심각하고 빠르게 환경이 변해가고 있다는 게 골자였다. 우리는 지금 대량멸종사건을 일으킨 것과 매우 비슷해 보이는, 매우 중요한 환경위기 속에서 살아가고 있다. 하지만 위 가설과 관련해 곤란한 문제 하나가 남는다. 그렇다면 멸종이 어디에서 일어나고 있는 것일까?

혼돈에서 벗어난 체계

우주 속 백색잡음

앞 장에서 윤곽을 그린 K-T(중생대 백악기-신생대 제3기) 경계에서의 진화 및 환경과 관련된 모든 변화가 예기치 못한 사건 하나로 시작되었다는 걸 믿기란 쉽지 않다. 만일 6500만 년 전, 지름 20km의 운석이 지구와 충돌하지 않았다면, 어느 누구도 그런 일이 일어났을 거라고는 생각할 수 없을 것이다. 왜냐하면 환경변화와 진화를 일으키는 힘이 다른 방향으로 진행되었을 것이기 때문이다. 일찍이 2억4500만 년 전, P-Tr(고생대 페름기-중생대 트라이아스기) 경계에서는 K-T보다 더 큰 격변이 있었다. 지구상의 생명체가 여태껏 겪어보지 못한 일대 혼란을 가져온 그 대재앙이 K-T 경계 때 충돌한 물체보다 크진 않았지만 그와 유사한 원인에서 기인했다는 것이 최근 밝혀졌다. 그렇다면 P-Tr 대량멸종 이후 K-T 재앙을 겪기까지 그 사이에 복잡하게 남겨진 지구에선 어떤 일이 일어났을까?

그 사이에도 종 다양성의 파괴는 물론, 작은 규모로 환경을 전복시킨 사건은 수도 없이 있었다. 지구전체가 아닌 국지적으로 보면 말이다.

그중 가장 영향력이 컸던 것은 예기치 못한 외계물체의 충돌과 화산폭발 같은 지구내부에 기원을 둔 사건들이었다. 그렇지만 위기 사이사이는 대륙의 완만한 이동 및 기후와 해수면의 안정된 변화로, 환경변화 측면에서는 아주 평온하고 보다 평형을 이룬 기간으로 이어졌다. 비교적 드물긴 했지만, 진화라는 측면에서 볼 때는 그 시기에도 생명의 탄생이나 멸종은 있었다. 식물의 경우 일반적으로 뚜렷한 일이 없는 평온한 기간이 더 오랫동안 지속되긴 했어도 말이다. 그래도 명암은 있었다.

이렇게 단순한 상태의 극단적인 예가 우주대폭발Big Bang 직후 벌어졌다. 당시 우주는 매우 신비스런 상태에 있었다. 공간과 시간이 창조되고, 물질은 무한대의 온도를 갖고 있었다. 우주의 나이 갓 1초가 되었던 150억 년 전의 일이다. 양성자, 중성미자, 광자, 중성자, 전자와 양전자들이 외부로 폭발하고 100억 도로 냉각된다. 원자가 안정되기엔 아직 너무 이른 때라 수많은 변화가 인다. 100초 후 양성자와 중성자가 결합하기 시작하면서 각 쌍이 듀테륨[질량수 2인 수소 동위원소]이나 중수소의 원자핵을 만든다. 이것이 수없이 반복되는 과정을 통해 수소와 헬륨, 리튬, 베릴륨이 만들어진다. 핵과학자들은 이런 원소의 생성이 우주대폭발이 시작된 지 단 몇 시간 동안만 진행되고 바로 중단된 걸로 계산해내고 있다. 천체물리학자들은 이런 상태가 다음 100만 년 동안 이어졌고, 그래서 우주 최초의 원소들이 우주를 냉각시키면서 계속해서 외부로 팽창시키는 역할을 했다고 말한다. 그런 다음 더 이상 특별한 일은 일어나지 않았다.

마침내 우주에 수많은 은하계가 생성되기 시작했고, 그 과정이 오늘날 우리가 이해하기 시작한, 인식 가능한 우주의 구조가 창조되는 과정이었다. 하지만 형태를 이루고 있을지언정 그것을 예상할 수는 없다. 또 그 과정이 일어난 경로에 대해 물리학자들이 새로운 의견을 공식적으로 제기하고 있다. 거기엔 천문학 자료를 수학적으로 분석한 결과 및 이론상의 가설을 통한 복잡한 예측까지 포함돼 있다.

그런 사고 중 중요한 개념 하나가 바로 '혼돈Chaos'이다. 이 혼돈이라는 단어는 두 가지 의미를 내포하고 있다. 그 하나는 전통적으로 무질서, 즉 우주가 냉각되고 확장되는 데 끊임없이 따라다닌 무작위성으로 인식된다. 그런 체계는 폐쇄된 라디오 방송국의 쉭쉭거리는 전파와 같다. 그 주파수를 그래프로 그려보면 진동수도 일정치 않고 특별한 유형을 찾을 길도 없다는 걸 알 수 있다. 단지 끊임없이 위아래로 오르내리는 불규칙한 곡선에 불과한 것이다(그림 3.1참고). 이런 전파의 다른 이름이 백색잡음White Noise[1]이다. 백색잡음은 무질서하고 예측이 불가능하며, 어떤 특정 체계의 내부조건에 극도로 민감한 반응을 보인다. 빠르게 흘러가는 시냇물에 잉크를 풀면 빠른 속도로 무질서하게 번져가는 걸 볼 수 있다. 초기의 흐름이 방향을 결정하긴 하겠지만 소용돌이가 나타나면 이내 운동의 방향성을 잃을 것이다. 그런 요소들이 합쳐져 나올 결과를 판단한다거나 그려본다는 것은 부질없는 짓이다.

두 번째 의미는 보다 우리의 현실인식에 부합하는 내용을 담고 있다. 혼란스런 사건들 속에서도 어떻게 지속적인 발전이 가능했나 하는 현실인식 말이다. 그것은 분석과 예측을 불허하는 복잡성의 발전이라는 의미로 묘사되고 있다. 이와 관련된 학설은 막대한 지질학 자료에 적용될 수 있으며, 특히 화석기록은 이에 꼭 들어맞는다. 시간에 따라 종 다양성이 증가한 것이 지구 생명계의 복잡성을 증대시켰다는 얘기다. 그와 함께

---

1. 통신 및 방송 용어로 인간의 가청범위(대개 20Hz~20kHz) 내에서 들을 수 있는 모든 주파수가 섞여서 나는 소리를 뜻한다. 실제 공기 중에는 자연적 잡음을 포함해 수많은 종류의 잡음이 있는데, 이러한 잡음을 백색잡음 또는 백색소음이라고 한다. 주파수가 높은 전자파의 일종인 가시광선이 주파수에 따라 색상이 다르게 보이지만 모두 합쳐지면 백색이 되듯이, 여러 주파수의 잡음이 모였다는 뜻에서 붙여진 이름이다.

화석기록에 관한 지식의 축적 및 이미 접근가능해진 연대 측정법을
통해 우리는 기존의 규칙과 예상에 제동을 걸 수 있는 새로운 분석틀을
창안할 수가 있다.

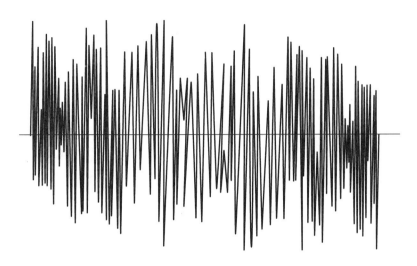

그림 3.1 **백색잡음 전파.**(Bak, 1996)
선명한 유형이 나타나지 않고, 시간 경과에 따라 여러 주파수가 뒤섞인 모양의
전파다. 라디오 방송 수신 시 방송 채널이 없는 주파수대에서 나는 잡음도 이와
같다.

시간이 시작될 무렵 파도치듯 불규칙한 그래프를 그린 백색잡음부터
현재 지구상에 고도의 복잡성을 이룬 현생 생명체까지, 변천을 이끈
것은 혼돈의 과정 그 자체였다. 만일 체계가 스스로 제어되고만 있다면
과정에 대한 예측은 물론 가능할 것이다. 하지만 그것은 오로지 예측을
불허하는 외계의 영향에 의한 것이었다. 그 과정은 열역학 제2법칙으로
설명이 된다. 즉 우주가 [열평형 상태에 도달해] 종말을 맞을 때는 지구

역시 완전 무질서한, 최대치의 엔트로피를 갖는 상태가 된다. 이는 태초에 완벽한 질서를 가졌던 체계가 종국에는 아무것도 없는 상태에 이른다는 얘기다.

오늘날 일부에서 이런 과정을 겪고 있는 방식이 있다. 과거 에너지 사용은 틀 잡힌 질서 속에서 움직였다. 그것이 이제는 무분별하게 사용되고 있다. 이는 미래의 우주 체계를 망가뜨리는 쪽으로 가는 길이다. 백색잡음으로부터 지금 우리는 흑색잡음을 불러들일 수도 있는 쪽을 향해 가고 있다. 그리고 그것은 변화하고 있는 지구에서 생명체 진화과정의 발목을 붙드는 행위다. 화석기록 자료를 분석하면서 그런 과정이 드러날 때면 백색과 흑색잡음 사이에서 중간 주파수를 갖는 전파를 볼 수가 있다. 바로 분홍색잡음이라 불리는 것으로, 이는 프랙탈fractal이나 모랫더미처럼 스스로 구축하는 자연계의 특성을 말한다. 물론 그 특성에도 역학법칙은 있다.

그것은 우주가 어떻게 발전하는지, 특히 지구상의 생명이 어떻게 작동하는지를 이해하고 탐구하기 위해 인간이 고안해낸 개념이다. 망델브로Mandelbrot[프랑스의 수학자]가 집합으로 제시한 것에서 볼 수 있듯이, 무한대로 펼쳐지는 형상의 다양성을 의미하는 프랙탈 개념이다. 컴퓨터 사용을 중단했을 때 스크린 세이버가 나타나 기하학적 이미지를 빠르게 확산, 복제하는 걸 볼 수 있는데, 그것과 유사하다. 처음 나타난 프랙탈 이미지가 고도로 복잡해지면서도 원래의 것이 끝까지 반복된다. 하지만 컴퓨터 소프트웨어는 같은 지시를 반복하면서, 아주 짧고 단조롭게 원을 그리며 맴돌이를 하게끔 작동할 뿐이다. 마치 건축벽돌을 쌓을 때, 벽돌을 틀어 놓은 약간의 차이가 전체적으로 새롭게 방향을 바꾸게 하듯이 말이다.

원시지구가 혼돈이라는 단순한 특징을 갖고 있었다는 게 하나의 정설이다. 외부에서 작용하는 힘도 없었고, 체계 내 공간 제약은 물론 입자

간 상호작용도 없었다. 변수라곤 단지 시간과 공간, 온도뿐이었다. 따라서 자신의 길을 가는 것은 존재하지 않았다. 닫힌 우주 속의 완벽한 혼돈 세계였다. 하지만 이도 곧 막을 내린다. 다른 영향이 있었기 때문이다. 스티븐 호킹Stephen Hawking은 원시우주 모형 중 평탄모형을 선호했다. 수백만 개의 다른 별이 생성됨으로써 혼돈 속의 변화를 통해 초기의 단순성이 무질서로 나아갔다는 것이다. 이것이 서서히 최초의 구조를 출현시켰다.

혼돈 및 엔트로피 같은 개념은 수학자들이 세계를 이해해보려는 생물학 자들을 돕기보다는 물리학자들을 도움으로써 발전을 거듭했다. 순수하게 물질적인 것에 몰두하는 쪽보다 전체론(전일론)적 시각이 자리 잡은 분야 에서 자연에 관해 같은 생각을 확산시킨다는 것은 어렵고 위험하기까지 한 일이었다. 나중에 다시 논하겠지만, 나는 생물학이 너무 방만해지는 데는 우려를 한다. 하지만 다행스럽게 생물학도 아주 다양한 수학적 전통을 갖고 있었으니, 혼돈과 무질서를 비교하는 것과 양자 간의 유사성 을 비교하는 것은 구분 지을 줄 알았다. 따라서 혼돈과 무질서의 비교 대신에 거대한 지구 생명계 속에서 각각의 상태를 같게 볼 만한 상황을 찾는 데로 관심을 모았다. 그것은 시의적절한 착상이었다. 인터넷을 통해 생명의 진화에 관한 막대한 자료를 이용할 수 있게 되면서, 어떻게 그런 혼돈 체계에서 벗어나 생명체가 출현할 수 있었는지를 설명하는 이론적 모형들을 바로 검증해볼 수 있기 때문이다.

여기서 언급한 혼돈 속 변화의 결과로 나타난 사실은 지구의 일부는 보다 질서가 확대되는 쪽으로 나아갔다는 점이다. 생명의 복잡성은 엔트 로피와 반대 현상을 보인다. 점점 더 질서가 잡혀가는 것이다. 현재 대기 중에 많이 함유돼 있는 유리산소조차 엔트로피와는 반대다. 화학물 질에 고정될 수 있고 식물체에 의해서도 이용된다. 일반적으로 생명체 내부의 열역학은 보다 크게 무질서한 방향으로 가려는 경향을 보이지만,

혼돈상태는 그런 생명체로 구획된 더 큰 질서의 영역을 허용하는 것 같다.

우주대폭발 및 지구의 형성 속에서 시작된 체계는 양쪽 모두 플라스마나 먼지처럼 무질서라는 법칙을 따르면서 마구잡이로 출현했다. 아무것도 없는 상태에서 구조가 생성되면서, 태양과 은하계들을 생성하는 식으로 원시우주가 유기적 특성을 갖게 변했던 것이다. 우주대폭발 과정을 설명하기 시작하면서 물리학자들은 양자역학이 그렇듯이 복잡성을 동원할 필요성을 느꼈다. 지구과학자들은 지구의 핵, 고온의 맨틀, 그 위에서 움직이는 대륙, 그리고 궁극적으로 산소대기의 개시 등등을 제시함으로써 과정을 종합해 나가고 있다. 혼돈이론은 그토록 거대한 복잡계를 이해하는 데 기여하고 있다. 생명계 역시 그런 복잡계다. ABCDE처럼 순차적으로 나가는 것은 전혀 없다. 시간을 다루는 모든 과학에는 매 과정마다 실마리 하나쯤은 있다. 그 외에 지식을 쌓고, 근거들을 파헤치고, 불확실을 규명하는 것은 자신의 몫이다. 충분한 자료 및 자료를 다루는 다양한 방식을 통해 유형을 도출하고 예측을 해나갈 수가 있다. 게다가 작은 능력이 거대한 변화를 이끌 수 있다는 말은, 우연성으로부터 자유로운 것은 하나도 없다는 뜻을 담고 있다. 무질서라는 원칙, 생명체는 용케도 복잡성이라는 바람을 타고 항해를 함으로써 그런 원칙들을 굴복시켜 왔다. 지금 인간은 제 스스로 하나의 힘으로 군림하고 있다. 인간이 이 지구를 뒤바꿔버릴 수도 있다. 다른 생명체들은 결코 해볼 수 없는 방식으로 말이다.

중생대 백악기 및 고생대 페름기 말에 특징적으로 나타난 지구와 운석 간의 충돌사건 말고도 일찍이 그보다 훨씬 규모가 큰 충돌사건이 있었다. 바로 45억 년 전의 일이다. 지구와 화성이 형성되고 막 5000만 년이 지난 시점으로, 생명이 시작되기 훨씬 이전이었다. 역설적이지만,

이 새로운 의견을 받쳐줄 증거는 지구가 아닌 달에서 나왔다.

1969년에서 1972년까지 진행된 미국의 아폴로 달 탐사계획은 인간의 업적 가운데 최고로 평가된다. 텔레비전으로 생중계된 달 착륙과 귀환 장면, 탐사기술, 그리고 "인류를 위한 위대한 첫걸음"을 내디뎠다는 감정은 이 계획을 지난 20세기 역사기록 속에 최고의 위치를 차지하게 만들었다. 반면 월석月石을 채취해 얻은 과학적 연구결과는 거의 알려진 게 없어 대중의 관심을 끌지 못했다. 하지만 어느 누구도 상상하지 못할 만큼 엄청나게 흥분했던 연구자들은 바로 여기, 지구에 어떻게 생명이 출현했는지에 관해 색다른 설명을 내놓게 된다.

달에서 가져온 월석 연구는 1970년대에서 80년대에 걸쳐 상반된 해석과 주장을 잇달아 내놓게 만들었다. 그런 일을 겪은 후, 대부분의 연구 참여자가 수용할 만한 하나의 학설이 정립되었다. 달이 지구에서 유래했다는 이론이다. 그 학설은 또 하나의 가설을 파생시켰다. 태평양이 그렇게 큰 이유는 모든 일을 유발한 엄청난 대충돌이 일어난 곳이기 때문이라는 가설이다.

태양계가 생성된 직후 중요한 사건이 또 발생한다. 천문학자들에 따르면 소행성 아니면 화성 크기만한 행성이 큰 각도를 이루며 돌진해 원시지구를 빗겨서 강타했다. 그때 방출된 에너지가 지구를 녹여 층을 이루면서 지구가 핵과 맨틀로 나뉘고, 대기권이 형성되었다는 것이다. 대기권은 수증기, 이산화탄소, 질소, 크세논, 아르곤, 헬륨 가스로 채워졌으며, 지구의 핵은 철과 니켈, 맨틀은 현무암과 규산염으로 구성되었다고 한다. 녹아버린 맨틀에 가해진 충돌력은 맨틀을 하나의 거대한 덩어리로 분출시켰다. 이 덩어리가 지구주위에 궤도를 그리며 돌기 시작했다. 달이 형성된 것이다. 그런 사실을 알게 된 건 아폴로 우주인이 가져온 월석 덕분이었다. 그렇듯 극단적인 시대의 지구 암석은 이미 오래 전에 지질구조상의 대륙판 깊숙한 지각 속에 파묻혀버렸다. 그도 아니면 아주 간단하게 침식되어 버렸거나 풍화작용으로 먼지가 되어 사라졌던 것이다. 하지만 정적만이 감도는 달에서는 그것이 그대로 보존될 수가 있었다. 변화라고 해봐야 고작 기온의 일교차밖에 없었으니 말이다.

달 생성 사건은 이후의 지구역사를 결정하게 된다. 충돌 이전의 원시지구는 남·북극에서 적도에 이르기까지 기후변화가 없었다. 일 년 내내 같은 기후였다. 변화라는 게 전혀 없었으며 계절도 없었다. 지구 자전축이 완벽한 수직상태에 있었기 때문이다. 엄청난 충돌력이 한쪽에 가해지자 현재 지구 자전축이 수직방향에서 23.4° 기운 것처럼 축이 기울게 된다. 수천, 어쩌면 수백만 년에 걸쳐 진동을 하면서, 수많은 시간이 흐르는 동안 이 경사각이 변한다. 또 각도가 기울어진 채로 회전한다는 말은 지구의 한쪽이 반년동안 태양과 더 가까워져 여름이 된다는 걸 의미한다. 적도 부근에선 변화가 거의 없겠지만, 반대쪽은 겨울이 된다.

기후의 계절변화가 시작되었고, 커다란 외계 물체가 지구 어딘가에 충돌하는 무작위적인 사건도 이어졌다. 이 새로운 세계에 에너지가 꿈틀거렸다. 당시 생명계가 스스로 내달리기 시작했으며 자연의 모든 것이 그렇듯이 내외부의 변화에 스스로 조절을 해가며 적응을 했다. 예를 들어 인간의 생리기제처럼 말이다.

팽창하는 우주는 서로 밀도가 다른 세계를 생성했기 때문에 우주의 발전에 속도를 더할 수 있었다. 가스구름이 수축해 많은 은하계가 형성되었다. 더 나아가 별을 형성할 만큼 커진 중력에 의해 뭉친 가스가 회전을 했다. 그것은 폭풍우 속의 먹구름과 다를 바가 없었다. 대신 별을 형성하고 각각의 은하계에 자신의 세계를 연 것뿐이었다. 그런 다음 은하계는 그 물리적 특성이라 할 수 있는 안정기로 접어들었다. 우주와 은하계, 그리고 별들은 점점 더 복잡해졌고, 그에 따른 체계는 우주대폭발 이후 여러 대폭발 사이에서 물질이 무작위적으로 분포되는 유형을 보여주었다. 지구 체계에는 하나의 중요한 변화가 있다. 바로 변화하는 환경이 가져다 준 새로운 종류의 질서다.

물과 공기, 탄소화합물을 가진 지구에서, 변화하는 환경은 생명을 창조하고 진화를 유발할 수가 있다. 발전은 말할 것도 없이 이 체계가 존립하는 데는, 복잡한 과정 속에서의 재앙들이 필수적인 특징을 이룬다. 변화하는 환경은 단순성으로부터 복잡성까지 지구가 걸어온 길을 알려준다. 그리고 그것은 내부체계의 반응에 의해 앞으로 나아간다. 그뿐 아니라 환경은 백색잡음이라는 따분하고 불규칙한 잡음을 아름답고 정연한 바흐Bach의 협주곡으로 바꾸는 능력도 갖고 있다.

자기조직화하는 모랫더미

자기조직계에 관한 이론이 처음 발표된 것은 1987년이었다. 미국 뉴멕시코의 어느 과학자 단체에서 영감을 얻었다는 물리학자, 페어 박Per Bak에 의해서였다. 유명 과학저널 《피지컬 리뷰 레터스Physical Review Letters》에 발표된 후, 그 논문은 금세 주류 물리학 분야에서 가장 많이 인용되는 논문 중 하나가 되었다. 당시 대부분의 과학 분야에선 흔한 일이었지만, 박의 이론 역시 물리학 전공자들만이 알아들을 수 있는 내용을 담고 있었다.

페어 박은 자기조직화Self-Organization 개념을 다음과 같이 생생한 실험과 함께 소개한다. 알갱이 크기와 조성이 모두 같은 모래를 손에 가득 쥔다. 엄지에 두 손가락을 더 모아 그 틈새로 일정하게 모래를 흘린다. 그러면 일정하게 떨어진 모래가 원뿔모양으로 쌓이게 된다. 손가락 틈새와 모래알갱이의 크기, 알갱이 무게, 알갱이 모양, 모래가 떨어지는 속도는 모두 같은 상태다. 시간이 지나면 원뿔모양의 모랫더미가 점점 커지고 양도 늘게 되는데, 이 경우 각각의 모래알갱이는 계속 커지는 복잡계의 일부가 된다. 늘어나는 알갱이 수에 맞춰 원뿔 모랫더미가 자신을 조절하고 내부에선 상호작용도 일어난다. 때론 알갱이 하나가 모랫더미를 지탱할 수도 있다. 한편 원뿔표면이 평탄하게끔 나란히 모래알갱이가 쌓이면 이는 그 자체로 견고한 구조를 이룬다. 어쩌다가 알갱이들이 무너져 사태沙汰 avalanche가 일어나는 경우엔 모랫더미가 얼마나 유지될지, 사태의 정도가 어떨지 예측하기란 불가능하다.

시간에 따른 그러한 사태의 변화유형은 명백한 수학적 특성을 보여주는 데, 이를 그래프로 표시하면 특징적인 기울기를 가진 하나의 직선으로 나타낼 수가 있다(그림 3.2 참고). 어떤 자기조직계로부터 얻어 이 같은 직선으로 나타낼 수 있는 가변성을 멱급수법칙冪級數法則 Power Law[또는 멱법칙][2]이라고 부른다. 그렇게 부르는 이유는 지구라는 행성에서 보게 될 생명의 발생과 마찬가지로 큰 변화는 드물고 작은 변화가 일반적이며, 양 극단 사이의 편차가 고르기 때문이다.

박의 논문은 뉴멕시코 산타페연구소Santa Fe Institute에서 스튜어트 카우프만Stuart Kauffman의 창조적인 지휘아래 과학자들이 무언가 매우 흥미로운 일에 착수했다는 걸 알리는 신호탄이었다. 카우프만은 의사에서 복잡계를 전공하는 과학자로, 전공영역을 확장한 사람이었다. 박과 카우프만이 각각 펴낸 명저 『자연은 어떻게 작동하는가How Nature Works』와 『혼돈의 가장자리[국역]At Home in the Universe』를 보면 알 수 있듯이 그들은 1990년대 초반부터 일종의 호기심을 공유하고 있었다. 복잡성의 법칙을 찾고자

---

2. 쉽게 말해, 어떤 변화(여기서는 시간에 따른 변화)의 결과가 거듭제곱 꼴로 나타나는 법칙을 말한다. $f(x) = x^n$ 형태의 멱함수로 표현된다. 사태의 크기가 클수록 출현빈도는 $1/x^n$로 감소한다.

한 두 책은 자료와 개념, 분석방법 등을 제공함으로써 다른 분야 전문가들의 연구를 고무시킨 책이기도 하다. 어쩌면 무모했다고 볼 만큼 두 사람은 이미 오래 전부터 엉뚱한 생각을 했다. 액체상태인 물이 임계점인 0℃에 이르면 얼음으로 변하는데, 생명체 역시 질서와 혼돈 사이에 놓이면 자신만의 임계점을 갖게 되지 않을까? 하는 식이었다. 하지만 변화를 이끌기 위해선 어떤 힘이 요구된다. 임계상태란 특정 상태와 다른 상태의 경계에 놓인 것을 말하며, 자기조직적 임계성의 중요한 특징은 크고 작은 변화들이 급작스럽고 예측 불가능한 방식으로 일어난다는 점이다. 변화는 외부로부터 생기는 게 아니라, 전적으로 체계 자체의 내부 힘에서 비롯된다는 것이다. 0℃ 이상에선 얼음이 물로 변하고, 흑연에 고압을 가하면 다이아몬드가 되듯이 임계점에서의 변화는 체계 전체로 전파되는 복잡성을 낳는다.

날씨의 간섭이나 해변에서 뛰노는 아이들의 장난이 없더라도 모랫더미라는 닫힌 체계 속에서의 사태는 불가피하게, 그것도 마구잡이로 일어난다. 하지만 사태의 크기와 발생시점을 측정해보면 모래가 조금씩 흘러내리는 일만 무수하게 발생하지, 모랫더미가 한꺼번에 무너져 내리는 건 극히 드물다는 사실이 드러난다. 그 결과를 그림 3.2처럼 점을 찍어 그래프로 그리면 그 연속선이 멱급수법칙을 표현하고 있음을 알 수 있다. 그것이 바로 카우프만과 박이 발견한 자기조직계에서 드러나는 수학적 실체다. 요동치는 금융시장이나 교통체증에 관한 막대한 자료, 바흐의 악보에서도 두 사람이 모랫더미를 통해 발견한 것과 같은 모양의 곡선을 찾아볼 수가 있다. 빈발하는 소규모 특징과 드물게 출현하는 대규모 특징들이 연속선의 양끝에 나타나고 이를 잇는 그래프는 [로그-로그 축척에서] 비례관계를 나타내는 직선으로 표시된다. 인간이 조성한 세상에서만 그런 결과가 발견되는 건 아니다. 자연 속에도 존재한다.

지형이라든가 지진의 발생, 기후변화유형 등, 이 또한 같은 직선으로 표현된다. 자연계가 그런 양상을 보이는 것은 모두 내부에서 비롯된다.

그림 3.2   모랫더미를 형성하는 모래의 일정 흐름 및 그에 따른 사태의 크기와 출현빈도.
아주 큰 사태는 거의 없고, 작은 사태 쪽으로 갈수록 빈도가 증가한다. 위와 같이 결과가 [로그-로그 축척의 그래프에서 하나의] 직선으로 나타난 것을 일컬어 멱급수법칙 곡선이라 한다. (Bak, 1996)

페어 박은 모랫더미 이론뿐만 아니라 하나의 완벽한 자기조직계를 설명하기 위해 교통체증도 활용했다. 불행하게도 꽉 막힌 도로상황은 이제 우리의 일상사가 돼버렸다. 체증이 심한 도로에서는 차들이 모두 엉금엉금 기어야 하고 가속과 정지를 반복해야만 한다. 이는 대개 교통체계 자체에서 파생된 파동으로 나타난다. 교통사고도 없고 외부에서 어떤 장애물만 출현하지 않는다면, 운전자들이 덜 머뭇거리고 난폭운전도 하지 않음으로써 교통체계는 필연적으로 차들이 알아서 변화를 창출하는 상황을 맞게 된다. 물론 교통사고가 발생하면 이를 시계열時系列 Time Series[3·] 곡선으로도 표시할 수 있다. 하지만 교통체계는 곧 회복을 한다. 일단 자기조직계 개념으로 포착된 자연의 특징은 수많은 시계열의 특징도 보여준다. 그렇다면 우리가 일찌감치 자연의 특징들을 놓쳐버리고 만 것은 어찌된 일인가?

가이아

1990년대 초반, 스튜어트 카우프만이 이끄는 그룹과 페어 박은 뉴멕시코의 산타페연구소에서 자기조직적 임계성이라는 개념의 폭넓은 함의含意에 대해 세부적인 논의를 거듭했다. 그동안 다양한 시간의 척도에 따라 변화하는 여러 현상에 그 개념이 광범위하게 확장되었고, 여러 분야의 논문을 통해 수학적 함의의 확대와 더불어 더 많은 응용상의 발전이 이루어졌다.

20여 년 전 제임스 러브록James Lovelock은 "생명체에게 안정적인 지표면 서식환경을 제공하는 자기조절적 되먹임 기제에 기여하는 유기체"를 제시했다.

러브록의 이웃에는 노벨문학상 수상자인 윌리엄 골딩William Golding이 살았다. 골딩의 『파리대왕Lord of the Flies』을 읽어봤다면 이런 상상이 가능할 것이다. 러브록의 개념에 매료된 골딩이 친구에게 이렇게 말한다. "위대한 개념엔 위대한 이름을 붙여야겠지. 대지의 여신 이름을 따서 '가이아Gaia' 가 어떤가? '지구의 항상성에 대한 자동조절론'보다는 그게 나을 거야."

이름이 어떻게 붙었든 이론에는 검증이 필요하다. 하지만 지구상의

---

3. 어떤 관측결과나 변화를 시간의 흐름에 따라 분석, 정리하고 이를 계열화하는 것을 말한다.

생명체와 관련해 흡족한 개념이었는데도 러브록에게는 이를 입증할 만한 자료가 없었다. 가이아 이론이 입증될 수 없다는 사실은 과학계의 수많은 환원주의자[4]들이 쾌재를 부르게 만들었다. 게다가 가이아 이론이 지지를 얻은 주요이유가 신비주의적 색채 때문이라는 비판이 한동안 이어졌다. 그렇지만 러브록은 1983년 자신의 과학적 신망을 되찾는다. 그가 '데이지세계Daisyworld'라고 이름붙인 자기조절에 관한 이론 모형을 주창하면서였다.

그것은 딱 두 가지 생명, 즉 검은 데이지와 하얀 데이지(꽃)만 있는 세계를 전제하고 기술한 모형이었다. 한쪽은 태양에너지를 흡수해 뜨거워지는 반면 다른 하나는 빛을 반사해 차가운 상태에 놓인다. 검은 데이지는 이용가능한 모든 땅을 뒤덮어버릴 때까지 풍성하게 자란다. 그렇지만 이럴 경우 그들의 생장을 돕던 온도가 점점 상승하게 돼 결국 말라죽고 만다. 그러면 하얀 꽃이 원기를 회복해 온도가 내려가고, 지구는 적절한 온도를 유지한다. 이번에는 반대로 하얀 데이지가 번성해 멀리 퍼져나가면서 지구가 추워지게 된다. 이때 하얀 데이지가 죽기 시작하면서 검은 데이지가 다시 꽃을 피울 여지가 생긴다. 그리고 지구가 다시 가열된다. 계절에 따라 태양에너지가 변화를 보인다 해도 조절은 자동적으로 일어난다는 것이다. 이 논증에 강한 인상을 받은 사람이 윌리엄 해밀턴William Hamilton이었다. 세계 생태학계를 이끄는 사람 중 하나인 해밀턴은 하나의 종이 자신의 생태계에 영향을 줄 수 있고, 심지어 자신의 멸종까지도 이끌 수 있다는 수학적 모형을 제시했다. 해밀턴과 다른 수많은 과학자들의 뒷받침과 함께, 1998년 팀 렌턴Tim Lenton이 《네이처Nature》에 7쪽짜리 리뷰논문까지 발표하자 마침내 가이아 이론이 명성을 얻게 되었다.

---

4. 추상개념이나 복잡한 관념을 보다 기본적인 요소로부터 확인가능성을 찾거나 설명하려는 입장을 말하는데, 과학분야, 특히 생물학에서의 환원주의자들은 자연계를 조각과 토막으로 나누어(환원시켜) 분석, 이해하려 하며 생명현상이 물리학 및 화학의 이론이나 법칙에 의하여 해명이 가능하다는 입장을 취한다.

하지만 환원주의자들은 여전히 시비를 걸고 있다. 최소한 증거가 있어야 한다는 거였다. 특히 그 중에는 버클리대학교의 지형학자이자 지구물리학자인 제임스 커치너James Kirchner가 있다. 그는 거대한 물체도 매우 꼼꼼하게 실측해보길 좋아하는 사람이었다. 그렇지만 화석기록은 물론, 현 자연계의 많은 부분이 인간게놈프로젝트나 천문학처럼 정확하게 비교해볼 수 있는 자료를 제공하는 건 아니다. 그런데도 커치너는 괴팍스러울 정도로 고집을 부린다. 물리학과 마찬가지로 확연한 생물학적 증거가 있어야 한다는 것이다. 같은 이유로 가이아 같은 개념을 혹평하는 과학자들이 많다. 그 같은 부류의 사람들은 자기조직 형상이 보여준 멱급수법칙이나 분홍색잡음을 고까워한다.

전적으로 신뢰하기엔 뭔가 미심쩍은 자료라 해도 실험을 해보고 경험에서 우러나온 토론도 해보는 게 보다 유연한 접근방식이다. 내 생각으로는 박과 카우프만의 자기조직계에 관한 개념 역시 가이아 이론을 불필요하게 만드는 요소를 갖고 있다. 하지만 러브록이 소개한 개념은 우리가 지구라는 행성을 한 발짝 물러서서 바라보게 하는 데 지대한 역할을 했다. 지금 우리는 더 많은 자료를 찾아나가고 좀더 다양한 과학적 과정을 통해 자기조직 이론을 시험해봐야 한다.

만일 정말로 생물학적 진화가 하나의 자기조직적인 지구-생명계 자체의 속성이라면, 그것은 대단히 중요한 의미들을 담고 있다. 내외부의 방해에도 불구하고 지구 생명을 지속시켰다는 점이 그 하나다. 이전의 자신 일부를 희생시켜가면서 회복을 해온 체계인 것이다. 예를 들면, 공룡의 멸망은 포유류의 번성을 가능케 했다. 그렇지 않았다면 지구상의 생명체가 무한대에 이를 정도로 기하급수적으로 늘어 생명 지속에 필요한 공간이나 먹이가 부족했을 것이고, 그러면 모든 게 정지되고 만다. 멸종은 이 지구상의 생명유지를 위해서도 필요한 일인 것이다.

그런 개념을 연구하기 위해선 환경 자체를 파고들어야 한다. 환경변화가 전체 동물 및 식물 집단을 추려 일부만 남겼다거나, 심지어 멸종에 이르게 했다는 증거를 찾을 수 있는지 확인하기 위해서 말이다. 누군가 모랫더미를 발로 차듯이 K-T(백악기-제3기) 경계에서 대량멸종이라는 엄청난 사태가 일어난 때보다 연구를 시작하기에 더 좋은 시기가 또 있을까? 생명의 회복에 관한 이야기는 멸종 그 자체만큼이나 매혹적이다.

가늠할 수 없는 아름다움의 유형

자기조직화하는 유형을 갖더라도 원시우주는 조직된 게 아무것도 없었기 때문에 텅 비어 있었다. 그러다가 마구잡이로 백색잡음이 일고, 복잡성이 하나의 명백한 구조를 이루게 된다. 첫 단계로, 의미도 없이 끊이지 않고 오르내리거나 귀청이 터질 것처럼 쉭쉭거리는 소음이 제멋대로 생겨난다. 형태가 어떻든지 간에 그것은 어떤 특색도 확실성도, 또한 내부에 어떤 구조적 조직도 없는 그저 불분명하고 지루한 잡음이었을 것이다. 다른 것에 의해 형세가 결정되는 잡음으로 상징될 수 있을지도 모르겠다. 그렇다고 그 자체로 어떤 의미를 갖는 것도 아니었다. 두 번째, 그것이 어떤 물질이건 그 자신의 구조 속에 다양한 수준의 복잡성이 자리를 잡는다. 그렇게 출현한 유형들은 아름다운 대상으로 받드는 데 손색이 없다.

오늘날 그 같은 복잡성이 망델브로 집합의 프랙탈 구조 속에도 등장하고 있다. 그 구조가 어떤 창조성이나 재해석하는 자체능력은 없이 단순한 유형을 반복하는 평면 이미지더라도 말이다. 그 체계에 어떤 종류의 변화나 간섭이 개입하는 순간 단순성은 깨지고 만다. 앞에서 언급한

대로 45억 년 전, 지구를 거대한 바윗덩어리가 강타했을 때 그런 일이 처음 발생했다. 그로 인해 나타난 계절성이 환경을 변화시켰다. 이에 따라, 복잡해지려는 경향이 지구상에 확대되기 시작했다. 이처럼 환경변화는 진화의 필수요소였다.

따라서 모랫더미와 교통정체, 지형, 그리고 진화생물학 등이 그 행동양식의 일부에서 멱급수법칙을 보여준다는 설명은 지극히 타당하다. 복잡계에서 발생하는 변화들을 분석해보면 백색잡음에서 나오는 그것과는 전혀 다른 양상을 보인다. 큰 변화의 수는 적고, 작은 변화들이 무수하게 나타나는 유형을 보이는 것이다. 즉 멱급수법칙을 따른다. 커가는 모랫더미에서 큰 사태는 거의 없고 작은 사태가 수없이 일어나는 것과 같은 양상이다.

변화가 일어난 실제 숫자를 변화의 크기별로 점을 찍어보면 항상 그림 3.3과 같은 모양의 곡선을 얻게 된다. 바로 분홍색잡음 신호다. 수학적으로 이 그래프는 그림 3.2에서 보여준 멱급수법칙과 관계를 맺고 있다. 만일 자기조직계에서 얻은 자료라면, 환경변화나 진화적 변화를 그린 것과 마찬가지로 분홍색잡음 모양의 곡선을 그릴 것이다. 그것은 바로 그 체계의 복잡성을 표현한 셈이다. 방송 채널이 없는 주파수대에서 나는 단순잡음이 백색잡음과 똑같은 것처럼, 자연변화는 그림 3.3 모양의 분홍색잡음 및 그림 3.2의 멱급수법칙과 같은 곡선을 그린다. 최근에 진화생물학 분야에서 자료를 분석해 첫 번째 내놓은 결과물들도 외관상으로는 혼돈스런 정보의 집합으로 보이나, 모두 취합해놓고 보면 그 곡선 역시 멱급수법칙과 분홍색잡음을 드러낸다.

위에서 언급한 것들은 새로운 개념이다. 따라서 유형들의 상호관련성은 말할 것도 없이, 이런 유형들이 실제 의미하는 바가 무엇인지 매우 조심스럽게 살펴야만 한다. 여러 복잡성 세계 및 혼돈의 세계에 대해,

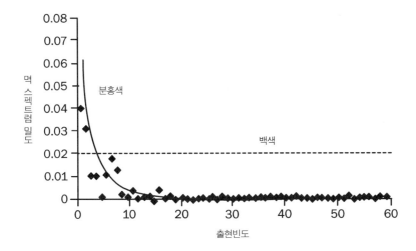

그림 3.3 『화석기록 2 *The Fossil Record 2*』에 나오는 분류군(taxa)의 최초출현부터 마지막출현까지 시간간격에 따른 출현빈도를 나타낸 곡선[로그-로그 축척]. 만약 라디오 신호음이 없는 곳에서 나온 잡음을 보여주는 자료라면 백색잡음으로 표시한 것처럼 수평선을 그릴 것이다. 반면 이 그림은 진화생물학 분야에서 자연계를 직접 조사해 얻은 자료를 바탕으로 했기 때문에 가장 낮은 빈도를 보이는 지점에서 곡선이 상승하고 있다. 곡선의 모양이 분홍색잡음과 같다.

좀더 많이 축적된 자료들을 통해 우리가 인식한 바가 입증될 때까지 아주 천천히 접근해야 한다. 그렇다면 이는 주관성과 객관성 간의 대립, 아름다움과 명료한 기하학의 대립으로 볼 수 있는가? 결국 플라톤Plato은 모든 게 연결돼 있다고 했다.

가늠되는 진화의 유형

19세기 초로 돌아가 보자. 당시 갈라파고스 군도에 살고 있는 진기한 종들을 목격하면서 찰스 다윈Charles Darwin은 일대변혁을 가져올 만한 생각을 하고 있었다. 갈라파고스 군도는 스튜어트 카우프만과 페어 박의 산타페연구소로부터 남쪽으로 수천 km 떨어진 곳에 있다. 1835년, 다윈은 한 달 가량을 보내면서 그곳에 남아있는 수많은 식물과 조류, 대형동물 종들을 처음으로 관찰한다. 탐사선 비글호에 마련된 선실에 홀로 남아 그는 생각에 잠기기 시작했다. 육지에서 한참 떨어진 외딴 군도에서 어떻게 그런 기묘한 생물들이 발견될 수가 있나, 불가사의하게도 왜 각각의 섬마다 서식동물들이 다른가 하는 생각이었다. 2년 후 그의 나이 28살이 되던 해, 다윈은 그의 정신적 스승인 찰스 라이엘Charles Lyell과 함께 갈라파고스핀치Galapagos finch 새가 각 섬마다 조금씩 차이를 보이는 이유에 대해 공개적으로 논의에 부쳤다. 핀치 새가 군도에 정착하기 이전부터 서로 달랐던 것인가, 아니면 일단 섬에 다다른 이후에 서로 다른 부리 형태를 갖게 되었는가 하고 말이다.

질문을 할 때는 구체적으로 측정이 가능하고 비교가 될 만한 차이들이 요구된다. 다윈은 진화적 변화가 평탄하고 일정한 속도로 고르게 진행되는 걸로 보았다. 그의 『종의 기원The Origin of Species』에서 유일하게 제시된 그림이 진화의 계통수(그림 3.4)다. 모든 가지가 균형이 잡힌 걸 볼 수 있다. 연이어 그는 진화가 점진적이고 끊임없이 이어지며, 진화의 속도는 직선을 따른다고 생각했다. 그 당시엔 진화에 대해 알려진 게 거의 없던 터라 그것은 유일하고도 상당히 그럴싸한 설명이었다. 끊임없는 적응과 자연선택, 돌연변이와 함께 직선적인 방식으로 진화가 전개된다는 얘기였다. 변화하는 뉴클레오티드 염기서열의 발견만큼이나 변화하는 생태계의 발견은 신선한 일이었다. 하지만 진화는 고르게 일어나지도 똑같이 전개되지도 않는다.

고립된 섬 특유의 생물분포와 생태는 말할 것도 없고, 유전자나 DNA를

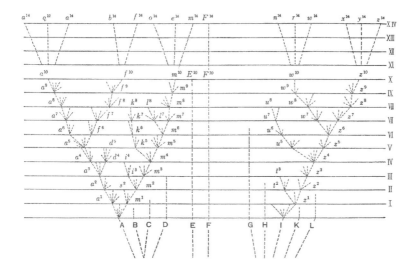

그림 3.4 진화의 계통수.
1859년 간행된 찰스 다윈의 『종의 기원』에 나오는 유일한 그림이다. 두 진화의
계통수가 각 시간간격대별로 가지를 치는 걸 보여준다. 각각의 계통수에서 A와
I가 최초 종이고, 소문자로 표기한 것은 이들 종이 다양한 수준으로 분화해간
계통을 나타낸다. 수직축 시간간격의 크기가 모두 같은데, 이는 진화가 일정한
속도로 일어났다는 다윈의 생각을 나타낸 것이다. 이 모식도와 루이 아가시(Louis
Agassiz)가 1833년 『어류 화석에 관한 연구 Recherches sur les poissons fossiles』에서
제시한 그림 5.1을 비교해보기 바란다.

알지 못하는 상태에서 진화를 논증하기란 다윈에게 아주 곤혹스런 일이
아닐 수 없었다. 라이엘의 지질학적 시간 척도에 관한 견해가 진전을
보이고 있던 터라 약간의 도움은 되었을지언정, 어느 누구도 확실한
답을 내놓지 못했다. 어설프게 거창하기만 한 개념이라며 사회 기성세력
의 반감도 만만치 않았다. 그런 사고를 고양시킬 필요성에 대해서는
너무나 무지했다. 그나마 중요 지질학적 시대의 길이가 서로 달랐다는
점만은 가까스로 인식하기 시작했다. 하지만 지질시대에 여러 사건이
빈발했다는 사실은 알지 못했다. 왜 진화적 변화가 일정한 속도로 일어나

지 않을 수도 있다는 사실을 깨닫지 못했을까? 다윈이 충분히 증거를 찾아냈다는 데 고무되어 『종의 기원』 초판을 발간하기까지, 끈기 있게 관찰하고 좀더 타당한 결론을 얻으려고 고심하는 데는 20년 이상의 세월이 흘러야 했다.

한 세기 이상이 지나도록 생물학자들은 진화가 고르게 일어난다는 맹목적인 전제에 매달려 있었다. 오늘날 환경학자, 생태학자, 지질학자로 불리는 다른 과학자들에게 생물학자 대다수가 정말로 말 한마디 건네지 않았다. 유전학 분야 같으면 환경변화를 가지고 뭔가 해보겠다고 제안을 할 수도 있으련만, 그런 것을 중요하게 생각할 이유도 고려해볼 가치도 없다는 식이었다. 20세기 초의 위대한 생물학자들은 일정 속도의 진화라는 다윈의 기발한 전제를 반박할 어떠한 증거도 내놓지 않았다. 하지만 그건 문제될 것도 없다. 진화의 속도에 관해서는 어느 누구 하나 관심조차 갖지 않았으니 말이다. 그렇다면 숱하게 화석기록에 새로 추가된 종을 놓고는 어떤 일이 일어났을까? 그냥 특별한 시기에만 종의 수가 달라졌다며 지극히 간단한 선형계linear system의 하나로 치부해버리고 말았다. 그들의 글을 보면 20세기 생물학자 대부분이 자신의 전공 외에는 밖으로 시선을 주지 않으려 했다는 걸 알 수 있다. 분명히 생명계를 총체적으로 파악하지 않았다.

지난 세기 중반 이후 각 과학 분야마다 발전이 지속된 건 사실이다. 예를 들어 화학분야에선 왓슨Watson과 크릭Crick이 DNA구조를 발견해 유전암호를 이해할 수 있게 해주었으며, 염기서열분석까지 시작되었다. 조류학자인 로버트 맥아더Robert MacArthur는 생태학에 정량적 분석 방법까지 도입했다. 그러는 동안에도 진화과정은 수수께끼로 남아있었다. 사람들은 언제나 그렇듯이 "적자생존"과 "잃어버린 고리"라는 빅토리아 시대의 경구를 여전히 들먹거렸다. 모든 의미에 대해 깊게 생각해보지도 않고

교묘한 딱지를 붙인 상자 속에 밀어 넣는 식의 전통적인 가치관이 무언가 속이 편하고 친숙한지도 모르겠다. 서로 다른 영역을 함께 끌어안으려는 시도가 없었다는 얘기다.

20세기의 마지막 사반세기를 남겨둔 시점에 이르자 전체론(전일론)적 접근이 더 이상 먹혀들지 않는 상황이 열렸다. 학문간 제휴를 보인 접근방식이 진화생물학이라 불리며 길을 연 것이다. 그것은 좋은 게 좋다는 식으로 다윈의 직선적 진화라는 전제를 받아들였던 태도에 변화를 일궈냈다. 실험실과 야외 연구현장으로 특별한 전문가들이 속속 모여드는 동안, 대학도서관은 자료를 찾으려는 단골손님들이 늘어갔다. 믿을 만한 모든 지식을 함께 모으고 이를 수학적·통계적으로 분석함으로써 진화가 어떻게 일어났는지를 밝히는, 그런 연구제휴를 시작하는 것처럼 좋은 일이 또 어디에 있을까?

진화와 관련된 연구를 수행한 사람 중에서 최우선적으로 상을 줄 만한 두드러진 논쟁자를 꼽으라면 단연 데이비드 라우프David Raup와 잭 셉코스키Jack Sepkoski다. 2600만 년 주기의 대량멸종이라는 그들의 명제는 1980년대에 격론을 끌어낸 바 있다. 결국 진화과정을 직선적으로 보는 관점에서 탈피하도록 하고, 모든 주기설을 파생시킨 장본인들이기는 했다. 천문학자들의 뒷받침이든 고생물학자들의 비판이든, 2600만 년 요동설에 대해 양쪽 모두의 관심을 끌게 되자 그들은 놀라워하면서도 한편 기뻐하는 모습이 역력했다. 그러나 강한 반론에 직면한 그들이 방어에 급급해야 했다는 건 의심할 필요도 없었다. 보다 확실한 자료와 분석방법이 요구되었던 것이다.

그들은 2600만 년 주기설이 야기한 국제적 소동에 대응할 계획을 세웠다. 라우프는 지질시대 화석분포에 관한 자료의 유효성을 입증하기 위해 통계적 시험에 착수했다. 지금까지 알려진 모든 해양생물 종의 최초출현부터 마지막까지 자료분석 범위를 확장시킨다는 계획까지 잡았다. 1984년에 발표한 그들의 논문이 북미지역의 해양 암석에서 발굴된 화석을 세부적으로 분류 작성한 다수의 색인카드를 바탕으로 한 것은 사실이었다. 서로 다른 시각과 평가기준을 갖긴 했어도 그 카드는 수많은 전문가들이 몇 년에 걸쳐 축적한 결과물이었다. 분명히 말하건대, 이 위대한 학설의 기초로 그 카드가 제대로 활용되었더라면 색인카드에 대한 가치평가가 달라졌을 것이다. 그러나 실천보다는 먼저 말로 떠드는 게 더 쉬운 법이다. 자신들 자료의 질과 신뢰도를 생각하면 할수록 그들은 자료에 담겨 있는 의미와 전제를 남들에게 납득시키기가 더욱 더 어려워진다는 걸 깨달을 수밖에 없었을 것이다.

　문제점 가운데 하나를 알려면 자신들이 만든 목록에서 그들이 표본을 어떻게 구분했는지 그 기준부터 알아야 한다. 종種의 집단이 속屬 또는 속들을 이룬다. 분류체계를 더 짚어보자면, 과科 속에 속이 있고 과가 모여 목目이 된다. 위로는 강綱에서 문門으로 이어진다. 사피엔스*sapiens*라는 종이 모여 호모*Homo*속을 이룬 게 인간이다. 많은 속 위에 자리 잡은 게 과며, 척색동물처럼 대규모 무리가 문을 이루는 것이다. 분류체계상 인간은 이렇게 분류된다.

계(kingdom)	동물계
문(phylum)5.	척색동물문
강(class)	포유강
목(order)	영장목
과(Family)	사람과
속(genus)	호모속

---

5. 식물학에서는 'phylum' 대신에 'division'을 쓴다.

| 종(species) | 사피엔스종 |

라우프와 셉코스키는 분류체계상 위치를 어떻게 잡느냐에 따라 분석결과의 유형이 달라진다는 걸 알고 있었다. 그렇다면 그들은 어떤 식으로 선택했을까? 선택이고 뭐고 할 것도 없었다. 1984년으로 돌아가서 보면, 이런 분류체계에 거의 아랑곳하지 않고 뒤죽박죽 섞어버렸던 것이다.

몇 년 후, 잭 셉코스키는 아예 시카고대학교의 도서관으로 이사를 해버렸다. 그는 애초의 목록에서 과와 목으로 뭉뚱그렸던 것을 종과 속의 수준에서 재작업하기로 결정했다. 인내는 물론이고 엄밀한 판단이 요구되는 그 일은 그야말로 엄청난 책임이 따르는 일이었다. 작업은 그가 예상했던 것보다 훨씬 많은 시간을 잡아먹었다. 하지만 그가 지질학·동물학·생태학 등 여러 학문을 함께 동원하기만 했어도 일찌감치 끝날 일이었다.

서로 다른 진화의 속도

라우프와 셉코스키가 막대한 데이터베이스를 새롭게 구축하려 하게 된 데는 또 다른 훌륭한 이유가 있었다. 그들과 상대했던 고생물학자 닐스 엘드리지Niles Eldredge와 스티븐 제이 굴드Stephen Jay Gould는 진화 기제에 관해 독자적인 생각을 갖고 있었다. 막대한 양에 이르는 최초 및 마지막 출현에 관한 자료분석에 바탕을 두기보다, 그들은 몇 백 개에 이르는 근연近緣 종들의 실제 표본을 가지고 진화의 계통수를 그리는 연구에 더 몰두하고 있었다. 1972년 그들은 《네이처Nature》에 단속평형Punctuated Equilibrium에 관한 이론을 처음 발표했다. 진화적 변화가 침묵의 오랜 세월을 거친 후 비교적 짧은 시간에 별안간 일어난다는 게 그들의 의견이었다.

그런 침묵 단계는 암석층 단면에서 손쉽게 관찰된다. 몇 m에 이르는 퇴적층이건만 같은 종이 자주 발견됨으로써 말이다. 이는 일정시간 동안 같은 종이 변화를 겪지 않고 퇴적되어 바위로 굳어졌다는 의미다. 그 기간은 어쩌면 수천만 년, 아니 그 이상일 수도 있다. 그런 다음 갑작스럽게 출현한 새로운 종들이 그 위의 다른 암석층에서 발견돼, 다시 한번 수백만 년 동안 이어진 걸 확인할 수가 있다. 여기서 의문이 생길 수밖에 없는데, 새로운 종이 도대체 어디서 처음으로 나타났냐는 것이다. 그들의 행동이 기록된 테이프라도 있으면 좋으련만, 그것은 어떤 증거를 기대할 수도 없는 문제다. 그래서 항상 회피되는 문제다.

그들의 학설을 받쳐줄 최초의 증거는 엘드리지의 삼엽충 연구에서 비롯됐다. 커다란 나무이 모양의 삼엽충은 고생대 때 바다에서 번성했던 절지동물이다. 진화를 연구하는 데 더 없이 좋은 게 삼엽충 화석이다. 발굴되는 양이 많을 뿐 아니라, 종을 구분하는 데 있어서도 각각의 특징이 확실하게 고착돼 있기 때문이다. 예를 들면, 눈 속의 아주 작은 수정체(탄산염광물로 화석화)는 종마다 아주 특징적인 유형을 보여준다. 따라서 엘드리지는 북미 전역에서 200만 년의 간격을 두고 삼엽충의 눈이 변했다는 걸 알 수 있었다. 하지만 그러는 동안에도 종 자체가 변화를 보인 건 아니었다.

더 나아가 그들은 변화의 속도도 간파할 수 있었다. 단속적인 파동을 그리든 어떻든 간에 화석기록을 통해 변화의 곡선을 찾을 수 있었기 때문에 속도가 다양했다는 걸 알 수 있었고, 그래서 한편으로 중요한 문제였다. 이를테면 초기 인간의 뇌 크기는 오랜 기간에 걸쳐 평형상태를 유지했다기보다는 다양한 크기의 파동을 겪으면서 변화했다. 굴드와 엘드리지는 특히 멸종집단의 형태와 구조, 분화된 특징에 초점을 맞췄다.

특징은 집단마다 다양하게 나타났다. 또한 그 추세가 일반적인 유형에 부합하지도 않았다. 그들의 학설은 내 연구실에서 매우 흥미롭게 생각한 것과 마찬가지로 현재까지 축적된 데이터베이스를 통해 얻을 수 있는 여러 증거를 잘 활용하면서 도출될 수 있었다.

지질학적 시대의 많은 변화와 함께 단속적 현상이 출현빈도를 달리하며 드러난다. 그것은 페어 박의 모랫더미 실험을 상기시켜 준다. 북미지역에서 200만 년 주기로 삼엽충 눈이 변화한 유형은 여러 지질시대에 걸쳐 나타난 단속적 출현의 일부일 뿐이다. 역시 다양한 차원의 중요성을 갖고 변화한 구조적 특징에서는 멱급수법칙이라는 특징을 기대할 만하다. 거대한 변화는 극히 적고 작은 변화만 무수한 법칙 말이다. 5대 대량멸종사건 동안 그런 변화가 광범위하게 일어났다. 1993년 굴드와 엘드리지는 그들의 학설을 「지질시대의 단속평형Punctuated Equilibrium Comes of Age」이라는 제목의 5쪽짜리 논문으로 《네이처》지에 발표했다. 단속평형은 고생물학계에서도 능히 수용할 만한 하나의 확실한 징표였다.

같은 해, 잭 셉코스키는 새로 작업한 연구결과를 가지고 도서관에서 나왔다. 1984년 2600만 년 멸종주기설로 세상을 흥분의 도가니로 밀어넣은 지 실로 10년 만이었다. 셉코스키는 기회가 있을 때마다 자신의 의견을 옹호하고 상세히 설명할 수 있도록 많은 자료를 모으고 검토했다. 그는 해양동물 종들의 화석 25만 개를 조사했다고 했다. 처음 출현한 이후 그 중에서 5% 이하만이 살아남았다고 했다. 막대하게 구축하고 세밀하게 구분했다면서 자신의 새 데이터베이스를 가지고 주기설을 계속 옹호했다. 그러나 언제 어디서건 늘 박수가 준비돼 있는 건 아니었다.

데이터베이스 구축을 위한 10년

식물학자들은 식물, 광물학자들은 광물분류의 비결이 필요하듯이, 고생물학자들은 셉코스키가 새로 구축한 데이터베이스를 그나마 중요하게 생각했다. 하지만 안타깝게도 그의 자료는 해양동물에만 국한되었고, 그렇다 보니 과학계 전체가 이용할 수는 없었다. 역사적으로 유명인사들이 있었기 때문에 영국의 전기사전DNB, Dictionary of National Biography 편찬이 시작된 것처럼, 그와 유사한 이치로 우리에겐 화석이 필요하다. 각 화석기록에는 발굴일자, 장소, 관련기록, 기타 세부내용들을 담으며 다른 화석과의 일치 여부, 또 특별히 예외적으로 인정될 가능성 등도 기술한다. 다양한 조사유형을 취함으로써 결과에 따라서는 여러 다른 방식으로 자료가 분류될 수 있다. 이를 통해 이종이나, 전문적으로 말하면 근연관계를 따질 수 있고 특별한 환경에 의해 제한을 받는다는 것도 알 수 있다. 또한 시간의 흐름에 따른 변화와 숨겨진 추세를 도출할 수가 있다. 양질의 분석 도구만 갖춘다면 그런 추세와 변화를 수없이 발견할 수 있다.

1991년에 나는 브리스틀대학교University of Bristol 교수인 척추동물 고생물학자, 마이크 벤턴Mike Benton을 만난 일이 있다. 나중에 영국 BBC 방송 프로그램 〈공룡대탐험Walking with Dinosaurs〉의 과학자문위원장을 맡았던 사람이다. 우리는 모든 동물 및 식물 과의 기원 및 멸종시기를 밝히는 국제프로젝트에 내가 조언을 해주기로 합의를 봤다. 약 100명에 달하는 전문가들과 함께 우리는 지질시대 중 가장 신뢰할 만한 생몰시기를 파악하기 위해 관련된 과학논문 전체를 검토했다. 그 결과물로 나온 책이 바로 『화석기록 2The Fossil Record 2』다. 해양동물에 관한 셉코스키의 자료가 사적 소유물에 불과하다면, 이는 대중판인 셈이다. 그러나 그 책도 생물의 과 수준에 그치고 출현지역에 관해서는 상세한 내용을 담진 못했다.

　그에 앞서 거의 사반세기 전에 『화석기록 1*The Fossil Record 1*』을 펴낸 당시의 편집자들은 처음으로 생명의 역사를 개괄적이나마 보여주려는 시도를 했다. 그들은 그때까지 화석을 통해 알려진 대규모 동·식물 집단의 목록을 만들었다. 불행하게도 세밀한 계통분류법이 자리를 잡지 못했던 터라 일부만 과 수준에서 분류되고 나머지는 목으로 묶였다. 따라서 출간되자마자 많은 부분이 의미를 상실하고 말았다. 그렇다보니 생명의 분화와 멸종 유형을 탐구하는 데 그 데이터베이스는 쓰임새를 잃을 수밖에 없었다. 2판에서는 많은 변화가 나타났다. 새로운 지식에 따라 새로운 분석방법이 동원된 만큼 세부적으로 속과 과로 분류할 수가 있었다. 이를테면 1972년의 1판에는 총 2924개의 멸종 동·식물 과가 목록에 올라 있었다. 그렇지만 1993년판에는 그 수가 7189과에 달했다. 가장 극단적인 예로는 곤충 과를 들 수 있는데, 각각 98개와 1083개의 과로 나타났다. 하지만 여태도 화석기록은 누더기 그 자체다. 불완전한데 다가 때때로 부정확하기까지 하니 말이다. 종 수준으로 봐야 하는지 속인지, 아니면 과로 분류해야 하는지, 그것도 아니면 더 윗단계로 묶어야 하는지 갈팡질팡한 덕에 여러 번 덧칠을 한 그림과 다를 바 없다. 그럼에도 불구하고 자료를 어떻게 활용할 것인지 주의만 기울인다면 진화적 변화의 선명한 신호가 드러나기 마련이다.

　모든 데이터베이스는 약점을 갖고 있다. 내용물이 선택에 따라 좌우되는 측면이 있다. 정보의 많은 부분은 부정확하기 쉽고 잘못된 연대와 이름으로 혼선을 초래할 수 있으며, 격차가 큰데다가 무지에서 오는 잘못도 있다. 계속적으로 그런 맹점에 대해 주의를 촉구 받으면서도 그 내용을 신뢰하고 확인된 것으로 간주해 무턱대고 받아들이는 정보 활용자가 수없이 많다. 셉코스키의 시카고대학교 동료교수인 데이비드 라우프는 어찌 보면 주의 깊은 회의주의자였다. 그는 자료의 유효성을 확인하고 검토할 수 있는 몇 가지 방법을 모색하기도 했다. 그러나 문제는 그대로였다. 오염된 자료가 올바르게 자리 잡는 것은 여전히 불가능해 보인다.

『화석기록 2』는 현재까지 나온 것 중 가장 완벽한 데이터베이스다. 바다, 육지, 창공 및 기수氣水지역6. 범주까지 그 생태계를 다뤘으니 말이다. 또한 자유롭게 이용할 수가 있다. 누구든지 웹사이트 http://www.bio-diversity.org.uk/ibs/palaeo/benton에서 실제로 화석 데이터베이스를 활용할 수 있다. 동·식물은 물론이고 버섯과 곤충류까지 현재 알려진 모든 과의 기원 및 멸종, 전체 분화에 관해서도 스스로 선택해 그래프를 그려볼 수 있다. 그림 2.3의 공룡 멸종 곡선도 그런 방식으로 얻은 것이다.

이렇듯 거대한 데이터베이스는 많은 진화생물학자에게 가장 유용한 도구 중 하나가 된다. 마치 아름답게 보존된 완벽한 표본이라도 발견한 것처럼, 화석을 찾아 돌산을 헤매는 고생물학자들을 흥분시킨다. 따라서 엄청난 양의 훌륭한 자료는 셉코스키처럼 사람들로 하여금 자신의 몸을 아끼지 않고 진력하도록 자극한다. 그러나 훌륭한 데이터베이스를 찾는 일은 거의 훌륭한 화석을 발견하는 것만큼이나 어렵다. 따라서 자료 분석에 이용할 방법을 어떻게 모색할 것이며 또 정확성은 어떻게 점검해야 하는지가 문제가 된다. 자료란 모름지기 제시 가능한 묶음의 형태로 취급할 수 있는 형식을 갖춰야 하며, 근거가 확실한 과학적 사실을 바탕으로 공적인 책임을 가져야만 한다. 세부항목의 정확성을 조사하는 과정에서 나는 수없이 많은 실망을 경험했다. 간단한 요구를 담은 목소리가 행정이라는 불쾌하기 짝이 없는 벽을 만나 결국에는 번잡한 관료체제의 절차를 밟아야 하는 것처럼 말이다.

---

6. 약간의 소금기가 있는 물로, 주로 담수와 바다가 만나는 수역을 말한다.

1993년 나는 러시아를 방문한 일이 있었다. 상트페테르스부르크St. Petersburg로 이름이 바뀐 도시의 코마로프 식물연구소Komarov Botanical Institute를 찾아갔다. 지붕에서 물이 새고, 전기는 물론이고 난방도 안 되고 있었다. 당시 나는 북극의 기후변화를 다룬 북대서양조약기구NATO의 워크숍을 준비하던 참이었다. 러시아의 생물학자들이 런던으로 모이고 북미 및 유럽지역에서도 사람들이 속속 모여들고 있었다. 그 연구소에서 보드카로 몸을 녹이며 외투에 목도리까지 두른 채 앉아 연구원들과 나는 식물의 진화에 관한 얘기를 나누었다. 어느덧 얘기가 어느 저명한 과학자 얘기로 흘러갔다. 이제는 노쇠한 과학자였다. 연구생활을 통틀어 그의 주요 작업은 구舊소련에서 발굴된 신뢰할 만한 식물화석을 기록으로 남기는 일이었다. 그는 질이 좋지 않은 얇은 종잇조각에, 그것도 손수 연필로 작성한 기록을 남겼다. 이름과 함께 발굴지역, 지질시대를 기록한 목록에는 수십만 개의 화석기록이 담겨 있었다. 그 자료를 활용하려면 다른 형식으로 번역하는 일이 필요했다. 하지만 그들은 당시 새 러시아에서는 찾아볼 수 없을 것 같은 재산가에게나 청구할 만한 비용을 요구했다.

나중에 돈과 결부된 똑같은 문제를 또다시 겪은 일이 있었다. 그해 워싱턴 DC의 백악관과 의회 사이에 위치한 스미스소니언협회Smithsonian Institution를 방문한 때였다. 누구나 상상할 수 있듯이 코마로프와는 사뭇 달랐다. 물론 보드카도 없었다. 북미전역에서 발굴한 화석식물이 850개의 서랍을 가진 색인카드함에 정리돼 있었다. 이제 막 타자기로 카드작성을 끝낸 것인 양 컴퓨터디스크로 자료를 옮기는 데 큰돈을 요구했다. 그래서 결국 나는 유용한 자료 하나 얻지 못한 채 또 한번 그냥 자리를 뜨고 말았다.

영국으로 귀국하자마자 나는 미국 매사추세츠Massachusetts에서 날아든 한 통의 편지를 받았다. 미국의 어느 석유탐사회사가 과학논문에도 묘사되는 화석 발굴 자료를 30년 이상 전산화해 왔다고 했다. 그들이 최초로 카드를 만들었다면서 당시의 녹화테이프는 물론이고, 지금은 디스크로도 만들었다는 내용이었다. 데이터베이스에는 지역 및 지질시대별 출현기록이 100만 개 이상 들어있다고 했다. 또 모든 자료를 업체의 연구원이 작업했다기보다는 학계 과학자들이 공개적으로 연구한 결과라는 말도 덧붙였다. 우리 연구진이 기꺼이 인터넷에 자료를 올렸듯이 그런 공개된 영역을 통해 정보가 습득된다. 누구든 빠른 속도로 이름과 시대, 발굴 장소 등을 쉽게 검색할 수 있도록 자료를 제공한 데 대해 우리는 오히려 긍지를 느껴왔다. 몇 주 후 나는 보스턴Boston의 한 변호사로부터 매우 공식적인 편지를 다시 받게 되었다. 편지는 협박조였다. 즉시 웹에서 데이터베이스를 삭제하지 않으면 모든 수단을 강구해 호된 대가를 치르게 만들겠다는 것이다. 자신들이 권리를 갖고 있으며 지적재산권에 관한 국제법에 따라 조치를 취하겠다고 했다. 수집된 자료가 그들의 것이며, 게다가 각각의 원래 자료도 학계의 출판물에서 나온 것이라고 했다.

위의 세 사건은 컴퓨터를 이용해 막대한 양의 자료에 접근하고 창출해 내는 데 어마어마한 장애물이 가로막고 있는 현실을 보여준다. 기술적·정치적·재정적, 또 법적 장애까지 뛰어넘기는 어렵다. 진화 및 환경변화에 관한 막대한 자료가 그래서 더욱 소중하다. 일부 학자들이 자신이 어렵게 일궈놓은 자원을 공유하는 것을 달갑지 않게 생각하는 것도 이해할 만하다. 사람들이 자신의 업적을 가로채 명성을 얻을까봐 두려운 까닭이다. 그러나 우리 지구상의 생명체와 환경에 일어나는 변화를 감시해야 할 필요성이 대두하고 있는 화급한 상황이라는, 나날이 닥치는 그 어려움에 비한다면 그것은 극히 사소한 일일 뿐이다.

진화의 새 형태 : 기하급수적 변화

마침내 『화석기록 2』가 1993년에 발간되었다. 그 책에 담긴 자료는 거대한 자료더미에서 어떤 유형을 찾는 데 관심을 가진 사람들에게 도전거리를 제공했다. 그뿐만 아니라 전문가들에게는 자신의 표본 및 견해를 비교해볼 수 있는 표준으로 삼을 만했다. 새 자료가 제시됨으로써 미국 고생물학자들이 주장해 논란이 일던 두 가지 학설을 검증해볼 수 있는 계기가 마련됐으니 실로 시의적절하다 아니할 수가 없었다. 라우프와 셉코스키의 2600만 년 요동설과, 굴드와 엘드리지가 주창한 단속평형론 말이다. 하여간 백악기 C-T(시노매니언-튜로니언) 경계시기에서 속씨식물의 최초 분화를 가려내는 데 성공할 수 있다는 단서를 가지고 내 연구실의 연구원들은 더 풍부한 사례를 확보하기 위한 준비를 했다. 과연 우리가 진화론의 중심에 놓인 수수께끼를 풀 수 있을까? 진화는 단계적으로 서서히 진행되는 걸까? 아니 또 다른 경로가 있는 건 아닐까?

그러한 질문에 해답을 구하려는 조사활동은 차라리 사건해결의 실마리를 찾으려고 경쟁하는 사립탐정집단들과 진배없다고 해야 할 판이었다. 나름대로 우위를 점한 기술과 자세를 겸비한 국제적인 단체들이 움직였다. 미국인들은 기초 건축재라 할 수 있는 자료들을 독자적으로 검토하길 좋아한다. 프랑스인들은 매우 사려 깊은 쪽이다. 논리적인 실험계획에 따라 통계적인 유효적절성을 따지면서 자료를 분석한다. 영국인들은 간단명료하게 기미를 포착하는 육감을 가지고 이를 검증해보길 갈망한다. 어찌되었건 세 과학자집단 모두 다른 쪽이 틀렸다는 걸 입증하기 위해 심혈을 기울였다. 아마도 결국 그들 자신이 틀렸다는 게 입증되어 큰 낭패를 보는 일은 원치 않았을 것이다.

편집자였던 마이크 벤턴은 우리가 함께 집대성했던 자료를 누구보다 먼저 활용할 수 있는 특혜를 누릴 수 있었다. 그는 다윈이 추정한 진화 형태의 흔적을 찾아보려 했다. 《사이언스Science》에 발표된 그의 논문은 과의 다양성이라는 측면에서 멸종의 속도라든가 수많은 과의 기원 등, 시간에 따라 다양한 변화를 나타낸 곡선을 다수 제시했다. 그 그래프들이 육지 및 해양생명체들의 경향성을 보여주긴 했지만, 많은 것들이 최고 정점에 도달했을 뿐 명확하게 드러나는 유형까지 찾을 수 있는 건 아니었다. 그러나 한 가지는 분명했다. 과의 진화속도가 점진적이지 않았다는 점이다. 기본곡선 중 직선처럼 뻗어간 것은 하나도 없었다. 따라서 진화가 서서히 진행된다는 다윈의 가설은 그 즉시 무시될 수밖에 없었다. 단계별 시기를 거쳐 정점에 달한 것으로 보기엔 곡선이 지나치게 가팔랐다. 또 거의 시기와 장소별로 달리 진행된 또 다른 변화들이 무수했다. 곡선은 가늠할 수 없을 정도로 무질서한 혼란 그 자체와 다를 바 없었다. 라우프와 셉코스키가 그토록 애지중지하며 가설로 내세운 2600만 년 주기설은 말할 것도 없이, 규칙적인 시간의 척도로 볼 때 어떤 요동이 있는 것도 아니었다.

그럼에도 불구하고, 셉코스키 자신도 그림(그림 2.4)에 표시했다시피 과의 수를 나타낸 그래프는 분명하게 5대 대량멸종사건을 보여준다. 이는 적어도 두 가지 데이터베이스가 동일한 추세를 확인시켜 준다는 의미가 있다—정보의 신뢰성이라는 측면에선 좋은 소식이 아닐 수 없다. 그것은 또한 대량멸종사건들이 굴드와 엘드리지의 단속론에 부합한다는 의미도 담고 있다. 그들의 당초 견해는 전적으로 해양 무척추동물로부터 얻은 자료를 바탕으로 삼았다. 반면 벤턴의 그래프는 육지 생명체까지도 포괄한 자료를 근거로 얻은 결과였다. 멸종사건 전체를 다룬 그래프들 역시 소소한 사건은 물론, 5대 사건을 확인시켜준다. 또 뒤늦게 출현한 새로운 과의 기원도 보여준다.

상당부분 벤턴의 그래프에는 다양한 크기로 행로를 달리한 내용도 담겨있다. 앞으로 나아가기만 한 것이 아니라 쇠락한 생명체도 있었다. 하지만 분명한 것은 지질시대 전반적으로 다양성이 꾸준히 증가하는 추세를 보였다는 점이다. 그런 그래프들이 단계를 밟은 것 같다는 분화의 유형을 뒷받침하는 것일까? 증거란 이중성을 띠기도 해서 지지하느냐 비판적인 입장에 서느냐를 막론하고 각자 창조적으로 해석하는 길은 열려있는 법이다. 물론 새로운 데이터베이스가 생명역사에 관한 견해를 검증해볼 수 있는 강력한 원천이라는 점은 분명하다.

그러나 아주 다른 방식으로 증거를 활용하는 두 입장 사이에는 모순이 존재하게 된다. 일부는 구조적인 문제일 수도 있고, 한편으론 해석의 차이에서 오는 문제도 있다. 진화가 어떻게 전개되었는지 같은 문제를 푸는 양쪽이 모두 증거를 활용하는 데 잘못을 저지를 수도 있지 않을까? 굴드와 엘드리지의 학설은 삼엽충 눈의 특징을 관찰하는 일 같은 것에 일차적인 기초를 두고 있다. 벤턴의 그래프는 시대를 통틀어 모든 생명체를 포괄한 과의 수에 기초를 둔다. 변수가 다른데도 왜 같은 추세를 보인 걸로 추정되었을까? 이는 진화를 이끈 게 무엇인지를 밝히는 탐구영역이 아직도 활짝 열려있음을 드러내는 사례가 아닌가 싶다.

단속평형론을 보다 확실히 받쳐줄 만한 증거가 1996년 전혀 예기치 못한 곳에서 나왔다. 바로 프랑스에서였다. 지구물리학자인 뱅상 쿠르티요Vincent Courtillot와 이브 고드마Yves Gaudemar는 매우 정교한 수학적 방법을 통해 새로운 자료를 처리하는 데 심혈을 기울였다. 그들은 거대한 자료더미에서 특별한 유형을 검출할 수 있도록 설계된 새로운 기법을 갖고 있었다. 그것을 활용해 『화석기록 2』속에 숨겨진 의미를 찾으려 했다.

그들은 복잡하게 얽히고설키기만 했지 겉으로는 무의미해 보이는 자료 가운데서 갑작스럽게 증가하는 양상을 계산결과로 간파할 수 있었다. 더 나아가 한번 정점에 도달하면 분화가 그 최고수준에서 유지되며 안정된다는 사실도 파악할 수 있었다. 단속평형론을 견고하게 뒷받침할 수 있는 결과였다. 또 정점에 오른 것 대부분이 대량멸종 시기를 맞이하게 되었다는 단서도 나왔다. 서서히 시작되는 각각의 행로를 밟아가다가 어느 순간 분화의 속도가 급상승하고 마침내 안정된 평형상태를 이루는 데, 순차적으로 진행되는 분화가 계속 이어지는 게 아니라 멈춘다는 얘기다. 또한 과를 연구한 그 자료에는 페어 박의 모랫더미에서 나타난 소규모 사태들처럼 중간 중간 짧은 행로를 보인 것도 다수 들어 있었다. 점진적인 시작을 보인 각 행로가 이후 분화 속도가 급격히 빨라졌다가 결국 변화 없는 평형상태에 놓이는 건 마찬가지였다. 순차적인 분화가 단절되는 하나의 전형으로 해석할 수 있었다.

이렇듯 중진 과학자들로부터 지지를 얻게 되자 그것은 갑자기 생물의 분화를 설명하는 총아로 등장해 지난 20세기를 단속적 진화론으로 얘기를 마감할 것처럼 보였다. 그리고『화석기록 2』가 그 최종 증거를 제시한 것으로 비쳐졌다.

하지만《사이언스》지에 발표한 자신의 논문 요약 부분에서도 간략하게 언급했다시피 마이크 벤턴은 상당부분 직감에 의존했다. 그것은 멱급수법칙을 보이는 자료를 바탕삼아 전반적으로 상승곡선을 그리는 과의 다양성을 관찰한 데서 나온 결과였다. 페어 박이 모래알갱이 수를 세어 모랫더미에서 발생하는 사태의 크기를 나타낸 그림 3.2에서 볼 수 있는 것과 동일한 전개양상이었다. 과의 분화까지 일으킬 수 있는 변화나 대규모 사태는 극히 드물었고 작은 변화들만 무성했다. 대부분 형태학적으로도 진화를 가져올 만한 변화는 미미할 뿐더러 대규모 변화는 훨씬 더 드물게 발생하기 때문이다. 벤턴의 예감이 옳은 것으로 밝혀지기만 한다면 이는 진화를 이해하는 데 함축적 의미를 지니게 될 것이다. 즉 진화가 직선적이거나 단속적이라기보다는 기하급수적 분화를 따른다는 것을 의미한다.

　잘 알려진 기하급수적 변화의 예는 종의 집단적인 증가를 설명하는 가운데 드러난다. 종 내부의 개체수를 그래프로 그려 보면 선이 거의 수직에 가까워질 때까지 유례없이 빠른 속도로 늘어났던 것이다. 수학의 로그에서는 그런 수직선이 나타날 수도 없겠지만, 대개 특정 체계에 어떠한 방해가 가해지면 그 상승세는 멈추고 만다. 따라서 5대 대량멸종(그림 2.4)의 경우 및 전체 다양성의 기하급수적 변화(그림 3.5)는 체계 밖의 변화들에 의해 멸종이 야기됨으로써 곡선의 지나친 수직상승이 방지된 것이다. 하나의 모랫더미처럼 일부는 내부의 힘에 의해, 또 다른 일부는 외부의 힘에 의해 사태들이 발생하는, 하나의 자기조직계를 이루는 것이 바로 생명진화의 한 특성이다. 이를테면 유전자재조합이나 형태상의 작은 개량 같은 것들을 내부변화의 예로 들 수 있다. 또 기후변화라든가 새로운 경쟁자의 출현으로 균형이 깨지는 것은 외부로부터 유발되는 변화의 예다. 이런 모든 것들이 종의 감소를 불러올 수 있다. 지구 생명체에게는 변화와 분화를 위해서 멸종이 필요했던 것이다.

　일단 특정 생물집단이 생태적으로 안정되기만 하면, 생존의 첫째 요소로 그 대규모 집단 대부분의 전체 다양성이 두 배까지 증가했던 것으로 보인다. 기하급수적으로 변화가 일었다는 뜻이다. 그러나 벤턴의 곡선에서 그 명백한 증거를 찾을 수는 없었다. 변화 유형을 확인해보기 위해서는 자료를 통계적으로 검증해보는 게 필요했다. 예를 들어 생태적으로 유사한 문뻬을 분류하는 데 필요한 분석방법, 해양 및 육지생물을 구성하는 요소들을 명확하게 구분하는 작업이 도움이 될 수 있다. 게다가 연구에 참여하고 있는 사람들 대부분은 물론이고 셉코스키 같은 미국과학자도, 쿠르티요 같은 프랑스과학자도 양적으로 확실한 증거를 요구했으니 말이다. 기하급수론에 대해 지지를 구할 만한 명백한 지점도 하나 있었다. 모랫더미의 사태가 갖는 수학적 특성이 기하급수적 곡선과 의미가 상통한다는 것을 몇몇 진화생물학자들은 분명히 알고 있었다는 점이다. 모랫더미의 모래와 체증에 걸린 도로교통이 기하급수적 변화의 특징을 보인다면, 그것은 진화하는 것으로 볼 수 있다. 덧붙이자면, 도로가 자동차를 수용하는 데는 한계가 있듯이 생명체를 위한 지구 역시 한계가 있다. 우리 소규모 연구진은 이를 입증할 채비를 했다.

우리가 첫 번째 한 일은 자료를 공유할 수 있는 인터넷상에 『화석기록 2』 데이터베이스를 만든 것이었다(www.biodiversity.org.uk/search/fossil-record2.html). 그런 다음 데이터베이스상에서 바다, 갯벌, 담수, 육지 및 창공으로 구분되는 생태학적 서식지별로 기록을 분류하기 위한 컴퓨터 프로그램을 작성했다. 그렇게 『화석기록 2』에 언급된 모든 과의 위치를 잡아나갔다. 또한 각각의 동·식물 과들을 생물분류학의 분류체계에 맞추어 분류했다. 즉 목, 강, 문, 계로 분류를 마쳤다. 이는 자료와 관련해 많은 논쟁을 유발할 수밖에 없었다. 거의 대부분의 전문가들이 나름대로 분류체계상의 서열을 매기고 있었기 때문이다. 지질시대별 이름(그림 1.2 참고)을 뭐라 붙이고 해당시대의 연대를 어떻게 잡느냐를 떠나, 각 생물의 출현시기와 관련해 우리는 유사한 문제에 직면하기도 했다. 경우에 따라서는 나라마다 체계를 달리하는 양상도 드러났다. 자료에 완벽을 기하면 기할수록 논쟁이 더욱 불붙는 것은 그들 자료의 내용과 분석결과에 이론의 여지가 많다는 걸 뜻한다.

데이터베이스를 공유할 수 있는 인터넷의 강점은, 비록 저자는 다 알아주길 바라겠지만 결과물의 범위에 구애받지 않을 수 있다는 점이다. 누구나 자신만의 변수를 대입해보고 스스로 그래프도 그려보면서 취사선택할 수 있는 것이다. 머지않아 독자의 역할 중에서도 이런 선구안이 영향력을 크게 발휘할 것이다. 주어진 문구나 눈으로 대충 훑어보는 수동적인 태도는 더 이상 필요치 않다. 대신 선택에 필요한 변수들을 생각해보고, 자신의 특별한 관심거리와 가장 관계가 깊은 결과물의 범위를 새로 구축해야만 한다. 그건 쉽지 않은 일이다. 단순히 저자가 던져주는 걸 그대로 읽고 받아먹는 것보다 훨씬 더 많은 노력을 기울여야 하기 때문이다.

위에서 말한 것처럼 우리는 데이터베이스에서 모든 해양 무척추동물의 과를 선택했다. 곡선(그림 3.5)은 셉코스키의 그림은 물론 벤턴의 것과도 일치했다. 곡선의 등락도, 5대 대량멸종사건도 같다는 걸 알 수 있었다. 고생대 때 크게 번성하다가 P-Tr 경계에서 멸종을 당했다는 것도 모양이 똑같았다. 더구나 데이터베이스에는 육지환경에서 생존한 과의 다양성에 관한 자료도 갖추고 있었다. 그래서 우리는 육지생물로부터도, 생명체가 바다에서 육지로 올라가서 나타난 양상 때문에 고생대 때는 번성을 할 수 없었다는 점을 고려한다면, 거의 동일하게 볼 수 있는 곡선을 얻을 수 있었다. 그 곡선은 3억2000만 년 전부터 같은 모양을 그렸으며 5대 대량멸종사건 중 뒤의 세 사건도 분명하게 드러냈다. 비록 전체적으로 봐선 자기조직계로서 하나의 기하급수적 경로를 유지했다 해도, 외부에서 야기된 5대 사건도 영향력을 미쳤다. 그런 영향력은 수직상승하는 걸 늦춰 곡선이 오른쪽으로 더 진행하도록 하는 압력으로 작용했다. 거기까지는 그런대로 좋았다. 그런 곡선유형이 잘 알려진 데다 미국과 프랑스과학자들의 견해로도 입증이 되기 때문이다.

우리는 생각할 수 있는 모든 방법을 강구해 다양한 자료를 고르고, 이미 알려진 학설을 배경으로 해서 나온 결과물들을 검증해보려고 애를 썼다. 이렇게 정선한 방식이 특히 관심을 끌었던 것은 모든 해양생물을 일괄적으로 다뤘을 뿐만 아니라, 육지생물에 관한 것도 그래프로 나타냈

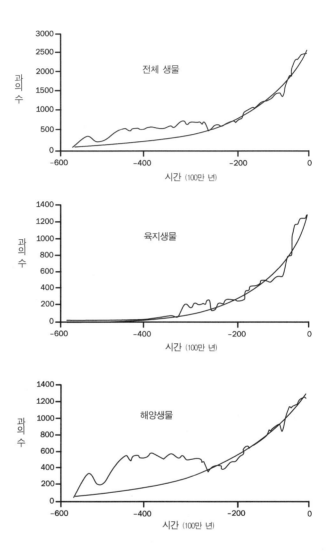

그림 3.5 현생누대 동안의 생물 과(科)의 분화.
『화석기록 2』를 토대로 현생누대의 모든 해양 및 육지생물, 이를 합친 전체
생물의 과(科)의 분화를 나타냈다. 해양생물의 그래프는 1993년에 셉코스키가
제시한 그림 2.4와 비교해보기 바란다. 바탕에 깔린 매끄러운 곡선은 과의 다양성
이 기하급수적으로 증가했음을 일러준다. 또한 육지생물 과의 수가 거의 수직상
승하고 있다는 사실을 알 수 있다.

기 때문이었다. 아주 다른 생태조건이 각 환경을 지배했다는 게 드러났고, 이는 그림 3.5의 곡선처럼 여러 형태로 그려졌다. 이는 그토록 다양한 결과물과 관련된 하나의 커다란 연구결실이다. 일련의 새로운 학술 논쟁에 참여했을 때마다 누구든 마음대로 선택해 쓸 수 있을 것이다.

분화와 관련해 제시한 우리의 기하급수 모형을 검증하기 위해 다음에 한 일은 다른 데이터베이스를 적용해보는 것이었다. 가장 쉽게 생각할 수 있는 선택자료는 셉코스키가 10년이나 도서관에 처박혀 얻은 해양 무척추동물에 관한 데이터베이스였다. 나는 서면으로 그것을 우리의 실험계획에 포함시키고 싶다는 요청을 했다. 응낙이 없었다. 그렇다고 이유를 전해온 것도 아니었다. 그래서 석유산업계에 몸담고 있는 친구들에게 눈을 돌렸다. 자료더미에 파묻혀 미생물을 분류하던 친구들이었다. 그들은 석유탐사 시 깊은 시추공에서 미생물들을 찾아내 암석의 연대 및 퇴적 당시의 환경이 원유를 형성할 수 있는지를 밝혀낸다. 그렇게 만들어진 데이터베이스 중에는 300만 년의 기록을 갖춘 것도 있었다.

그런 기록의 일부가 질에 있어서는 의심이 갈지언정 양에 대해선 걱정할 필요가 없었다. 그 엄청나게 어마어마한 양의 자료에 몇 가지 변수를 대입해본 결과 우리는 아주 분명한 추세를 읽을 수 있었다. 기하급수 곡선이 쥐라기에 천천히 시작되어 완만하게 이어지다가 가장 최근의 신생대 제3기 때는 수직선에 근접하게 되었다는 점이다. 벤턴의 직감이 이제 또 다른 자료를 통해 확인되는 순간이었다.

당시 우리는 독창적인 일에 착수했다. 자기조직계 개념을 적용하는 일에 매진했다. 멱급수법칙과 분홍색잡음을 찾는 일로 그 일을 시작했다. 데이터베이스에 나타난 멸종사건을 규모별로 나누어 그래프로 그려보았다. 대규모 멸종사건은 드물고 작은 것만 무수할 뿐이었다. 그것은 놀랄 일도 아니었다. 5대 대량멸종사건 중에서 P-Tr 사건이 규모면에서 최상위를 차지했고 K-T가 그 다음이었다. 이후엔 멸종이 있더라도 시간이 갈수록 유례없이 소규모로 발생했다. 규모별 분포는 멱급수법칙과 분홍색잡음을 상징하는 곡선으로 주어진 자연계의 전형 그 자체였다. 자연법칙에 어긋나는 시계열은 존재하지 않았다.

자료의 형식을 지정하고 새로운 컴퓨터 프로그램으로 검증하는 동안 우리 연구실엔 특별한 긴장감마저 감돌았다. 새 분석기법을 통해 명백한 멱급수법칙 곡선을 얻은 것은 또 다른 흥미를 자아내는 신호였다. 지구상에 출현한 전체 과의 수를 간단히 100만 년 단위의 로그값으로 변환시켜 그래프를 그려본 결과였다. 컴퓨터 스크린상에 없던 직선이 갑자기 섬광처럼 나타난 것은 탄성을 지를 만큼 아주 흥미로웠다. 그렇게 멱급수법칙과 기하급수 곡선을 확인할 수 있었다. 이는 진화의 속도가 무한대를 향해 지속적으로 상승했다는 우리의 견해를 뒷받침하는 결과였다.

그 다음엔 분홍색잡음의 징후를 포착하기 위해 자료를 검증해보았다. 그것은 벤턴의 직감을 마지막으로 확인하는 일이기도 했다. 특별히 형식을 지정한 자료는 전과 마찬가지로 마이크로소프트 엑셀 파일로 저장돼 있었다. 하지만 복잡하고 방대한 자료도 처리할 수 있도록 프로그램을 새로 짰다. 딜샷은 프로그램과 지난한 싸움을 벌였다. 먼저 프로그램을 작성하고 이후 결점을 제거해 나갔다. 결국 자신의 소프트웨어를 활용, 엑셀 파일에 그득한 자료를 처리해 일거에 곡선(그림 3.3)을 얻어냈다. 바로 분홍색잡음의 특징을 보여주는 체계의 그림이었다.

지나온 과정은 한 사람의 전문 과학자로 태어나기 위해 모든 가치 있는 일에 전력투구하는 모습과 다를 바 없는 시간들이었다. 시간제 계약에 박봉이다 보면 배우고 익히는 일이란 것도 쉽지 않다. 그럼에도 명석한 두뇌의 소유자들이 모든 연구직종에 여전히 많이 지원하고 있다. 현대 세계 어느 곳에서도 맛보기 어려운 그 흥미진진한 기회를 잡기 위해 지원하는, 바로 그런 이들이 결국 일을 해낸다. 책상이며 의자며, 우리 연구실 곳곳엔 앞에서 언급한 곡선들이 널려 있었다. 난무하는 여러 학설이 외려 대세를 확인시켜 주었다. 우리는 늦게까지 일을 했다. 이웃상점에 샴페인 한 병을 주문하곤 밤을 새워가며 결과물들을 재검토했다. 학계 친구들에게 e-메일을 보내 우리 견해의 중요한 부분의 검토를 의뢰하고, 우리가 다루는 내용들을 확실히 해두기 위해 우리의 상대라고 할 수 있는 쿠르티요, 굴드, 커치너 및 웨일 등이 신중하게 주장한 내용들을 열 번씩이나 읽고 또 읽었다. 그러면서 공개할 준비를 했다.

그렇게 『화석기록 2』를 분석해 얻은 결과물이 바로 내가 대만에 머물고 있을 무렵 딜샷이 e-메일로 출판소식을 알려준 그 원고였다. 하나의 자기조직계로서 진화적 변화가 기하급수적으로 일었다는, 화석기록을 통해 얻은 결과를 그 원고에 제시했다. 우리는 페어 박의 리스트에 생물학적 진화도 하나 추가할 수 있었다. 자기 스스로 조절하고 내부의 힘에 의해 변화하는 것들을 기록한 리스트 말이다. 우리는 변화의 힘과 조절능력을 완벽하고도 거대한 체계 내부에서 나오는 걸로 본다. 그것이 모랫더미든 지구든, 하나의 거대한 기계 속에 모든 복잡성이 깃든 것으로 본다. 나사NASA가 달에서 찍은 지구 사진은 지난 세기 유명한 아이콘의 하나가 되었다. 외계에서 기계 전체를 바라보는 모습은 가장 아름다운 이미지 중의 하나다.

4 공룡에서 인간까지

칙술룹 충돌 후, 회복

6500만 년 전, 새롭게 신생대 제3기가 열리는 데는 거의 1~2년 동안이나 어두운 새벽이 지속되었던 것 같다. 처음 외계의 먼지와 뒤범벅된 구름은 물론, 지구의 유기체 및 무기물 파편들은 서로 상호작용을 일으키면서 순환의 유형을 형성해갔다. 여기저기 공중폭발이 일고 운석충돌의 여파로 지구 자체에서 복잡한 반작용도 발생했다. 화염과 함께 맹렬하게 몰아치던 폭풍이 이내 힘을 잃고 점차 구름층이 얇아지기 시작했다. 하늘은 여전히 어둡고 기온도 낮았으나, 강풍을 동반한 비가 뿌려지면서 침묵에 금이 갔다.

암흑천지가 계속될 때 보이는 것이라곤 그나마 사그라지는 불빛을 받은 것들뿐이었다. 생명체 대부분이 상처를 입고 은신처에 숨어 생명을 이어가던 당시보다 지구가 더 황량했던 적이 있었을까 의심스러울 정도였다. 처음으로 긍정적인 회복 기미를 보인 것은 혼탁한 대기를 가르며 햇빛이 내비치기 시작하면서였다. 그리고 더 많은 빛이 지구에 쏟아졌다. 수개월 동안이나 죽어있던 바다가 급속하게 생명력을 키워갔다. 마침내 지옥이 막을 내렸다.

K-T(중생대 백악기-신생대 제3기) 경계 때의 암흑세계 이후 광명천지가 처음 펼쳐진 나날은 생물학적 반작용이 자연스럽게 만발한 시기였다. 빠르게 광합성 활동을 회복한 미세 식물성플랑크톤 내부에서는 진화의 위대한 물결이 요동쳤다. 자세히 알 수는 없으나, 해수면이 낮아지자 플랑크톤을 비롯한 새로운 종의 연체동물과 물고기가 출현하면서 새 생명이 돌아왔다. 경계시기를 전후한 바닷속 진흙 지층에는 엄청나게 많은 미생물화석이 묻혀 있다. 평균적으로 빠르게 생명체들이 회복되어 균형을 이룬 사실을 그 진흙 화석들이 알려준다. 역시 아주 풍부한 생물다양성을 보이면서 말이다. 암모나이트가 완전 멸종하고 주요 종집단이 교체되긴 했어도 바다의 동물 및 식물상相은 오히려 위기를 통해 자연스럽게 다른 모습으로 이행되었다. 백악기 동안 속屬을 구성했던 생명체들이 이 시기에 새로운 종의 플랑크톤·연체동물·물고기 등을 출현시켰던 것이다.

현재까지 나타난 증거는, 유카탄에서의 운석충돌로 야기된 환경변화의 지속기간이 지질시대 전체로 볼 때는 아주 짧은 시간에 지나지 않았다는 사실을 알려준다. 2장에서 언급한 바 있는 이리듐 퇴적층을 통해 파악할 수 있는 사건의 구체적인 실례들을 살펴보면, 전체 재앙의 지속기간이 겨우 1만년에 불과했던 것으로 생각된다. 백악기와 제3기 사이 우주먼지와 이리듐, 그리고 화염이 분출한 독성물질이 온통 지구표면을 덮어버리면서 그런 입자층이 퇴적되었다. 25년 전, 월터Walter 및 루이스 앨버레즈Luis Alvarez 부자父子가 처음 발견해 유명해진 그 이리듐 층 말이다.

그밖에 화산활동 같은 다른 원인으로 인해 바다가 기나긴 위기상황을 경험했던 여타의 대량멸종사건 때와 비교해, 지구가 그 어느 때보다도 훨씬 평온해질 수 있었다. 2억4500만 년 전, P-Tr(고생대 페름기-중생대 트라이아스기) 경계 때만 해도 지속적인 산소결핍, 고온 및 산성비 등이 엄청난 혼란을 야기했다. 6500만 년 전, K-T 사태 때 내부에 불어 닥친 사건에서 이 자기조직계는 놀라울 정도로 빠르게 모랫더미를 초기의 형상으로 되돌리는 데 부족함이 없었다. 진화생물학이라는 모랫더미가 칙술룹에 운석이 떨어지는 강력한 내습을 받았는데도 불구하고 자기 내부의 힘으로 복구를 계속해 나갔던 것이다. 모랫더미에 발길질을 한 것에 다름없는 외계의 간섭은 『화석기록 2The Fossil Record 2』 및 다른 자료들을 통해서도 확인할 수 있다. 진화과정의 순차적인 단속평형론을 주창했던 굴드Gould와 엘드리지Eldredge 같은 과학자들은 그렇게 진행돼 이룬 평형상태를 언제 무너질지 모를, 진화의 극단까지 진전된 상태로 보았다.

대혼란에도 그대로 잘 지켜진 생명체 또한 무수하다. 그들에게는 피해를 입었다거나 변화를 보인 흔적이 없다. 환경변화에도 영향을 받지 않으면서 이전 삶을 계속 유지했던 것이다. 한편 재앙의 결과로 생태계가 빈번하게 뒤집히는 등 심하게 교란되면, 변화된 생태계와 새로 형성된 생태학적 상관관계로 말미암아 회복은 더딜 수밖에 없다. 이런 변화가 세계적으로 일면서 가장 뚜렷하게 남긴 유산이 바로 공룡과 암모나이트의 멸종이다.

하지만 몇 가지 의문이 남는다. 전체 생물권을 생물학과 생태학적 측면에서 바라볼 때, 어떻게 해서 암모나이트와 공룡 같은 대형 생물체의 멸종이라는 반응이 나타났냐는 것이다. 동물 및 식물상의 변화는 살아있는 생명체에게 어떤 식으로든지 영향을 끼칠 수밖에 없었다. 즉 새로운 주변환경은 물론이고 새로 출현한 이웃과 함께, 스스로 충격에서 벗어나 회복하게 만들었던 것이다. 그것이 어떤 것들에겐 영향력이 미미했거나 영향이 전혀 없었다면, 일부 생명체들에겐 극적일 정도로 큰 영향력을 발휘했다.

그럼에도 새롭게 출현한 다수의 종 및 속들은 신생대 제3기의 시작을 알리는 K-T 경계 시기 직후 진화를 거듭했다. 고생물학 교재엔 털복숭이 포유류로 보이는 동물 뼈를 증거삼아 그린 상상도가 많이 실려 있다. 어쩌면 실제 생김새는 그림과 다를 수도 있다. 그러나 그 뼈가 개체집단의 성장뿐만 아니라, 새로운 종이 무수하게 출현했음을 보여주는 증거임에는 틀림없다. 탐욕스런 공룡들이 떠난 자리를 새로운 과의 육지 무척추동물, 담수어, 심지어 도마뱀들이 대신했던 것이다. 해수어 및 플랑크톤은 종의 수준에서 빠르게 분화했다. 그렇더라도 과의 구성까지 바꾸거나 개체의 행동양식을 바꿀 만큼의 직접적인 변화는 없었다.

재앙이 닥친 해양권의 회복은 언제 어떻게 용존산소가 충분해지느냐에 의해 좌우되었다. 당시 일어난 일에 관해서 논란이 일기도 하지만, 각피를 가진 일부 동물성플랑크톤이 생태계가 완전 회복된 이후에도 대체되지 않은 사실을 보면 그들 나름대로 재앙을 잘 견뎌낸 것 같다. 다른 종류의 심해 플랑크톤들은 폭넓은 반응 범위를 보여준다. 멸종된 집단도 있고 그대로 존속한 것들도 있다. 그러나 대부분이 새로운 종과 속으로, 심지어 과를 이루며 퍼져나갔다. 게다가 이는 사태 발생 직후 단 수백 년 동안에 일어난 즉각적인 반응들이었다.

다른 종류의 증거를 보더라도 K-T 멸종사건의 지속기간이 짧았다는 건 명백한 추세였다. 헬륨 동위원소의 예를 들자면, 퇴적물 속에 포집되는 속도가 정상으로 되돌아오는 데는 불과 수천 년밖에 걸리지 않았다. 지금은 심해저 탐사공을 통해 더 많은 증거가 이용가능해지고 있다. 플랑크톤 전문가, 지구물리학자, 또 퇴적물을 연구하는 화학자들에게 더 많은 단서가 제공되고 있다. 따라서 시끌벅적하게 논쟁에 불이 붙을 것이다.

이매패류_枚貝類 같은 대형 해양생물이나 물고기 화석을 통해 전통적인 방식으로 회복의 흔적을 찾기란 쉽지 않다. 정확한 연대를 밝힌 게 그리 많지 않을 뿐더러 대부분 좋은 표본조차 없다. 아주 새로운 종들을 출현시킨 것으로 밝혀진 백악기의 속들이 단 몇 백만 년 후엔 또다시 새로운 속으로 암석 속에 화석화된 걸로 드러난다. 즉 이들이 급속하게 새로운 속으로 대체되었던 것이다. 아직까지 모든 게 명확하게 드러나진 않았더라도 추세만은 분명했다. K-T 멸종사건이 해양생물의 다양성에 중요한 변화를 일으켰다는 점이다. 마찬가지로 육지 및 공중 생물의 다양성에 급격한 변화를 유발한 증거도 있다.

우리 연구진이『화석기록 2』의 분석결과를 토대로 그린 과의 분화에 관한 모든 곡선 중에서 지금까지도 내가 가장 놀랍게 생각하는 것은 K-T 경계 직후의 조류에 관한 부분이다. 새의 분화를 그래프로 그려보면, 백악기 전체를 통틀어서도 매우 낮은 수준의 다양성을 보여준다. 물론 공룡에 의해 저지를 당했기 때문일 수도 있겠지만, 포유류와 마찬가지로 집단이 결코 성공을 거둘 수 없는 모습이었다. 그러던 것이 6500만 년 전, 포유류와 조류 모두 다양성이 폭발적으로 증가했다. 가장 흥미로운 일은 조류 과와 공룡 과를 하나의 단일곡선으로 함께 그릴 때 나타난다(그림 4.1참고). K-T 멸종은 분명하다. 이어서 새의 분화가 나타났다. 그렇지만 중생대 초기부터 K-T 사건 이후 회복을 보이는 시기까지를 한 곡선으로 나타낸 그림은 하나의 기하급수적 형태로 간주할 수 있다.

일부 척추 고생물학자들이 공룡과 새의 진화적 연관성에 대해 다년간 격렬한 논쟁을 벌이고 있다. 논쟁은 깃털로 덮인 쥐라기의 시조새 *Archaeopteryx*를 발견하면서 시작되었다. 그리고 지금은 미국 표본에 견줄 만한 새로운 깃털을 가진 공룡화석이 중국에서도 발굴되고 있다. 논쟁은 깃털과 뼈의 역학적 기능과 구조를 제대로 연구하면 해결될 것으로 보인다. 그림 4.1의 기하급수적 형태의 곡선이 그런 비교나, 보다 일반적인 진화 논쟁에 어떤 의미가 있는지 여부는 여전히 문제로 남아 있다. 그럼에도 불구하고 이 결합곡선 형태는 공룡과 조류 사이의 밀접한 관계 및 진화의 기하급수적 경로를 뒷받침한다는 점에서 주목을 끌고 있다.

포유류 과 또한 새로운 종, 새로운 과 및 개체 수에 있어서 신기록을 달성할 만큼 신생대 제3기 팔레오세 초기에 급속하게 증가했다. 식육류, 식충류, 영장류와 설치류를 비롯해 새로운 집단이 북반구에 새로 형성된 숲속으로 퍼져나갔고 이후 남쪽을 향해 이주했다. 먹이의 부족도 없고 서식지가 온화한 기후를 보이자 체구도 커졌다. 제3기 시작 이래 2000만 년 이상을 두드러지게 먹잇감도 풍부하고 평온한 시기를 구가했다.

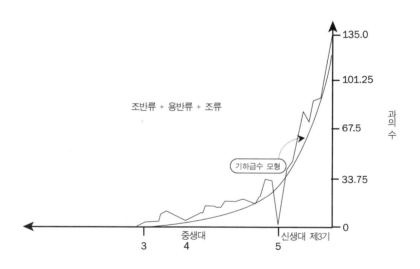

그림 4.1 모든 공룡 및 조류 과(科)의 분화 곡선.
『화석기록 2』에 목록이 올라있는 대로 지질시대별 과의 수를 나타냈다. 기하급수 모형은 별도의 곡선으로 제시했다. 5대 대량멸종사건 중 뒤에 일어난 세 사건은 가로축에 숫자로 표시했다. K-T 경계의 대량멸종을 의미하는 5번째 멸종에서 공룡 과의 수가 0으로까지 감소한 걸 알 수 있다. 또 공룡이 멸종한 후 상승을 보인 조류 과를 보면 기하급수 모형 수준으로 되돌아간 사실을 볼 수 있다.

황폐해진 환경에서 벗어난 이 행성에서 한때 대규모 집단을 이루며 빠르게 번성한 또 다른 육지생물이 바로 현화식물이었다. 이전에 결코 보지 못한 진화를 거듭하며 현화식물은 포유류와 조화를 이뤄갔다. 초기 현화식물 종과 그것이 속한 속의 대부분이 지금은 멸종되고 없지만, 당시 자리를 잡은 식물 과의 거의 대부분은 아직까지도 우리 곁에 있다.

아마도 잘 방어할 수 있는 구조 및 뿌리의 위치 덕분에 대부분의 식물들은 K-T 충돌을 겪고도 살아남은 것 같다. 광합성이 중단되고 줄기가 타버려 잎을 틔울 수 없었지만, 뿌리는 수십 년간 침묵을 지키다가 원기를 회복했다. 그것은 증거를 찾으려고 애를 써야 비로소 간신히 파악할 수 있는 작고 미세한 변화였다. 식물에 있어서 가장 강력한 변화는 북미의 K-T 충돌 현장에 가까운 곳에서 경계시기를 가로지르며 나타났다. 2장에서 언급한 바 있는 노마폴스Normapolles와 아퀼라폴스Aquilapolles 같은 백악기 식물의 일부는 원산지에서도 생장을 멈춰버렸다. 그들이 무엇보다도 먼저 멸종한 것은 외딴 고립지역에 갇히게 되었거나, 이전과 같은 생태계를 찾아 더 북쪽으로 옮겨갔기 때문이었다. 그들은 결국 옮겨간 곳에서도 절멸하고 말았다.

경계시기를 관통하며 일어난 식물의 변화를 가장 쉽게 고찰하는 일 중 하나는 1000년 이상 쌓인 것으로 분명하게 밝혀진 장소에서 퇴적층 1~2mm당 그 속에 쌓인 여러 가지 꽃가루와 포자의 수를 세어보는 것이다. 1960년 이래 30년 동안 식물학이든 지질학 전공자든, 나처럼 현미경 관찰기술을 익힌 사람이 수천 명이나 배출되었다. 우리는 시료를 채취한 장소 근처에서 무엇이 자랐는지 식생을 밝힐 수 있고, 옛 생태계도 재구축할 수 있을 뿐더러 퇴적층의 연대까지 밝혀낼 수가 있다. 이런 종류의 정보를 통해 전문가들은 원래의 환경조건을 재구성하고 더 오랜 태곳적 지형 및 생태계 원형 복원에도 도움을 준다.

일반적으로 퇴적층 속에는 단 몇 mm 두께라도 대개 각 조상식물의 정체를 명백하게 밝혀줄 수십만 개의 꽃가루와 포자들이 보존되어 있다. 위에서 말한 대로 북미지역과 유럽의 회분층_{ash layer} 속의 수량을 헤아려 본 결과를 도표로 나타내보면 양치류 포자가 다수를 차지하고 다른 식물은 별로 없었다는 걸 알 수 있다. 이는 숲이 화염에 휩싸였다가 꺼진 뒤에는 대개 양치류가 첫 번째 개척자로 등장했기 때문에 나타난 결과로 파악할 수 있다. 화산폭발 직후에도 그런 양치류 포자를 발견할 수 있으며, 제2차 세계대전 후 유럽의 폐허에서 제일 먼저 자라난 것도 바로 양치식물이다. 양치류는 토양 내 회분을 좋아하며 빛이 차단된 곳에서도 별 탈 없이 자란다.

이렇듯 꽃가루 및 포자에 관한 연구를 진행함으로써 막대한 데이터베이스가 새로 축적될 수 있었다. 현재 내 연구진은 진화생물학과 관련된 우리의 견해를 입증해보려고 그 자료의 일부를 활용하고 있다. 자료를 통해 화석 꽃가루 속에 나타난 과거 6500만 년 동안의 변화를 탐구하고, 또한 퇴적지질학과 기상학 같은 다양한 학문분야에서 나온 자료들과 비교해보면서 우리가 설정한 유형의 유효성을 검토했다.

꽃가루 데이터베이스는 낙엽수와 관목, 특히 떡갈나무와 라임나무 같은 활엽수의 번성을 확인시켜 준다. 이런 식물 역시 6500만 년에서 5500만 년 전의 시기에 해당하는 팔레오세(그림 1.2 참고) 동안 종과 속으로 분화했다. 같은 시기 북반구 고위도지역을 덮기 시작한 침엽수와 활엽수의 대규모 혼효림_{混淆林 mixed forest}의 시작도 알 수 있었다. 반면 지구의 다른 쪽, 즉 초기 열대우림, 난대성 식물상 및 보다 온대에 가까운 생태계를 구성하고 있던 남반구에서는 분화가 훨씬 더뎠다. 어쨌든 모든 증거는 당시 전 세계적으로 숲이 확장된 사실을 알려준다. 거대해진 육지생태계 속에서 관목이든 교목이든, 모두 개체수 및 종의 숫자가 늘어갔다. 당시는 지구라는 이 행성이 일찍이 겪어보지 못한 생물의 다양성이 최고로 성장한 때였다.

활엽수림의 시대

공룡의 멸종 후, 재앙에서 회복되면서 지구환경은 2500만 년 동안 아주 지속적으로 변화하는 과정을 밟아갔다. 전반적인 추세는 지표면의 온도상승에 의해 좌우되었다. 적도를 중심으로 한 열대역이 4500만 년 전에는 최대 북위 50도에 다다를 정도로 천천히 남북으로 확장되었다. 지금은 북위 15도까지를 열대로 잡는다. 지구가 서서히 요동을 하면서 더디지만 지속적으로 온도가 상승한 원인은 분명치 않다. 다만 태양과 다른 외계와의 관계 속에서 지구의 위치가 일정정도 영향을 끼친 것 같다. 해수면 변화로 대륙이 확대되는 등, 이런 상황은 무더운 여름을 촉진시키고 극지방의 얼음도 녹였다. 대륙의 겨울도 지금보다 훨씬 따뜻했다. 이를 야기한 특별한 열원 하나는 바로 대륙붕에 매장된 천연가스의 대량 분출이었다. 이 천연가스가 지표면에서 산발적으로 폭발했다. 분출된 천연가스가 그렇게 수천 년간 타면서 일정하게 변덕을 보이도록 지구환경을 교란했다. 어쩌면 팔레오세 말기, 지구온난화가 정점에 도달하게 만든 원인이었을지도 모른다. 전체적으로 온도가 상승하는 추세 속에서, 지구환경의 변동은 점점 더 국지적 생태 변화에 영향을 주었다. 동·식물의 생태 및 지리적 분포는 이전 그 어느 때보다도 다양해졌다.

새롭게 진화한 포유류 집단은 과거 포식자의 위협이 사라진 새로운 환경을 구가하면서 새 생태계에서 빠르게 분화해 나갔다. 그들은 새롭게 형성된 활엽수림에 둥지를 틀고 살아갔다. 주로 다른 포유류 종이 되겠지만, 숲은 새롭게 출현한 적들을 피할 수 있는 훌륭한 은신처였다. 또 숲의 나무들은 햇볕을 받은 가지에 무성하게 잎을 달아 좋은 먹잇감도 제공했다.

한때 거대한 파충류에게 먹히고, 그늘진 곳에서 사는 양치류에게 자리를 뺏겨 사라졌던 현화식물도 새로 번성해 이런 공간을 선호했다. 금세 현화식물로 자리가 채워졌다. 그리고 습윤하고 따뜻한 기후 속에서 낙엽활엽수가 번성했다. 백악기 침엽수 일부는 따뜻하고 습한 조건도 견딜 수 있었기 때문에 새 이웃과 조화를 이루며 생존했다. 그 외 건조지역으로 물러갔던 식물들은 드물게 소나무종Pinus만 남아, 생존한 숫자가 적었다. 사실 상식적으로 소나무종 대부분이 소나무, 자작나무, 양치류, 이끼류 외에 다른 것은 별로 없이 단조롭게 펼쳐진 북쪽 지역의 춥고 눈 덮인 삼림에서 살아가는 것으로 알려져 있으나, 아주 상반되게도 극소수의 소나무종이 아직까지 아열대 지역에서도 생존력을 보인다.

쥐라기를 공룡의 시대라고 하듯이 제3기 초기는 활엽수림의 시대였다. 커다란 활엽수들이 우세하면서 일부 상록침엽수가 혼재된, 또 종과 속의 다양성이 넓게 펼쳐진 시대였다. 떡갈나무와 플라타너스, 큰단풍나무, 호두나무 등, 그야말로 어느 식물원의 식물표본만큼이나 다양한 수종을 보였다. 침엽수 중에는 세쿼이아, 태산목 무리, 미송과 가문비나무들이 있었다. 많은 종이 멸종되긴 했어도 당시 식물상은 오늘날의 사람들에게 도 친숙하게 다가갈 수 있는 모습이었다. 이처럼 화려하게 번창한 나무들이 따뜻한 기후와 풍부한 환경이 형성된 시대를 거치며 살고 있다. 남쪽으론 열대우림까지, 멀리 북으로는 파리와 런던에 이를 만큼 그런 나무들이 서식지를 넓혀가는 동안, 거대한 삼나무 숲은 버몬트, 베를린, 베이징으로 옮겨갔다. 숲은 조류와 곤충류의 분화를 고무시키기에 이상적인 장소였다. 반면 다른 무척추동물들은 새 환경 속에 새로 펼쳐진 특별한 장소를 채워나갔다.

이렇게 따뜻한 기후뿐만 아니라, 제3기 초기에는 보다 온대성에 가까운 식물들이 기간 내내 먼 북쪽까지 올라간 일도 있었다. 식물학자들로선 그런 식물상이 꿈결처럼 아득할 수도 있다. 멸종에다가 커다란 잎사귀와 나무줄기, 하지만 아주 낯익은 속과 친숙한 식물들, 즉 어마어마한 크기의 자작나무와 플라타너스, 굼실대는 덩굴나무, 크고 굵은 관목인 덤불오리나무와 호랑가시나무 등, 이 모든 나무가 빽빽하게 함께 자라는 모습 말이다. 개활지엔 아주 친숙해보이지만 크고 억세고, 공격적으로 무성하게 자라는 양치류와 히스류들이 자랐다. 이런 종의 다수가 이제는 더 이상 그런 곳에서 자라지 않는다. 부분적인 이유가 되겠지만, 극지방이 빙하로 덮인 이후 생태계가 사라졌기 때문이다. 온대활엽수들은 아주 커다란 잎을 갖게 되었다. 여름철 태양고도가 낮아져 광합성에 필요한 에너지가 부족해졌기 때문이었다.

남쪽으로 가보면 삼림이 점점 더 지금의 열대 및 난대 생태계와 유사한 모습을 띄기 시작했다. 또 비록 멸종의 길을 걸은 종들도 있었으나, 주요 동·식물 대부분이 진화 계통수에서 가지를 형성한 것은 5500만 년에서 4500만 년 전인 제3기 초기였다. 북반구는 유럽을 중심에 놓고 동쪽으로는 아시아, 서쪽엔 지금의 북미지역으로 구성된 단일 대륙을 이루고 있었다. 대륙의 해안 대부분을 열대 홍수림紅樹林 mangrove의 습지가 차지하고, 새로 형성된 열대우림이 동서로 수천 km씩 뻗어나갔다. 고온다습한 환경이 맹위를 떨쳐 지금의 미국 플로리다에서 볼 수 있는 습지대 사이프러스cypress[측백나무과 교목] 숲이 형성되고, 고지대 숲엔 중층적 생태계를 조성했을 뿐만 아니라, 리아나liana[열대산 칡의 일종]의 번성을 가져오고, 식물 썩는 냄새가 진동해 곤충과 새들이 벌떼처럼 꼬이게도 만들었다.

종종 숲의 나무들이 밀집됨에 따라 광합성을 위한 햇볕을 더 많이 받기 위해 잎사귀의 위치가 나무에서 높아진 것만으로도 어두운 은신처가 생겨나기도 했다. 대기의 이산화탄소 농도가 지금보다 훨씬 높았기 때문에 나무의 잎사귀에선 아주 특별한 종류의 생화학 작용이 진행된 것 같다. 5500만 년 전엔 온실효과가 최고조에 달하게 되었다. 이는 적어도 당시 기후가 무척 덥게 된 하나의 이유가 된다. 수없이 다양한 종류의 증거를 통해 그런 사실을 알 수 있다. 아주 이상한 점 하나는 기공氣孔의 조밀도에 관한 연구를 통해 얻은 결과였다. 바로 잎사귀 뒷면의 기공들에 의해 가스교환율이 제어되었다는 점이다. 기공의 수가 많으면 많을수록 가스의 이동이 빨라지고, 그러면 광합성률이 올라간다. 당시 광합성률이 높았다는 것은 이산화탄소 농도가 무척 높았음을 의미한다. 숲이 무성해지면서 생물다양성과 밀집도가 도달할 수 있는 최고수준에 달한 것도 이때다.

그러나 관목이 자라고 높은 층위를 이루며 잎사귀가 무성해진 숲의 발전이 오히려 생태구조를 제한하는 결과를 초래했다. 결과적으로 어두운 숲 바닥에는 극소수의 초본류만 자랐다. 양치류와 이끼류가 이처럼 응달이 진 낮은 층위를 독차지했다. 습도 및 온도가 높아지고 공간이 차단되면 될수록 그런 식물들에겐 더할 나위 없이 좋은 장소가 되었다. 쥐라기와 백악기에 숲을 이룬 이래 무척이나 번성했으며, 거대한 난대림에서 자라던 이런 종류의 식물들이 오늘날 열대를 벗어난 곳에서는 잘 발견되지 않고 있다.

활엽수림의 시대 내내 포유류도 분화를 거듭했다. 그 1000만 년 동안 대략 20에서 45과로 종류가 늘어났다. 또 그 과 속에는 수천의 새로운 종이 존재했다는 점에서 이는 포유류 과의 기원과 관련해 유례없이 빠른 증가였다. 그들은 대부분 몸집이 작았다. 극히 일부만 평균적인 크기의 개보다 큰 정도였다. 그렇더라도 같은 속에 속한 초기의 종보다는 큰 몸집을 하고 있었다. 제3기에 출현한 포유류 몸집의 증가추세는 더 이상 왜소한 몸집으로 공룡 앞에 노출될 염려가 없었기 때문에 빠르게 안정되었다.

같은 포유류라도 팔레오세 초기, 6500만 년에서 6000만 년 전의 특정기간 동안에는 점점 더 몸집이 커지고, 증가하는 체중에 대처하기 위해 각각의 새로운 종마다 새로운 구조와 생리를 갖게 되었다. 그 중 일부는 점차 식물을 뜯어먹는 습성을 가진 동물로 발전해, 수분이 많은 새 속씨식물의 싱싱한 잎을 찾기 쉽도록 목이 위를 향하게끔 고정되었다. 하지만 몇 가지 이유로, 포유류가 나무 꼭대기에 닿는 데 충분할 정도로 크게 자랄 수 있게 되기까지는 수백만 년 이상이 더 걸렸다. 3500만 년 전, 올리고세까지도 최초의 기린은 아직 태어나지 않았던 것이다. 이렇게 지연된 이유는 여전히 수수께끼다. 키 큰 나무 끝 주변에 둘러 난 신선한 잎을 골라 따먹는 일은 아주 매력적인 일일 수밖에 없다.

대서양이라는 이름의 대하大河

팔레오세가 끝나기 전인 5800만 년 전, 지금의 타이어포브로치Tirefour Broch 성채가 있는 곳에서 수 km 떨어진 곳에서 갑작스런 소동이 일었다. 700만 년 동안이라는 깊은 평화의 시대를 지나 소형 포유류들과 울창한 숲이 서서히 변화를 보였다. 그전까지 계속해서 기온이 올라가긴 했어도 환경에 큰 변화의 조짐은 없었다. 그린란드Greenland에 의해 대륙이 연결돼 있었기 때문에 대서양이 남부유럽과 미국 플로리다를 잇는 선의 북쪽으로는 넘어서질 못하고 있었다(그림 2.5 참고). 그러다가 돌연 현재의 대서양 중앙해저산맥[해령]을 따라 엄청난 규모의 화산폭발이 줄지어 일어나기 시작했다. 즉 지금의 아조레스 군도Azores[포르투갈 앞바다에 위치]로부터 북아일랜드의 멀Mull과 스카이Skye 섬을 지나 페로스 군도Faeroes를 거쳐 북쪽 그린란드로 이어지는 연쇄폭발이었다. 지구라는 체계 내부의 힘에 의해 모랫더미에 또 다른 사태가 일어난 시간이었다. 이 파괴는 오로지 지구상의 한 지역만을 표적으로 삼았으며, 대량멸종사건에서 예상되는 것하곤 꽤나 다른 영향력을 갖고 있었다.

바다 깊이 대서양 중앙해저산맥의 폭발로 해저면에서 새롭게 지각이 확장되었고, 이로 인해 야기된 대륙의 표류는 환경변화를 촉진했다. 대륙이 떨어져 나오기 시작하면서 북대서양이 형성되었던 것이다. 이런 지각변동이 지금의 유럽을 1년에 몇 cm씩 그린란드와 북미지역으로부터 떨어져 나오게 하는 압력으로 작용했다. 북쪽이 열리면서 대서양이 서서히 확장되었다. 새로운 바닷길이 남쪽의 대서양에서 북쪽의 북극해까지 서서히 연결되기 시작했던 것이다. 비록 이런 변화가 환경에는 대량멸종 사건보다 훨씬 느리게 작용하겠지만, 종과 집단의 진화적 변화에는 막대한 영향을 끼칠 수 있다.

학생시절인 1960년대에 나는 스코틀랜드 서부 해안의 멀 섬을 처음 방문한 일이 있었다. 당시 나는 섬의 남서해안가 절벽을 타고 중간까지 오르내리며 화석식물을 찾곤 했다. 평온했던 날씨가 돌변하고 간혹 많은 비가 뿌리기도 하지만, 정적이 감도는 그 외딴 섬은 영국의 섬 중에서도 가장 아름다운 곳의 하나로 꼽힌다. 첫날 섬에 도착했을 때 해안에는 직경이 5m나 되는 둥근 모양의 금속 부표가 하나 있었다. 아주 낡고 녹도 잔뜩 슨 상태였다. 필경 폭풍우에 해안까지 밀려온 듯싶었다. 그런데 커다란 글씨로 이렇게 쓰여 있었다. '우즈 홀 해양연구소Wood's Hole Oceanographic Institute.' 미국 매사추세츠 주 보스턴 남쪽에 위치한, 해양 환경 및 기상 연구로 유명한 연구소였다. 지금은 해양 식물성플랑크톤을 연구하고 있지만 날씨 유형, 기후변화, 전 세계 바다의 해수 흐름에 관해 풍부한 연구실적을 자랑하는 곳이었다. 멕시코만류가 그 연구소의 부표를 멀리 바다 건너 5000km가 넘는 이곳 해안까지 가져온 것이었다.

다음날, 우리는 멀 섬의 남쪽으로 화석을 찾아 나서기로 했다. 지도는 그곳으로 가려면 시애바Shiaba라고 불리는 마을을 지나야 한다는 걸 일러주고 있었다. 토탄층의 습지대 옆으로 난 먼짓길 한쪽 끝에서도 한참이나 떨어진 별스러운 곳에 위치한 마을이었다. 길은 푸석푸석 부서지고 있는 돌담을 지나 금방이라도 모든 게 무너져 내릴듯한 폐허 지대로 이어졌다. 지금은 풀이 무성해 가축이 방목되고 있는 곳에서부터 폐허가 이어지고 있었다. 그곳은 과거에 틀림없이 중심도로 구실을 했을 것으로 보이는 길이었다. 건축 재료로 쓰였을 석재가 이곳저곳 아무렇게나 흩어져 있고, 낮게 서 있는 담벼락 일부만이 그곳이 주거공간이었다는 사실을 가늠하게 해주었다. 기록에 따르면 18세기 후반 고지대 소탕Clearance[1]이 최고조에 달한 어느 날 밤, 이 작은 마을의 전체주민이 해안으로 내려가 북미지역으로 향하는 작은 배에 몸을 실었다고 한다. 시애바의 가난한 희생자들에겐 신세계로 떠나는 것이 죽음에서 벗어나는 길이었다.

스코틀랜드와 아일랜드, 동쪽의 노르웨이, 서쪽에 있던 그린란드 사이로 5000km 이상을 화산재와 연기, 화염을 내뿜으며 남북으로 길게 뻗어간

---

1. 잉글랜드 군대가 스코틀랜드 고지대 지역을 공격해 저항세력 및 반감을 가진 사람들을 소탕한 사건이다. 1746년의 컬로든 전투(Battle of Culloden)에서 스코틀랜드가 잉글랜드에 대패함으로써 이어진 사건이다. 역사적으로 갈등의 골이 깊던 잉글랜드와 스코틀랜드가 마침내 1707년 통합되었으나, 스코틀랜드 스튜어트 가문의 왕위 복원운동이 전개돼 서로 공방을 벌이는 치열한 전쟁이 1745년부터 수차례 펼쳐졌다. 그 복원운동을 주도한 세력을 재커바이트(Jacobite)라고 하는데, 잉글랜드 쪽 시각으로는 이를 왕위 찬탈을 노린 '재커바이트 반란'으로 본다. 결국 컬로든 전투에서 재커바이트들이 패하면서 복원운동도 종막을 고하고, 그 혹독한 후과(後果)로 나타난 게 스코틀랜드 고지대 주민 소탕 사건이었다. 논자에 따라선 이를 초기 인종청소의 예로 보기도 하고, 대량학살로 간주하기도 하는데, 이에 대해서는 다소 논란이 있다.

연쇄 화산폭발이 일기 전인 5800만 년 전에는 유럽에 대서양은 물론 해변도 없었다. 그러다가 마치 지퍼처럼 1년에 몇 cm씩 바다가 천천히 열렸다. 하나의 땅덩이로 이어져 동·식물이 그린란드를 통해 유럽에서 아메리카로 넘나들던 것도 막바지에 이르렀다. 그리고 지금으로부터 약 3000만 년 전, 마침내 그들 사이 대륙의 연결다리에 균열이 갔다. 더뎠지만 이렇게 진행된 지리적 변화가 기후에도 생물에게도 영향을 끼쳤다. 동·식물의 이주형태, 날씨 유형에 영향을 주고, 전체 체계가 작동하고 상호작용하는 방식에도 작용했다. 하나의 자기조직계 속에서 특징적인 변화가 생기고, 복잡한 기계 전체를 이루는 상호의존적인 여러 부분에서 반응이 일었다.

멀 섬의 해안 지역에서 발견된 화석식물은 팔레오세가 끝나갈 무렵인 5800만 년 전, 지퍼가 열리기 시작한 때의 식물상을 알려준다. 대륙 표류의 증거가 화산폭발 때 분출된 현무암 속에 사로잡혀 있다. 앤트림 Antrim[북아일랜드 북동부의 한 쥐에서 멀 섬을 지나 페로스 군도로 이어지던 당시의 화산폭발 퇴적층 속에 말이다. 이 때 바다로 분출된 현무암 용암이 급속히 냉각, 수축되면서 기다란 기둥을 형성했다. 때때로 4층 건축물 높이에 해당할 만큼 큰 기둥도 생겼다. 각각의 기둥은 직경 약 50cm에 오각 또는 육각형의 외형을 띠고 있다. 용암이 흘러 형성된 이 각주柱들은 화산폭발이 잠시 멈췄을 때 퇴적된 현무암들 사이에 있다.

120여 차례로 밝혀진 용암분출은 수천 년간 격렬한 화산활동이 이어졌다는 걸 말해준다. 맹렬했던 기간 사이사이에 환경은 변화와 복원의 과정을 반복했다. 한번 용암이 흘러 굳을 때마다 연기와 화산재로 뒤덮였고 폭풍우가 몰아쳐 이 삭막한 공간을 씻어 내리곤 했다. 그러면 생태계가 안정을 되찾았다. 현무암 용암분출이 쉬어갈 때마다, 얇긴 했어도 그 화산 토양 위엔 숲이 성장했다. 플라타너스와 너도밤나무 같이 큰 나무,

덤불오리나무 같은 관목, 덩굴식물인 리아나가 자랐다. 다른 나무로는 은행나무와 상록수인 소나무, 아메리카삼나무 같은 대형 세쿼이아도 있었다. 고온다습한 풀숲에는 이끼류는 물론 양치류가 번성했다.

우리는 이런 식물상을 스코틀랜드의 한 아마추어 고생물학자인 스타키 가드너Starkie Gardner가 1880년대에 모은 놀라운 잎사귀 화석 수집품을 통해 알게 되었다. 가드너는 생계를 위해 그의 일터였던 하이드 공원Hyde Park 에서 빅토리아 게이트를 만드는 일과 홀리루드 궁전Holyrood Palace에서 출입 문 공사를 하기도 한 사람이었다. 이미 1884년에 멀 섬의 해안절벽지대를 다이너마이트로 폭파시키려는 영국과학진흥협회British Association for the Advancement of Science로부터 보상금을 받긴 했지만 말이다. 그 보상금도 화석의 절반을 자연사박물관으로 보내고 나머지는 지주地主에게 귀속시키는 조건 이었다. 이는 캠벨 귀족집안의 일인자인 아길 공작Duke of Argyll이 꾸민 일이었다. 그는 이제 자기 몫이 된 수집품의 절반에 대해 협회가 됐든지, 어디에선가 대가를 치러야 한다며 돈을 요구했다.

사실 당시 박물관들은 국가재산으로의 자발적인 기부를 기대했다. 아길이 요청한 금액을 지불할 방도가 없었다. 글래스고Glasgow와 에든버러 Edinburgh의 박물관들은 이런 종류의 일에 집행할 자금이 거의 없었다. 반면 자금이 풍부한 대영박물관은 이미 수집품의 절반을 가져간 상태였 다. 사겠다는 곳도 없고 잉글랜드로 가져가는 데 위험부담도 커지자, 화가 난 그 캠벨가의 일인자는 쓸모가 없어진 바윗덩어리들을 자신의 저택에 길을 닦는 기초석으로나 쓰라는 명령을 내렸다. 그럼에도 불구하 고 우리는 런던의 자연사박물관에 대부분 그대로 남아있는 화석들을 통해 필요한 내용을 충분히 파악할 수 있다. 앤트림부터 페로스 군도, 그린란드와 스피츠베르겐Spitsbergen 섬까지, 그곳에서 나온 화석과 박물관 의 표본을 비교하면서 말이다. 우리는 앤트림부터 이어지는 그 지역을 영국-북극 화성지대火成地帶 Brito-Arctic Igneous Province라고 부른다.

5500만 년 전, 영국-북극 화성지대의 화산폭발이 완전히 멈추자, 냉각되면서 새롭게 쌓인 화산 토양을 제일 먼저 양치류가 차지했다. 숲이 사라진 근처의 용암지대를 온통 양치류 포자가 날며 뒤덮어버렸다. 다음으로 관목이 출현하고, 자작나무와 소수의 침엽수류가 뒤를 이었다. 이윽고 숲이 안정상태로 접어든 절정기 때는 우리에게도 친숙한 플라타너스, 오리나무, 자작나무와 떡갈나무 등의 활엽수가 숲을 이뤘다. 당시의 숲이 동물들이 살기에 적합했는지에 대해서는 증거가 너무 적어 아직까지 확신하진 못하지만, 주로 화석화된 이빨을 통해 밝혀진 바에 따르면 멸종된 종 가운데 작은 들쥐류와 유제有蹄[발굽동물] 포유류들이 당시 숲에 살았던 것으로 알려져 있다.

같은 종류의 유형이 5400만 년이라는 시간이 흐른 뒤인 빙하기 때도 무수하게 나타났다. 빙하가 확장과 쇠퇴를 할 때마다 환경 역시 훼손당했다가 회복을 했다. 때로 변화는 순환적인 면모를 보였다. 연속적인 변화과정이 똑같이 반복되었던 것이다. 물론 원래대로 돌아가지 못하는, 회복되지 않는 변화들도 있다. 그렇지만 화산폭발이든 빙하든, 또는 인간에 의한 것이든, 원인이야 어떻든 간에 생태계는 회복을 한다.

팔레오세가 끝나갈 무렵인 5500만 년 전, 멀 섬의 식물에서는 이런 변화와 회복의 연속과정이 부단히 펼쳐졌다. 누구든지 섬의 남서쪽 버네싼Bunessan이라는 작은 마을 근처 절벽에서 현무암층 속에 화석으로 남은 식물을 통해 이를 확인할 수 있다. 버네싼은 아이오나Iona 섬으로 가는 페리의 선착장 바로 못 미쳐 있는 마을이다. 물길을 가르며 앞으로 나아가면 굽이치는 파도 사이로, 앤트림 주의 자이언츠 코즈웨이Giant's Causeway라고 불리는 곳에서 위에서 말한 것과 똑같은 종류의 현무암 기둥들을 볼 수 있다(그림 4.2 참고). 멀 섬과 아이노나 섬 사이에는 핑겔스 동굴Fingal's

Cave이 자리 잡은 스테파Staffa 섬이 있다. 그 동굴은 같은 시기 용암이 분출하면서 기둥을 형성하는 가운데, 파도에 깎여 만들어진 굴이다. 바닷길에서 장소를 오른쪽으로 틀면, 용암 흔적 사이사이에서 화산폭발이 잠시 쉬어가던 당시 수천 년 동안에 퇴적된 점토층을 볼 수가 있다. 정말로 운이 좋으면 호수 밑바닥에서 5800만 년이나 된, 고압으로 화석을 형성한 퇴적층을 발견할 수도 있다.

멸종의 길을 걸은 식물상이 현무암 퇴적층 속에 남아 멀 섬과 앤트림, 로크올Rockall 근해, 페로스 군도, 그린란드 동부와 북부, 스피츠베르겐 곳곳에서 똑같이 발견되고 있다. 화산폭발로 대륙이 둘로 나뉘기 전까지만 해도 이곳은 한 땅덩어리를 이루던 곳이었다. 첫 단계로 시작된 땅속에서의 활동은, 대륙이 갈라지면서 지금의 영국이라는 섬나라의 서쪽과 동쪽이 가라앉거나 말거나 닥치는 대로 진행되었다. 만일 땅속에서의 활동이 다른 곳에서 진행되었다면 영국본토 및 아일랜드가 유럽이 아니라 북미의 일부가 되었을지도 모를 일이다. 먼 미래 국가들의 지리적 집단화가 5800만 년 전에 이미 정치가들에게 물어보지도 않고 정해졌던 셈이다.

1985년 6월 19일, 대서양이 북대서양까지 확장된 데 대해 더 많은 것을 밝혀내기 위한 연구가 조이디스 리솔루션JOIDES Resolution호 선상에서 수행되었다. 이 배는 해저지각시추프로그램ODP, Ocean Drilling Program에 따라 가동한 심해시추선이었다. 독일의 브레머하펜Bremerhaven을 떠난 시추선은 노르웨이해에서 작업을 시작하면서 3개의 시추공을 뚫었다. 해저산맥을 경계로 양쪽에 각 1개씩 뚫고, 세 번째 시추공은 해저산맥 자체에서 분출된 현무암층 아래로 뚫었다. 바닷속 1.3km 깊이까지 뚫은 이 세 번째 시추공은 코어core[봉 모양의 암심巖心]의 길이만 해도 1200m를 넘었다. 시추작업으로 뽑아낸 코어는 대서양이 열리는 과정의 완벽한 역사를 담고 있는 퇴적기록이었다. 화산폭발이 120차례 주기성을 띠고 일어났다

그림 4.2 자이언츠 코즈웨이(Giant's Causeway, 거인의 둑길).
북아일랜드 앤트림(Antrim) 주 해안에 형성된 현무암 기둥이다. 북대서양이 지퍼가
열리듯 북극을 향해 북쪽으로 확장된 5500만 년 전, 대서양 중앙해저산맥(해령)을
따라 줄지어 일어난 화산폭발 당시에 형성되었다.

는 사실이 드러났고, 일부 방사성연대측정법으로 해당 지질시대도 밝혀졌다. 전체 화산활동은 300만 년을 약간 밑도는 기간 동안 계속된 것으로 생각되는데, 이는 폭발과 휴지기로 구성되는 화산폭발의 주기가 평균적으로 약 2만5000년을 한 주기로 그리며 계속 이어졌다는 걸 뜻한다.

8월 23일, 시추선은 캐나다 뉴펀들랜드Newfoundland 주의 세인트존스St. Jones에 닻을 내림으로써 임무를 끝마쳤다. 하지만 노르웨이인 동료 스베인 마눔Svein Manum과 내게 있어서는 그 때가 바로 일에 착수해야 할 시점이었다. 노르웨이 국영 석유회사인 스타트오일Statoil로부터 연구를 의뢰받았기 때문이었다. 일부 현무암 퇴적층 속에서 발견되는 화석 꽃가루와 해양 플랑크톤을 조사해 달라는 요청이었다. 꽃가루는 노르웨이해가 열리던 시기 내내 유별난 지형 속에서 진귀한 생태계가 존재했음을 말해주고 있었다. 또 해양 플랑크톤은 지구물리학만큼이나 정확하게 연대를 결정하게 해주었다.

그 플랑크톤은 특별한 의미를 가질 수밖에 없었다. 하나의 '지표'로 알려진 특별한 종이 그 속에 있었기 때문이었다. 지표 플랑크톤은 5800만 년 전에 출현했다가 100만 년이 흐른 뒤 멸종한 것으로 알려진다. 이 연대에 대해선 지구물리학이라든지 다른 화석과의 비교를 통해 다양한 방식의 연대측정법으로 수없이 검증과정을 거쳤다. 따라서 플랑크톤의 특징은 아주 신뢰할 만한 것이었다.

그러나 같은 시료에서 얻은 화석 꽃가루 연구결과는 그다지 흥미로울 게 없었다. 주로 습지 사이프러스, 소나무류, 덤불오리나무 같은 소수의 관목, 자작나무, 그리고 양치류 등, 몇몇 식물 종의 존재나 알려주는 정도였다. 화산활동이 휴지기에 접어들 때마다 생태계는 안정된 식물상을 보이는 쪽으로 수없이 되돌아갔다. 나는 좀더 깊이 파고들고자 했다. 5700만 년에서 5800만 년 전의 식물로 밝혀질 만한 것이 없을까 검토를 했다. 따라서 우리는 한 세기 전, 스타키 가드너가 멀 섬에서 수집한 잎사귀 화석들을 고찰해봐야만 했다.

가드너를 비롯해 몇몇 사람이 어느 정도 심혈을 기울여 1880년대 멀 섬에서 발굴된 화석에 관해 상세한 기록을 남기려고 시도를 하긴 했어도 완벽하게 설명된 건 없었다. 그렇다 보니 런던과 스웨덴 스톡홀름에 있는 박물관까지 직접 가볼 수밖에 없었다. 양 박물관을 방문한 나는 놀라지 않을 수 없었다. 멀 섬의 화석 잎사귀라고 모아놓은 게 엉뚱한 이름에, 물음표까지 그려 넣은 딱지를 달고 전시된 게 태반이었다. 스피츠베르겐 섬과 그린란드 동부지역을 비롯해 영국-북극 화성지대 곳곳에서 발굴된 화석 잎사귀 수천 점을 전시하던 스톡홀름 박물관에는 딱지는커녕 어떤 식물인지 알려줄 만한 것이 하나도 없었다. 두 박물관 모두 어디서 유령이라도 튀어나올 것처럼 음산한 기운만 감돌았다. 그때까지도 그런 식으로 전시하고 있었다는 데 경악할 따름이었다.

먼지를 뒤집어쓰긴 했지만 런던 박물관은 교수인 앨버트 수어드 경Sir Albert Seward(케임브리지대학교 총장 및 다우닝대학 학장 역임)과 에드워즈w. N. Edwards(박물관의 화석 큐레이터)가 1930년대에 작성했다면서, 기본적으로 타자 친 이름표와 멀 섬의 잎사귀라는 설명을 붙이긴 했다. 또한 손으로 쓴 주석과 함께 표본사진을 액자에 담아 걸어두기도 했다. 식물분류 작업을 거친 건 분명했으나, 무슨 이유 때문인지 제대로 완성시키지 못한 상태였다.

스톡홀름에서도 나는 고개를 갸우뚱하게 만드는 대목을 발견했다. 혼란스럽게 전시된 화석 가운데 최상의 표본이라며 제시된 건 일련의 그림이었다. 아주 재주 많은 예술가가 스피츠베르겐에서 발굴된 화석 잎사귀를 정교하게 그린 연필화였다. 그러나 이름표는 없었다. 이름이 딱 두 군데 걸리긴 했다. 하나는 예술가의 이름인 헤델린c. Hedelin, 또 하나는 제목을 내건 데 있었다. "나토르스트 : 스피츠베르겐의 제3기 식물상". 나토르스트_{A. G. Nathorst}는 스톡홀름 박물관에 고식물학실을 개설한 사람이었다. 1884년부터 1917년까지는 교수로 지내기도 했다. 화석 전시품을 분석하고 설명을 붙이는 데 나토르스트가 어려움을 겪은 게 분명했다. 런던과 마찬가지로 또 다시 분류작업에 문제가 있었던 것이다.

속씨식물 잎사귀 화석에 관한 한 스베인과 나는 전문가가 아니었다. 그래서 이 분야 세계 최고로 꼽히는 즐라트코 크바체크_{Zlatko Kvacek}에게 도움을 요청했다. 체코 프라하 출신인 그는 1968년 교환연구원 프로그램을 통해 만난 이래 나와는 절친한 친구사이로 지내온 터였다. 그를 알게 된 지 25년이 흘러간 뒤에서야 스베인과 함께 셋이 3년간 영국-북극 화성지대의 화석을 모으고 연구하는 데 골몰하게 되었다. 우리는 또 다른 해저시추프로그램의 코어연구를 통해, 팔레오세가 끝나갈 무렵의 북대서양 생태를 밝히는 가장 최근의 연구작업이랄 수 있는 일을 함께 했다. 나토르스트, 수어드와 에드워즈가 모두 죽은 후 진화에 관한 개념도 발전을 보였지만, 우리는 현화식물이 진화하면서 당시 어떻게 변화했는지를 밝히려고 지식을 총동원했다. 우리가 연구한 증거는, 비록 과_科로 올라가면 오늘날의 식물과 유사성을 띠고 있을지언정 그 표본들이 속한 종_種과 속_屬은 현재의 그 어느 것하고 비교해봐도 전혀 같지 않다는 사실을 확인시켜주었다.

나토르스트와 수어드는 진화과정을 겪으면서 새로 이름을 갖게 된 현재의 후손들이 5500만 년 된 표본들과는 영 판판이라는 사실을 미처 깨닫지 못했다. 그 표본들이 멸종된 종과 속의 것들이며, 단지 그 식물이 속한 과만이 현재 우리가 알고 있는 식물상_相에 남아있다는 걸 알지 못했기 때문에 설명을 완성하지 못했던 것이다. 또한 북미지역과 유럽이 갈라졌으며, 이로 인해 대서양을 기준으로 양쪽이 서로 다른 환경변화를 겪은 상황에서 과 역시 두 갈래로 진화의 가지를 쳐나갔다는 사실조차 인식하지 못했다.

처음으로 북대서양과 북극해의 바닷물이 뒤섞이게 된 것은 3500만 년 전이었다. 그 전 까지만 해도 북미와 유럽은 완전히 분리되지 않았었다. 대륙이 둘로 나뉘자 금세 기상유형에 변화가 일었다. 지금의 멕시코만류가 카리브해로부터 북극해로 난류를 밀어 올리는 역할을 하는 것처럼 남쪽의 따뜻한 기류와 함께 난류가 흘러들었다. 한순간 닥친 K-T 사건과 1년에 3cm를 넘은 적이 없을 정도로 천천히 북대서양이 열린 사건은 에너지의 방출이라는 측면에서 극히 대조적이었다.

하지만 제3기 초기 해류는 오늘날의 그것과는 전혀 달랐다. 비록 일부 동·식물 이주에 관한 기록이 처음으로 데이터베이스상에 구축되었다 해도, 기상유형의 구체적인 차이를 밝혀내기란 그 시도조차 쉽지 않다. 대체로 환경변화가 한창일 때는 세포내 DNA 염기서열이 새로워지면서 진화도 계속된다. 세포 바깥에서 조건만 형성된다면 구조적인 어떤 결과물로 나타날 수 있게끔 기회를 엿보면서 말이다.

그렇더라도 대량멸종으로 이어지던 사건과 비교해볼 때, 제3기 내내 느리게 진행된 환경변화는 역시 잔잔한 진화적 변화를 유지시켜주었다. 에오세 말기까지 온도가 상승하자, 과 집단 내부의 수많은 종과 속은 거의 대부분 그때까지 안정된 상태에 놓이게 되었다. 진화라고 해봐야 소규모로 활성을 띠었을 뿐, 멸종도 거대집단의 출현도 없었다. 이런 식으로, 온도상승이 정점에 올랐다가 순환적으로 냉각되기 시작하면 이후에는 일정하게 새로운 종이 출현하고, 그보다 숫자는 적겠으나 새로운 속도 출현한다. 또 멸종이 되기도 한다. 그렇지만 동·식물이 환경변화에 대응하는 보다 일반적인 방식은 다름 아닌 이주였다.

바다의 변화

점점 더워진 육지의 생명이 그랬듯이 바다의 생명 역시 변화를 보였다. K-T 충돌이 지금의 인도 아대륙亞大陸 같은 곳에서 맹렬한 화산활동을 유발한 듯싶다. 그에 따른 화산폭발로 두께만 수 km에 달하는 현무암층이 형성돼, 이른바 데칸트랩Deccan Trap이 만들어졌다. 인도 북서부 50만 km^2 이상의 지역을 분출된 용암이 뒤덮어버렸고, 이렇듯 용암이 빚어낸 엄청난 참화는 대지를 다 태운 화염으로 끝을 맺었다. 당시 인도는 하나의 섬이었다. 그 옛날 곤드와나 대륙에서 분리, 북상 중이었다. 그러다가 결국 아시아와 격렬하게 충돌을 일으켰다. 그 충돌로 탄생한 게 바로 히말라야산맥이다. 데칸고원을 형성한 화산활동은 전 세계 바닷물의 산성화를 유발했다. 또 아주 느린 속도였지만 바다 속 용존산소량도 저하되었다. 너무도 급작스러웠던 K-T 오염에 뒤이어 닥친 독성물질의 2차 분출은 바다 생명체에게 이로울 게 없었다. 두 차례에 걸쳐 전 세계 바다를 휘저은 사건은 연체동물과 척추어류의 회복시기를 지연시켰다. 바다에 있어서 팔레오세는 다수의 새로운 종과 속을 지속적이고 완만하게 준비해 가는 시기가 되었다. 약 5500만 년 전 당시, 북대서양에서 시작된 화산폭발 속에 새로운 삽화 하나가 끼어들었다. 아주 색다른 종류의 중요한 환경변화를 바다가 경험했던 것이다.

전 세계 바다의 심해 온도가 갑자기 상승했다. 그 바람에 바다 고유종 대다수가 멸종을 했다. 반면 바다 표층에서는 플랑크톤 종이 전성기를 맞은 듯 헤아릴 수 없을 정도로 새로운 종이 수량 면에서 최고조에 달했다. 이 같은 대비는 똑같은 환경변화에 대응하는 방식이 생명체마다 무척 다르다는 걸 보여준다.

수온이 급속히 상승한 원인에 대해선 밝혀진 게 없다. 그렇다고 가설이나 추론이 없는 건 아니다. 가장 힘을 얻고 있는 것은 북대서양이 열리면서 생긴 일이라는 주장이다. 대서양의 확장으로 지금의 대서양 중앙해저산맥이 물에 잠겼고, 이때 엄청난 에너지가 방출되면서 심해까지 금세 수온이 상승했다는 것이다. 지각 아래 맨틀의 대류로 용암이 북미와 유럽(대륙)판 사이의 산맥을 따라 해저를 뚫고 분출했다는 이론이다. 동시에 지상의 화산폭발이 해안가 얕은 바닷물을 데웠다. 이런 수온상승이 바닷물의 순환에도 변화를 가져왔다는 것이다.

5000만 년 전, 유럽 북서부의 바다에서는 현저하게 빠른 속도로 수위와 해류의 변화가 일었다. 주로 대서양 중앙해저산맥이 지퍼처럼 북쪽으로 열린 탓이었다. 여전히 프랑스에서 영국 땅을 거쳐 페로스 군도, 그린란드까지가 다리구실을 하며 대륙을 연결하고 있긴 했지만, 대륙을 움직이는 힘이 아메리카 대륙판의 동쪽에 균열을 일으키면서 유럽 쪽에서는 영국이 섬으로 떨어져나갔다. 해수면은 수백만 년마다 상승과 하락을 반복하고 있었다. 바다의 수위가 높아질 때는 런던점토층London Clay[2] 같은 퇴적층을 형성하고, 수위가 낮아지면 거친 모래가 쌓였다. 화석기록을 살펴봐도 주기적으로 동물과 식물이 파동에 반응한 사실이 드러나, 이를 통해서도 환경변화를 추측할 수가 있다.

오늘날 전 세계 해양생명체는 남획과 오염의 위협에 직면해 있다. 무분별한 양어장도 어족집단에게 극적으로 해를 끼치고 있다. 모든 생명체의 먹이사슬에서 중대한 역할을 하는 식물성플랑크톤에게 영향을 주고 있다. 팔레오세 끝 무렵 육지와 바다를 지배했고, 이후 지구를 2000만 년간이나 고온상태로 몰고 갔던, 그런 변화의 일부가 기이하게도 재현되고 있는 셈이다. 5500만 년 전에서 3500만 년 전 사이, 지구는 육지와 바다 할 것 없이 엄청나게 동·식물 집단이 번창해 다양성이

---

2. 런던 분지의 점토층으로 신생대 제3기 에오세 때 쌓인 지층으로 알려진다.

정점에 달했다. 변동하는 온도와 해수면, 여타의 환경변화가 보이는 지속적인 리듬을 타고 지구 스스로 평화를 확대해가는, 상대적으로 평온한 시기였다.

공룡 멸종사건이 터진 이래, 에오세 2000만 년 동안 지구온도는 지속적으로 상승을 했다. 그리고 종의 숫자라는 측면에서 동·식물상이 절정에 이르며 꽃을 피웠다. 극지방에 빙하도 없었고, 해수면뿐만 아니라 대기 중 이산화탄소 농도가 오늘날보다 훨씬 높았다. 수만 년마다 발생하는 홍수로 유럽의 북해가 넘치고 강어귀에 많은 퇴적물이 쌓였다. 독일 라인강이 베스트팔렌Westfalen에 엄청난 퇴적층을 형성하는 동안, 영국의 템스강은 서쪽부터 런던점토층을 쌓고, 프랑스 세느강은 파리 남부부터 퇴적층을 남겼다. 이 세 '강'은 지금 우리가 알고 있는 것처럼 500m의 폭을 가진 강이 아니었다. 인간이 만든 제방이 자연적인 범람원 범위에 대한 개념을 오해하게 만든 것이다.

이런 강의 범람원 확장범위는 엄청나서, 수백 km에 걸쳐 물이 흥건한 늪지부터 아주 얕은 물, 물살이 거센 개울에 이르기까지 다양하게 생물서식지를 구성했다. 해수와 담수의 비율도 다양한 환경적 특성에 따라 달랐다. 이런 종류의 퇴적 결과물 중에서 가장 오래된 것의 하나로 꼽히는 게 바로 영국 켄트Kent 주 셰피Sheppey섬 북쪽으로 본토의 강기슭에 자리한 런던점토층이다. 썰물 때면 누구든지 해안에서 화석으로 남은 상어이빨이라든지 열대 홍수림의 식물, 열대우림의 리아나 화석을 볼 수 있다.

5000만 년 전, 이러한 에오세 시기 때 해수면이 상승과 하락을 거듭하기 시작했다. 이런 동요는 신생대 제3기가 시작된 이래 완만하게 안정을 보이던 환경에 변화가 일어남을 알리는 첫 번째 신호였다. 지속적인 상승세를 타던 온도가 발을 멈추곤 높낮이를 이루며 오르내리기 시작했다. 유럽에서는 약 4000만 년 전, 온도가 치솟기도 했다. 런던, 파리와 본 사이의 저지대가 그중에서도 가장 무더웠으며, 영국 남부, 독일과 프랑스 지역 대부분이 열대우림으로 뒤덮였다. 해수면이 상승, 육지를 연결하는 다리구실을 하던 곳까지 물이 들어참으로써 라인분지로부터 런던-파리분지가 분리되었다. 그러곤 이후 수십만 년간은 다시 해수면이 낮아져 굳건하게 육지가 연결되기도 했다. 영국이라는 섬과 유럽본토 사이의 연결다리는 이처럼 파동을 그리며 노출과 침수과정을 반복했다. 이런 현상은 열대의 날씨로 달아오른 1000만 년 동안 수차례나 반복되면서 주기를 형성했다. 그 후의 기후는 서서히 추워지는 쪽으로 동요하기 시작했다.

에오세 때 유럽 북서부에 기후변화가 있었다는 견해를 확실히 증명해준 건 다름 아닌 1980년대 북해석유개발사업의 일환으로 시행된 지질탐사였다. 굴착기를 사용하여 연근해 얕은 바다의 점토층에 뚫은 시추공 수천 개에서 나온 코어들은 수많은 종류의 생물학적 다양성과 집중도를 그대로 보여줌으로써 그 옛날의 주기적인 변화를 일깨워주었다. 육지식물의 꽃가루가 그러했듯이, 연체동물과 완족류腕足類에 속하는 조개들이 다양하게 나타나고 플랑크톤이 번성했다는 점은 그 같은 기후변화와 상관관계가 아주 높았다. 결국 완만하게 온도가 상승하는 시대가 막을 내렸다. 에오세가 끝나는 3500만 년 전의 기후변화를 탐구해보면, 한결같던 지구의 주기가 그때부터 냉각기로 접어들기 시작했다는 사실이 드러난다.

바다에서 솟아오른 아틀란티스

1995년의 어느 날, 개인적으로 일어난 사소한 사건이 인간이라면 누구나 매료될 만한 영역으로 나를 이끌었다. 바로 잃어버린 세계, 아틀란티스에 관한 것이었다. 노르웨이 오슬로대학교의 동료, 스베인 마눔Svein Manum으로부터 작은 소포 하나가 내 사무실로 배달됐다. 작은 비닐봉지들이 담긴 소포였다. 각각의 봉지에는 몇 g에 불과한 퇴적물 시료들이 들어 있었다. 해저면 아래 350m까지 뚫어서 얻은 암석 코어 시료였다. 해수표면에서 따진다면 수심 2km에 해당하는 깊이에서 나온 것이었다. 출처는 북대서양에서도 가장 북쪽인 스피츠베르겐 섬과 그린란드 사이의 북위 80도 부근 지점이었다. 이전까지 한번도 시료가 채취된 적이 없는 곳이었다. 빙산으로 인해 심해에 시추공을 뚫기가 너무 위험스러웠기 때문이었다. 하지만 최근에는 장비를 갖춘 최신식 시추선 덕택에 시추가 가능한 형편이었다. 그 코어는 바로 해저지각시추프로그램ODP, Ocean Drilling Program을 위한 시추선, 조이디스 리솔루션JOIDES Resolution호가 1994년 8월에 시추해서 얻은 것으로, 스베인과 그의 동료들이 플랑크톤뿐만 아니라 다량 함유된 화석 꽃가루를 연구하고 있던 셰일[점토암]의 일부였다. 꽃가루를 통해 얻은 식물지식과 코어에서 나온 증거를 가지고 우리는 그것의 퇴적시기와 고위도 지역의 당시 환경에 대해 무언가 말을 할 수 있었다.

내가 받은 50개의 시료는 시추공의 아래쪽 절반에서 거의 4m 간격으로 채취한 것들이었다. 다시 말해, 해저면 아래 350m를 시추한 코어의 아랫부분으로 3300만 년 전에 쌓인 퇴적물이 담긴 부분이었다. 가장 최근에 축적된 부분은 시추공의 꼭대기를 기준으로 150m를 내려간 위치에 쌓인 것으로 정확히 1000만 년 된 것이었다. 그런 퇴적물로부터 얻은 내용은 지질학자나 기상학자들이 제시한 증거를 통해서도 확인되고 있다. 3500만 년 전, 그린란드와 스피츠베르겐부터 노르웨이 북쪽까지 열리고 있던 새로운 대서양은 폭풍우도 거센 해류도 없이 따뜻한 바닷물이 찰랑거리고 있었다. 그러다가 두 대륙 사이의 한중간에서 천천히 소용돌이가 일며 바다가 낮아졌다. 이윽고 해저면이 파도를 가르며 솟구쳐 올랐다. 대륙이 이동하면서 바다가 확장되자 그린란드가 노르웨이에서 떨어져 나갔고, 약 15km의 폭에 500km의 길이를 갖는 새로운 섬이 떠올랐다. 고지대도 없고 단지 낮게 드리운 늪지 같은 땅에 불과한 섬이었다. 어떤 다른 대륙의 땅덩이에서도 멀리 떨어져 있었거나, 그도 아니면 대륙붕이었다. 대서양 중앙해저산맥에서 솟아오른 이 이름 없는 땅은 분명 실재하던 대륙이었다.

비닐봉지에 담겨온 시료들을 검토한 결과, 화석 꽃가루는 정확히 2300만 년 동안 침엽수림이 울창하게 성장한 걸 일러주었다. 현화식물은 매우 드물어 숲의 가장자리나 개활지에서만 일부가 자란 걸로 나왔다. 대신 상록침엽수와 양치류들만이 무성하게 자랐던 것이다. 오늘날 어떤 곳에서도 찾아볼 수 없는 특이한 장소였다. 멕시코만류가 흘렀던 것도 아니고 바람도 없었을 뿐더러, 정적 속에서 나무들만 빽빽하게 자랐다. 북쪽으로 갈수록 태양고도가 낮아졌다. 그래서 밝은 여름이 오래 지속됐고, 이어진 겨울은 3개월간의 암흑천지였다. 그래도 날씨는 여전히 추위도 없이 화창하고 따뜻했다. 그곳에 포유류가 살았다는 증거는 없다. 하지만 포유류가 살았더라도 기이할 정도로 울창한 삼림에 의해 좌우되는 독특한 삶을 누렸을 것이다. 울창한 침엽수가 만들어내는 그늘 때문에 여름조차 어두웠을 테고, 태양이 없는 겨울은 암흑 그 자체였으니 말이다. 이 섬의 가장자리에는 소금기가 많은 습지와 질퍽한 갯벌이 형성돼 있었다.

식물이 섬을 차지하고 있는 가운데, 이 을씨년스러운 장소는 환경변화의 위기도 없이 2300만 년 동안이나 그렇게 자리하고 있었다. 유럽대륙의 더 남쪽에서 발굴된 증거로 봐도, 이렇듯 굳건하게 울창한 삼림을 이룬 곳에는 주기적으로 찾아오는 추위조차 별다른 영향을 끼치지 못했다. 대서양 중앙해저산맥이 자리한 해저의 복잡한 지질학적 결과로 솟아올랐던 이 작고 고립된 대륙은 지금으로부터 1200만 년 전, 파도 속으로 가라앉으면서 결국 되돌아갔다. 현재 이 대륙은 스피츠베르겐 섬과 그린란드 사이 중간쯤, 수심 2km 위치에 호브가드리지Hovgaard Ridge[호브가드해저산맥]라는 이름으로 살아있다.

그리스의 철학자 플라톤에 따르면, 잃어버린 대륙 아틀란티스는 홍수와 지진 등으로 무참히 파괴되었다. 그리고 아직까지 찾지 못하고 있다. 기원전 9600년보다 훨씬 이른 시기였고 도시가 없었다는 점만 **빼**면, 그 전설은 호브가드리지라는 대륙 이야기에 부합한다. 지리학자, 역사학자 및 고고학자들에게 플라톤의 전설은 매력적인 얘기였다. 그들은 사라진 대륙의 존재를 밝혀줄 과학적 증거를 찾기 위해 진지하게 모든 노력을 경주했다. 지리적 위치만 해도 100군데 이상이 제시됐는데, 대부분 지중해와 대서양, 아메리카 대륙 부근을 꼽았다. 하지만 그 누구도 수용할 수 없었다. 그러면서도 아틀란티스의 실재 여부를 놓고 기이할 만큼 점점 더 그 신화를 진지하게 받아들이고 있다. 신화의 판타지는 냉혹한 과학적 증거에 의해 파괴된다. 그렇지만 나는 플라톤의 이야기가 그대로 살아남을 것으로 확신한다.

3500만 년에서 2300만 년 전의 시기에 해당하는 올리고세는 상대적으로 다루기 쉬운 시기였다. 최고조에 달했던 온실효과도 하강곡선을 그렸고, 수많은 생명체집단이 최대의 다양성을 보여주는 지점에 다다랐다. 극지방에 빙하도 없어서 남극대륙은 긴 여름과 짧은 겨울을 보이는, 숲이 무성한 하나의 온대성 섬이었다. 따뜻한 바다가 넘실대는 북극해에는 여름과 겨울이 교차하며 계절이 지나갔다. 이런 남극과 북극 사이에서 적도 부근의 기후는 뜨거운 상태가 지속되었다. 오늘날의 기상상태와 유사하게 말이다. 어디에선가 아주 서서히 냉각되는 조짐이 일자, 기후에 의해 작은 범위의 생태계가 늘어나기 시작했다. 그 결과 차가워지는 극지에서 새로운 환경이 전개되는 것과 더불어 지구는 열대 및 아열대림

생태계, 사막과 난대성 생태계, 온대 생태계를 비롯한 여러 거대 지역들로 뒤덮이게 되었다.

올리고세 동안은 생물학적으로 활기가 흘러넘쳤다. 거대해진 대륙에선 포유류 종 및 과가 규모면에서 절정에 달했으며, 바다도 훨씬 따뜻해져 어류와 플랑크톤 과의 수가 그 이전이나 이후에도 볼 수 없던 수준으로 늘어났다. 물론 변화가 없는 것은 아니었다. 외관상으로는 평온해보이기 만 했던 퇴적층 속에서 온도와 강우량을 포함해 제반 기상조건의 동요를 엿볼 수가 있다. 그렇더라도 올리고세라는 따뜻한 세상은 지구 생명역사 상 가장 평화롭고 안정된 시기였다. 분명히 환경에 변화를 가져올 만한 큰 사건도 없었으며, 거대한 운석의 돌진도, 대륙의 충돌도 없었다. 훌륭하 게 제어되는 방식 속에서 진화의 기계가 효율적으로 작동했다. 완벽하게 시간을 맞춘 톱니바퀴가 부드럽게 맞물려 돌아갔다. 지구가 최대의 성공 을 거둔 시기였다.

마이오세의 냉각 리듬

단조롭게 작동하던 이 기계는 점차 조정을 위한 냉각이 필요했다. 대기 중 이산화탄소는 히말라야같이 새로 형성된 산맥의 암석과 화학작용 을 일으키면서, 또 증가하는 광합성 작용에 의해 소진되어 갔다. 그와 함께 특이하게도 화산활동이 수천만 년 이상이나 멈춰버려 여유분을 비축하지도 못했다. 움직이는 대륙이 해류를 새롭게 바꿔버리는 것처럼 그런 힘이 또 다른 기후변화를 불러왔다. 서로 다른 생명체, 환경 및 기후가 다양하게 뒤섞여 버리는 변화가 아주 느린 속도로 진행되었다. 지구가 냉각되는 와중에도 종종 수십만 년간 지속되는 온난 주기가 끼어들기도 했다.

엄청나게 분화한 동·식물들이 그곳에서 변함없이 진화과정을 밟는 데 지장이 없을 만치 적도의 기후는 한결같은 상태를 유지했다. 열대 및 아열대의 생태계에 대해 알려진 것은 많지 않다. 그런 지역에 남은 잔해나 유물 대부분이 침식과정을 겪으며 훼손되었고, 위험을 무릅쓰면서까지 불리한 여건에 놓인 지역을 탐사할 수 있는 전문가는 소수에 불과하기 때문이다. 우리가 보유한 자연사와 관련된 사건 자료 대부분은 선진국에서 나온 것들이다. 2300만 년 전에서 500만 년 전까지의 기간에 해당하는 마이오세에 대해 우리가 가진 지식의 많은 부분은 유럽의 갈탄 광산들을 통해 얻은 내용이다. 많은 유럽 전문가들은 갈탄 속에 남아있는 동·식물의 흔적을 연구하는 데 힘을 쏟으며 자신의 일생을 보낸다. 냉전이 종식되자, 소비에트 제국의 수많은 전문가들은 1930년대 이래 어두운 검열의 시대를 거치면서까지 축적한 대량의 정보와 견해들을 공개할 수 있었다. 지금은 자료가 넘쳐나고 있다. 북쪽에 치우친 채로.

마이오세 초기, 아니면 그 직전이 될 수도 있다. 북쪽 대륙을 관통하며 발생한 조그만 사건 하나가 있었다. 오래전 P-Tr(페름기-트라이아스기) 대량멸종사건이 터진 이래, 2억5000만 년 동안 지구라는 행성에서 볼 수 없던 현상이었다. 바로 결빙이었다. 우리가 이를 처음으로 파악한 것은 꽃가루를 분석해 표로 만들면서였다. 야자나무 꽃가루가 갑자기 사라져버렸기 때문이었다. 야자나무는 전 세계 식물상을 파악하는 데 중요한 위치를 차지해 왔다. 영하의 온도에선 살 수 없는 식물이기 때문이다. 2500만 년 전쯤 돌연 이 특별한 야자나무 꽃가루가 지구 북쪽지역에서 모습을 감춰버렸다. 온기를 좋아하는 이 나무가 당시 북쪽에서 사라진 건 물론이고, 아열대림에서도 살아남은 게 드물었다. 지금은 꽤 추운 북극해 근처로는 우리에게 친숙한 침엽수와 낙엽활엽수가 혼재된 북방

혼효림混淆林이 자리를 잡아갔다.

　너무 기이하게 관측되는 사실은 그런 숲에는 특정 과에 속하는 침엽수들이 아주 높은 비중을 차지하고 있어야만 했다는 점이다. 지금은 거의 멸종되고 없지만 그런 침엽수들이 광범위하게 서식지를 넓혀갔다. 그중 아주 협소한 지역에 제한적으로나마 현재까지 살아남은 게 바로 낙우송과落羽松科 Taxodiaceae[3].의 나무들이다. 낙우송과에서 가장 널리 알려진 나무로는 미국 캘리포니아에 숲을 이뤄 아메리카삼나무로 불리는 세쿼이아속Sequoia과 플로리다의 사이프러스 습지를 구성하는 낙우송속Taxodium을 꼽을 수 있다. 동남아시아엔 깊은 숲속에 꼭꼭 숨어 자연 속의 개체수가 극소수에 불과한, 하나의 종만 가진 속들도 몇 가지가 있긴 하다. 그중에서는 두 가지 형태가 가장 잘 알려져 있는데, 길가 쪽 정원수로 폭넓게 사용된다. 하나는 메타세쿼이아속Metasequoia으로, 먼저 화석으로 소개된 뒤에야 살아있는 종이 발견되었다. 또 하나는 추위를 싫어하는 금송속 Sciadopitys으로, 왜금송Japanese umbrella pine이 이에 속한다.

　개중에는 멸종한 것도 있으나 위의 속들은 마이오세와 그 뒤를 이어 400만 년 지속된 플라이오세 기간 동안, 확장일로에 있는 북반구 온대 생태계에서 중요한 역할을 했다. 북쪽의 캐나다로부터 그 아래 캘리포니아까지, 북쪽 그린란드로부터 밑으로 영국해협까지, 북쪽 시베리아에서 밑의 베트남까지, 그것들은 지형에 이채로운 요소들을 가미시켰다. 세쿼이아는 산과 구릉지대에서, 왜금송은 격리된 계곡에서, 낙우송속의 나무들은 습지대에서 자랐다. 물론 모두 다른 침엽수 및 낙엽 현화식물과 뒤섞여 자라긴 했다. 그러나 대개 낙우송과 나무들이 지배집단을 이뤘다.

　마이오세 기간 동안 유럽의 고지대는 오늘날의 캘리포니아와 매우

---

3. 겉씨식물 구과목(毬果目)에 속하는 과로, 가시모양 또는 선형(線形)의 잎이 나며 소나무과에서 볼 수 있는 짧은 가지는 없다. 현재는 9속 15종이 남아 있다. 1속 1종이 대부분이고, 속간 유연도(類緣度)가 낮기 때문에 독자성이 강하다. 속에 따라서도 각각 격리되어 각지에 분포한다.

유사했으며, 저지대는 플로리다의 습지대와 더 닮아 있었다. 갈라진 대륙으로 인해 종과 일부의 속은 서로 다른 진화의 길을 걸었다. 그러나 식물의 전체 구성은 별반 차이가 없었다. 포유류 또한 진화적으로 같은 가지에서 비롯된 DNA를 공유했으며, 분화의 많은 부분이 그들이 둥지를 튼 숲의 종류에 의해 좌우되었다. 세쿼이아속 나무들의 숲과 낙우송속의 습지만이 거대하게 펼쳐진 북쪽의 단조로움 속에서는 그들의 진화를 위해서도 어느 정도 제동이 필요했다. 그건 두 가지 방식으로 일어났다. 하나는 5000만 년 전, 에오세 때 시작된 기상조건의 동요 속에서 변이를 증가시키는 방식이었다. 그리고 나머지 하나는 좀더 시간이 흐른 뒤 미 대륙과 아시아의 초원에서 그에 맞게 진화하는 방식으로, 이는 동물의 먹이섭취 양식에 극적으로 영향을 끼친 방식이었다. 마이오세 때는 100만 년씩 온난기가 지속된 후, 극지방에 얼음을 형성할 만큼 매서운 추위가 강습하는 일이 되풀이된 것 같다. 결국 극지방이 만년설로 뒤덮이고, 양 극지 사이에 놓인 곳의 환경이 두드러지게 다양한 분포를 보였다.

주기의 정점에서 보인 상황 중 하나는 약 1200만 년 전의 일로, 당시 유럽의 기후가 비정상적으로 따뜻했다는 점이다. 추위에 민감한 침엽수인 금송조차 수와 분포 면에서 최고치에 도달할 정도였다. 따뜻한 기후를 좋아하는 낭창낭창한 관목과 연약한 양치류들이 위에서 기술한 식물상 속에 엄청나게 나타났다. 그 종류가 20종에 달할 정도였다. 지금과 똑같은 상황으로 치자면, 그렇게 되기 위해서는 따뜻한 기후뿐만 아니라 많은 비가 요구된다. 또 유럽의 환경 일부가 그런 조건을 충족시켰다는 추론이 가능하다. 이러한 가설을 뒷받침하는 화석 가운데 가장 설득력이 있는 것 중의 하나는 몇 년 전 덴마크에서 발견된 1200만 년 된 바나나열매였다.

계절이 좀더 양극화되자, 이는 생물학적으로도 각각의 새로운 상황에 맞춰 다양한 특성을 갖게끔 자극했다. 1년생 초본류로 진화하는 식물이 나타났을 뿐만 아니라, 계절에 따라 낙엽을 떨어뜨리기도 했다. 그런 다음, 1000만 년 전쯤에는 결국 북미 및 아시아 일부 지역에서도 대초원이 나타났다. 동물이 풀을 뜯어먹기 시작하면서 목도 땅을 향해 구부러지는 조짐을 보였다. 대초원이 펼쳐졌다는 건 초지와 개활지에 새로 등장한 포유류에게는 좋은 소식이었으나, 활엽수림에서 높이 달린 잎사귀를 따먹는 데 적응한 동물로서는 나쁜 소식이 아닐 수 없었다.

마이오세 말기에 이르자, 높은 가지에 달린 새 잎을 따먹던 동물들이 온대지역에서는 거의 완전히 자취를 감추고 말았다. 극소수만이 열대 부근의 적합한 장소를 찾아 떠나갔다. 2000만 년 이상의 기간 동안 이런 포유류는 계속 쇠퇴의 길을 걸었다. 두 포유류 집단이 나뉜 것은 비단 목의 문제만이 아니었다. 이빨 문제도 있었다. 풀을 뜯는 동물이 커다란 나뭇잎을 씹을 이유는 없었다. 풀을 물어뜯어 으깨지 않고 조각만 낸 채 전체를 그냥 꿀꺽 삼키고는 천천히 소화를 시켰다. 이 새로운 초식동물의 이빨은 다른 형태로 적응을 했던 것이다. 날카로운 앞니는 아주 효율적으로 풀을 끊어낼 수 있었다. 풀은 종종 넓은 나뭇잎과는 아주 다른 식량이 되곤 했다. 최근 생화학 분야에서는 당시의 풀들이 다른 방식으로 광합성을 했다는 연구결과를 제시했다. 생화학 합성물을 이용해 단단한 결정체를 생산했다는 것이다. 또한 그렇게 단단해진 식물조직이 생존에 도움이 되었다는 내용을 담고 있었다. 대기 중 이산화탄소 농도가 낮았기 때문에 생긴 결과로 보았다. 광합성 작용에 생화학적인 변화가 있었다는 것이다. 고대의 화석토양 및 말 이빨화석의 화학적 조성을 보면, 위에서 말한 변화들이 800만 년 전에서 600만 년 전 사이에 일어났다는 사실을 알 수 있으며, 다른 증거에 비춰봐도 풀들이 거칠어지는 쪽으로 새롭게 진화한 게 분명하다는 논지였다.

하지만 인상적인 이 학설은 현재 많은 비판을 받고 있다. 지나친 단순화도 한몫을 한 것 같다. 따라서 다른 학문분야의 의견이 요구되는 형편이다. 어려움 하나는 초본류가 화석으로 남는 게 쉽지 않다는 점이다. 꽃가루도 우리 연구진이 가진 게 거의 전부이다시피 하거니와 꽃가루 화석기록조차 마이오세 및 플라이오세 동안 아주 사소한 변화밖에 없었다는 걸 보여준다. 관목 투성이의 땅 및 새로 형성된 숲과 관련짓더라도 모든 증거가 개체수의 증가만을 보여줄 뿐이었다.

대기 중 이산화탄소 농도가 저하되고, 온실효과의 감소 여파로 기온이 떨어진 점만은 분명하다. 그게 어느 정도 광합성 작용의 생화학 및 생리적 변화를 유발하는 계기로 작용했다는 것도 옳은 얘기 같다. 또한 지구물리학 분야에서 나온 증거도 몇 가지가 있다. 풀을 뜯어먹었던 말의 이빨화석과 화석토양에서 발견되는 동위원소들은 서로 아귀가 맞아떨어진다. 즉 넓은 잎의 식물은 그런 것을 즐겨먹던 동물의 이빨화석과 함께 발견되고, 풀을 뜯던 동물은 거친 초본류와 같이 발견되는 일이 많다. 나뭇잎을 따먹는 데나 적합한 이빨을 가진 동물들에게 거칠기만 한 풀이 먹이가 될 리 없었다. 결국 대초원이 펼쳐지면서 멸종되었던 것이다. 활엽식물과 초본류의 광합성작용에 차이가 있었으나, 그것이 이산화탄소 농도 때문이었는지의 여부는 아직까지도 명확하게 드러난 게 없다. 따라서 그와 같은 상관관계를 밝히기 위해서는 보다 많은 연구가 필요하다.

우리가 익히 아는 것처럼 지구의 온도변화를 야기하는 주범인 대기 중 이산화탄소의 역할을 놓고, 이에 대한 연구에 도전을 시작한 전문가들이 있다. 그러나 그들이 먼저 살펴봐야 할 일은 해류의 변화를 포함해 지구 북반구와 남반구 사이에서 벌어지는 복잡한 상호작용이다. 초본류의 진화 및 광합성 생성물의 생화학적 변화에 관한 추론이 불확실성 속에 빠진 사실만 봐도 이런 복잡계를 연구하면서 혼란에 빠질 것은 의심할 바가 없다. 포유류가 어떻게 몸집이 커지고, 그들 중 일부는 또 어떻게 해서 나뭇잎을 따먹다가 풀을 뜯게 되었는지 이해하려면 좀더 시간을 갖고 기다려야만 할지도 모르겠다.

냉실 세계를 향하여

어느 온실내부로 햇볕이 쏟아지면, 일부 에너지는 식물과 바닥에서 흡수되고 나머지는 잎사귀 등을 통해 위로 반사된다. 하지만 온실을 감싼 유리가 이를 다시 내부로 반사시키고, 이것이 재반사되는 과정이 반복되면서, 온실은 열을 흡수해 에너지를 가두는 하나의 방이 된다. 온실효과는 대기 중에 이산화탄소와 다른 큰 분자들이 높은 수준으로 존재할 때 그 효과가 커진다. 그것이 온실의 유리와 같은 구실을 하면서 식물과 지표면의 온도를 올리는 것이다. 낮은 수준의 이산화탄소는 이런 식의 반사를 통한 에너지 집적 역할을 하지 못하기 때문에 태양에너지를 창공으로 날려버리고 만다. 이것이 지구에 냉실 세계가 찾아온 특징적 원리다.

대기 중 이산화탄소 수준이 계속 떨어져, 마침내 사건이 시작된 건 마이오세 끝 무렵이었다. 에오세 때 조짐을 보인 기상의 냉각 움직임이 계속되면서 결국 결빙온도로까지 떨어지게 되었다. 이는 대기 중 이산화탄소 농도 변화를 온도저하에 따른 것으로 보면서 상당한 신뢰를 얻고 있는 또 다른 가설의 근거가 되기도 한다. 냉실이 형성되는 과정은 보다 복잡했을 것이다. 이미 언급한 바 있는 북반구와 남반구 간의 상호작용도 무언가 한몫 거들었을 것이다. 그러나 지난 3500만 년 이상 지구가 냉각된 이유는 마이오세 수준 이하로 저하된 이산화탄소 농도 때문이라는 설명이, 지금은 보다 설득력을 얻고 있다. 그처럼 간단명료한 견해가, 지난

2~300만 년 이상 지구가 극도로 냉각돼 빙하시대까지 도래한 사실을 설명해줄 수 있는지는 별개 문제다.

빙하시대가 닥친 이유 또는 원인들은 아직까지도 불명확하다―지난 500만 년 이상 지구 밖 외계에서 일어난 변화들도 그런 난해한 수수께끼에 한몫을 하고 있다. 그런 원인에 대해 명확한 답을 갖고 있지도 못하거니와 천문학, 물리학, 생물학, 그리고 기상학 등, 여러 학문분야로부터 나온 어떤 경향성을 확실하게 통합할 수도 없는 게 당연하다. 어쩌면, 또 다른 자기조직계가 발견을 기다리고 있는 건 아닐까?

빙하시대를 밝혀내려고 시도한 초기 연구에서 가장 중요한 작업 중 일부가 제2차 세계대전 이후 케임브리지대학교에서 시행되었다. 식물학 연구소의 소장이자, 넓게 펼쳐진 영국동부 땅과 그곳의 식물상을 사랑하던 교수, 해리 고드윈 경Sir Harry Godwin이 그 주축이었다. 북해의 높은 파도와 해류로부터 비옥한 농지를 보호하려고 수세기 전, 늪의 물을 다 빼버린 케임브리지의 북동부 지역은 습지대를 이루고 있는 곳이었다. 현재도 영국동부지역 대부분과 네덜란드 땅은 그런 방식으로 개간이 된다. 생태학적으로 변화가 이는 곳은 고드윈이나 네덜란드의 꽃가루 전문가인 반 데르 하멘van der Hammen 같은 이들의 꽃가루 연구를 자극하기 마련이다. 한번 빙하시대가 도래해 기상이 요동치게 되면, 추위가 따뜻한 숲까지 몰아치면서 생태계는 결빙과정을 거쳐 영구동토로 바뀐다. 그 후 [간빙기가 닥쳤다가] 다시 처음으로 돌아가 다음 결빙이 이어진다. 이런 연쇄를 거치면서 얼지 않는 동안에는 일련의 아주 특징적인 동·식물상의 변화가 나타난다. 간빙기에 추위―더위―추위가 반복되면서 생태학적 천이遷移에 변화가 이는 것이다.

그 당시 고드윈과 반 데르 하멘은 물 만난 고기였다. 제자들은 모든 빙하시대 때 일어난 일을 구체적으로 파악하는 작업에 계속 몰두했다.

동료들과 함께 그들은 K-T 재앙 이후 및 간빙기 때 퇴적된 장소 수백 곳에서 나온 꽃가루 수를 세고 기록을 했다. 수백만 년 전 빙하기 사이사이에 연속적으로 일어난 생태적 변화에 관한 그림이 그려졌다. 1970년대에 이르자 변화에 관한 밑그림이 좀더 분명하게 그려질 수 있었던 것 같다. 따라서 신생대 제4기 홍적세(플라이스토세) 동안 북유럽 땅에 4~5차례의 빙하기가 내습했다는 데 의견의 일치를 보았다. 그들은 장소를 수천 개로 잘게 구획함으로써 작은 조각들로 구성된 증거를 제시했다. 그렇지만 시간이 오래된 순서로 제시했음에도 그 실제기간은 단지 수천 년에 불과했다. 또 그중에는 퇴적물의 생성연대가 분명치 않은 것도 적지 않았다. 게다가 고드윈 연구진은 모든 게 너무 산산조각 났다는 데 동의까지 하는 입장이었다.

그러다가 충격적인 일이 발생했다. 심해에서 뽑아 올린 코어들을 계속해서 이용할 수 있게 되자 그런 견해들이 일거에 무너져버렸다. 160만 년이라는 빙하시대 전체 윤곽이 차츰 드러났던 것이다. 다양한 기술에 힘입어 코어의 생성연대가 정확히 밝혀졌다. 빙하기와 간빙기가 반복적으로 이어지는 동안 중간에 공백 없이 계속 퇴적물이 쌓여, 작은 화석들로 그득한 코어들은 퇴적물이 형성될 당시의 환경을 재구성할 수 있게 해주었다. 한 가지는 금세 명확해졌다. 즉 지난 200만 년 동안의 기후변화가 생각했던 것보다 훨씬 복잡했다는 점이다. 육지의 증거를 토대로 간파한 것보다 훨씬 많이 요동쳤던 것이다. 지난 100만 년 동안 주요 빙하기가 4~5차례 닥쳤던 것이 아니라, 적어도 10차례는 있었던 것으로 생각된다.

케임브리지대학교 고드윈의 후배 중에는 닉 섀클턴Nick Shackleton이라는 사람이 있었다. 그는 해저지각시추프로그램ODP의 결과로 얻어진 해양 플랑크톤의 나이를 계산하는 데 관심을 가진 과학자였다. 특정 플랑크톤

종의 외피에는 시간이 흐른 뒤에도 여러 산소동위원소들이 남는데, 그 비율을 측정해 그는 아주 정확하게 온도변화를 산출해냈다. 다른 전문가들이 제시한 자료와 함께 그의 연구 결과는 빙하시대 중 지난 50만 년 동안의 전체 주기가 본질적으로 동일한 주파수를 그렸음을 보여주었다. 즉 한 주기가 매번 약 10만 년 단위로 그려지고 있었던 것이다(그림 4.3 참고). 이런 변화의 규칙성은 그들로 하여금 태양을 도는 지구 공전궤도의 형태변화가 그런 일을 야기한 것으로 생각하게 만들었다.

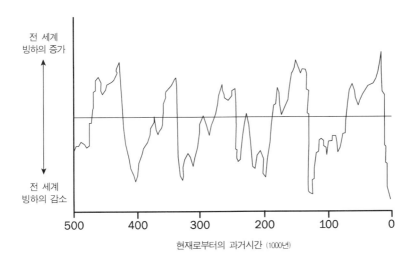

전 세계 빙하의 증가

전 세계 빙하의 감소

현재로부터의 과거시간 (1000년)

그림 4.3 과거 50만 년 동안의 온도변화 곡선
정점에서 다음 정점까지의 시간이 한 빙하기의 주기를 나타낸다. 태양을 도는 지구궤도의 형태변화로 인해 빙하기가 도래했다고 한다. 남극대륙의 러시아 보스토크(Vostok) 기지 빙하를 시추한 코어로부터 해양 미생물화석을 채취, 미생물 외피에 남은 산소동위원소를 분석해 얻은 자료다. (Schrag, 2000)

이는 지구와 태양 간의 천문학적 변화가 빙하시대를 야기한 것일 뿐, 전혀 새로울 게 없다는 견해였다. 1875년, 스코틀랜드 자연과학자인 제임스 크롤James Croll은 태양의 복사에너지가 10만 년을 주기로 변하기 때문에 빙하시대가 도래한다고 발표한 바도 있었다. 즉 지구가 2만 년을 주기로 세차운동歲差運動[4]·을 하고 4만 년마다 지구 기울기에 변화가 생기는 가운데, 지구가 받는 태양복사에너지에 변화가 인다는 것이었다. 1930년 대에는 밀루신 밀랑코비치Milutin Milankovitch라는 세르비아의 공학자가 지구 공전궤도에 변화가 이는 주기의 분포를 파악해냈다. 간략하게 말하자면, 2만 년, 7만 년, 10만 년, 그리고 어쩌면 40만 년의 주기를 보이는지도 모르겠다고 했다. 현재는 태양계의 다른 행성들도 이와 유사한 변화를 겪고, 그것이 지구의 요동에도 영향을 주는 것으로 생각하고 있다. 하지만 속속들이 들여다보면 크롤과 밀랑코비치의 견해에는 몇 가지 커다란 약점이 있다. 지구의 요동이라는 작은 변화가 어떻게 그처럼 엄청난 온도변화를 야기할 수 있다는 말인가? 태양복사에너지가 지구의 북반구와 남반구에 서로 반대되는 영향을 끼치는데, 왜 양쪽에서 빙하시대가 동시에 도래했는가? 한쪽이 겨울이라면 그 반대편은 여름이 아니냐는 것이다.

　밀랑코비치의 그것과는 전혀 다르게 빙하시대의 기원을 설명하는 가설도 있다. 그러나 여전히 태양 쪽에 무게를 두고 있는 가설이다. 공전궤도의 형태변화는 차치하더라도, 태양 주위를 도는 지구의 공전궤도면이 개략 10만 년을 한 주기로 변화를 겪는다는 설이었다. 그렇게 규칙적으로 지구가 다른 궤적을 그리면서 먼지 구름에 휩싸여 태양으로부

---

4. 회전체의 회전축이 중심축 둘레를 도는 현상을 세차운동이라고 한다. 예를 들어 팽이축이 지면에 경사져 있을 때 팽이가 수직축을 기준으로 비틀거리며 도는 현상을 말한다. 지구의 자전축이 황도면의 축에 대하여 2만5800년을 주기로 세차운동을 하는 것으로 알려져 있으며, 이로 인해 지구와 태양 간의 거리가 변한다.

터 받는 복사에너지가 감소할 가능성이 있다고 했다. 지구를 덮는 그런 외계 먼지가 영향을 줄 가능성에 대해서는 다음 절에서 증거를 가지고 논하기는 하겠지만, 지구가 꽤나 냉각된다 해도 과연 그것이 빙하시대까지 불러들일 수 있는가 하는 점에서는 개연성이 없는 얘기다.

지난 4~5년 동안은 빙하시대를 설명하는 제3의 가설을 놓고 이를 뒷받침하는 증거들이 무수히 발표되기도 했다. 150만 년 전에서 60만 년 전 사이 기상의 요동은 오랜 시간간격을 두고 온도변화의 폭이 확대되는 쪽으로 바뀌었다는 것이다. 150만 년 그 이전에는 온도변화 범위가 현재의 빙하주기 속에서 벌어지는 변화의 1/10에 불과했다고 한다. 그리고 요동치는 것도 훨씬 더 빈도가 잦아졌다고 했다. 당시는 변화가 작고 빈발했으며, 최근에는 변화가 크고 느리다는 것이었다. 새로운 가설이란 150만 년 전, 지구 공전궤도가 변하면서 태양과 가장 가까워지고, 이로 인해 적도를 가로지르며 열기가 증가하기 시작하면서 길고도 보다 극단적인 빙하주기에 방아쇠를 당겼다는 설이다.

최근에는 현재의 기후변화를 토대로 북반구/남반구 교환설이라는 아주 새로운 학설이 등장했다. 카리브해에서 북쪽 그린란드까지 따뜻한 해수가 흐르는 것을 묘사하면서 몇 년 전에 제시된 '북대서양 컨베이어'라는 개념이다. 이것을 타고 거대 멕시코만류가 흐르고 있으며, 이 난류가 북극 빙하의 상당량을 녹여 농도가 낮은 바닷물의 확산을 가져오고 있다. 이렇게 되면 해류에 변화가 일고, 이로 인해 북쪽이 아주 빠르게 냉각될 수도 있다는 것이다.[5] 이 학설은 남쪽의 엘니뇨현상에 의한 해류변화로 북반구의 균형이 영향을 받고 있는 데서 착안한 가설이다. 이는 태평양 속 어마어마한 양의 따뜻한 물이 기상을 좌우하는 지배력을

---

5. 빙하가 녹아 북극 바닷물의 농도를 떨어뜨리면 바다으로 가라앉는 속도가 느려져 멕시코만류가 올라오는 데 장애가 되고, 이에 따라 난류가 남쪽에 더 오래 정체됨으로써 북극기온이 떨어진다는 이론이다.

갖고 있다는 뜻이 된다. 북반구와 남반구 간의 상호작용이 100만 년 이상을 극지 온도에 영향을 주고 있을지도 모른다는 것이다.

수백만 년 전부터 수십 년 전까지

아주 정확하게 기후변화를 측정하는 가장 극적이고도 유익한 수단이 되었던 것은 바로 남극대륙의 보스토크와 그린란드의 GRIP 시추공에서 뽑아 올린 두개의 빙하 코어였다. 깊이 3500m가 넘는 시추공에서 얻은 전신주같이 생긴 이 얼음덩어리 코어의 단면에는 그 옛날 대기 중에 떠돌던 공기방울, 화석먼지 및 또 다른 입자들과 함께, 지난 50만 년 이상 빗방울이 실제 응결해 퇴적된 시료들이 들어 있었다. 현대의 공학 및 연대측정기술은 코어 상단부 아래 몇 백 년 된 층은 물론, 꼭대기 근처 10년 안쪽에 형성된 층들조차 그 생성연대를 파악할 수 있다. 이렇듯 호기심을 자극하는 극지의 원천증거는 북쪽과 남쪽의 변화를 비교해 볼 수밖에 없게 만들었다. 북대서양의 멕시코만류와 남태평양의 엘니뇨 사이에 어떤 연결고리가 있는 것처럼 보이는 것과 마찬가지로 극지 코어에서 나온 결과 역시 북반구/남반구 사이에 시소효과seesaw effect가 작용했음을 보여주었다. 북반구가 얼어붙기 전에 남반구가 먼저 수천 년에 걸쳐 점점 따뜻해졌다는 게 드러난 것이다. 이런 주기가 마지막 빙하기 전체기간 동안 이어졌다.

1990년대 후반에 빙하 코어를 연구해 축적된 어마어마한 양의 자료가 이제야 막 공개되면서 많은 부분이 인터넷상으로도 이용가능해지고 있다. 이를 정리하는 일도 지난한 작업이 될 것이다. 예를 들어 우리는 상대적으로 최근인 서기 540년에 발생한 또 다른 기상이변의 증거를

GRIP의 코어가 담고 있는지 여부조차 제대로 알지 못한다. 생물학적으로 파악된 기록으로 보자면, 당시는 변화가 확대된 시기 중 하나였다. 아더왕의 죽음이라든가, 전염병의 창궐, 브리튼 섬에서도 종말을 고한 로마제국 등, 역사적 사건하고 서로 관련을 지을 수도 있다. 중국으로부터 서쪽의 유럽을 지나 북미지역에 이르기까지, 그해에 새겨진 나무의 나이테들은 폭이 좁게 나타난다. 성장의 위축을 말하는 그런 징후는 당시를 전후한 그 어느 때보다 그해 겨울에 비정상적으로 혹독한 추위가 불어 닥쳤음을 의미한다. 질병과 사회적 불안에 맞서 싸워야 했던 북반구 사람들에게는 힘겨운 혼란의 시기였다. 이른바 암흑시대Dark Ages가 시작된 것이었다. 지적으로도 사회적으로도 모든 게 정지된 상태가 수백 년 동안 이어졌다. 땅속 깊은 곳 토탄 속에, 호수의 퇴적물과 토양 속에 감춰져 있는 화석기록으로부터 우리는 여전히 그 침묵의 시대에 관한 증거를 찾아낼 수가 있다. 물론 빙하를 시추한 코어에도 남아있지 않을까?

갑작스런 추위가 몰아친 또 다른 예로는 빙하기 중에서도 가장 최근의 드리아스기Dryas6.에 일어난 사건을 들 수 있다. 1만3000년 전에서 1만1200년 전의 기간 동안, 빙하기의 절정 이후 상승하던 기온이 다시 떨어졌다. 북반구에서 쇠퇴해가던 빙하들이 갑작스럽게 날씨가 추워지면서 다시 확대되었다. 우리가 이를 처음 간파한 것은 쪼그라든 미나리아재비처럼 생긴 담자리꽃나무Dryas octopetala7.라는 식물의 화석잎 및 꽃가루가 많이 퍼진 것을 알게 되면서였다. 그 식물은 현재까지도 한대의 대초원지대에서 잘 자라고 있다. 당시의 추위는 멕시코만류가 갑자기 단절되면서 일어난 일로 생각된다. 그 결과 영국의 연평균기온이 오늘날의 11℃보다

---

6. 유럽식 빙하기 분류법에 따르면 신생대 제4기의 마지막 빙하기인 뷔름기 중에서도 말기에 불어 닥친 한랭기다. 툰드라기로 불리기도 한다.

7. 빙하식물군의 하나로 유라시아와 북미의 극지에서 많이 발견된다. 이 담자리꽃나무가 빙하식물의 대다수를 차지하기 때문에 그 속명을 따서 빙하식물군을 드리아스 식물군으로 부르기도 한다.

훨씬 낮은 −5℃까지 떨어졌다. 멕시코만류가 단절된 이유는 누구라도 추측해볼 수 있다. 만약 북극의 눈과 얼음이 엄청나게 녹아버린다면, 염도가 높은 바다 상층부의 해수를 밀어내 결국 대서양의 순환이 돌연 추위를 몰고 오는 상태로 뒤바뀌게 될 것이다. 일부 전문가들은 이것이 가장 최근의 드리아스 사건을 일으켰다고 말한다. 이런 일이 내일 일어날 지도 모른다는 사람들도 있다.

마지막 빙하기가 절정에 달한 이래 몇 차례 추위가 강습한 사실이 드러나고 있다. 그중에서도 가장 장기간 지속된 게 드리아스기였고, 이것이 북대서양 주변의 유럽과 북미지역에만 제한적으로 영향을 미친 것으로 생각돼 온 게 사실이다. 하지만 아마존강 유역에서 나온 새로운 증거는 당시에 아마존 삼각주의 퇴적물 유출량이 급감했다는 걸 보여준다. 이는 제아무리 열대지역이라 해도 한랭기 동안엔 예상되는, 그런 상황이었다. 어떤 식이 될지는 모르겠지만, 그런 변동과 특별한 원인들을 결부시키는 문제는, 다른 학문분야 및 세계 곳곳에서 나오는 정보를 충분히 확보하는 작업이 간단치가 않기 때문에 쉽지 않은 일이다. 게다가 대서양에서 벌어지는 일이 태평양의 엘니뇨현상과 관계가 있을 수도 있으니 말이다.

추위가 강습하는 사이사이에는 기후변화곡선상에서 정점에 해당하는, 짧고 급작스럽지만 온난기라는 온화한 날들이 찾아왔다. 프랑스가 영국산 포도주의 반입을 금지시키기도 했던 서기 900년에서 1300년 사이, 북쪽 그린란드에서는 소가 방목될 정도였다. 그럼에도 불구하고 좋은 날씨는 그것이 시작될 때 그랬던 것처럼 빠르게 물러갔다. 수확할 거라곤 아무것도 없어 5년 내내 기근이 이어진 적도 있었고, 1340년대엔 흑사병 Black Death[페스트]이 창궐해 행복은 물론이고 온정마저 메말라버리게 했다.

드리아스기보다도 훨씬 더 최근인 1600년대 초엔 북대서양 근처의 온대기후지역이 다시 한번 혹독한 추위를 겪었다. '소빙하기'라고 불리는 이 추위는 1850년쯤까지 계속되었다. 추워진 날씨는 북미지역에서 식물에게도 영향을 끼쳤다. 수가 많지 않았던 버펄로, 즉 아메리카들소에게 유익한 화본과 식물 종이 번창했다. 그러나 말에게는 좋은 상황이 아니었다. 버펄로가 증가하고 말이 수적으로 위축되자, 비로소 동·식물상에 새로운 균형이 잡혔다. 우리는 여러 유화그림을 통해서 부분적이나마, 대서양 반대편 런던의 템스강이 1620년에서 1815년까지 23차례나 결빙되었다는 사실도 알 수 있다.

이런 변화들이 북대서양 쪽에 집중되었다는 것은 인과관계가 특정지역에 치우쳤다는 점을 시사한다. 따라서 이는 외부에 의한 것이라기보다는 지구 내부에서 생긴 변화들이다. 뒤의 6장에서 나는 멕시코만류에 곧 변화가 불어 닥칠 거라는 예상이 어떤 식으로 팽배해 있는지, 또 어떻게 해서 그런 변화들이 현대 인간의 생활방식 때문인 것으로 여겨지는지를 기술할 예정이다. 하지만 드리아스기와 '소빙하기'라는 증거는, 인간이 환경을 그토록 엄청나게 변화시키기 이전에 이미 같은 일이 벌어졌던 사실을 말하고 있는 것은 아닐까? 그렇다면 그 원인이 인간으로부터 비롯된 것인가? 아니면 자연인가? 다음 단계로 똑같은 질문을 북아메리카 버펄로에 관한 이야기에도 적용해보자. 역사적 기록은 1840년대에 들어 기후가 따뜻해지자마자 아메리카인디언들이 버펄로 가죽을 팔아먹기 시작했음을 알려준다. 어떤 견해에 따르면, 버펄로 수십만 마리가 자연의 맹추위 앞에서 폐사했기 때문이라고 한다. 반면 인간의 대규모 도살 탓으로 돌리는 사람도 있다. 아시아에서 넘어간 특정집단의 사냥에서 빚어진 결과라고 했다.

이렇듯 생태학도 인간의 역사, 기후변화, 인간의 문화와 전설 등과 함께 뒤섞여 있기 때문에 하나의 단일 체계로 이해한다는 것은 어려운 일이다. 버펄로의 감소를 놓고 어떤 설명을 받아들일 것인가? 외계의 힘이 일정정도 변화를 자극한 것인가? 공격적인 인간에 의해 변화가 유발된 것인가? 아니면 외계의 먼지구름 때문인가, 태양의 흑점, 알 수 없는 지구 내부의 무엇? 그도 아니라면 아무런 원인도 없다는 말인가? 어쩌면 서로 다른 시간 속에서 장소를 달리하며 이 모든 힘들이 원인을 제공했는지도 모른다. 생태적으로 균형을 이룬 다양한 생태계, 안정된 절정기, 이 모든 게 서로 단단히 묶여 있다가 인간에 의해, 기후의 간섭에 의해 전복된 모습이 수많은 증거들로 나타난 것일 수도 있다. 사건이 휘몰아칠 때마다 지구의 체계는 회복을 했다. 당시의 사건이 다양한 환경변화만으로도 다시 한번 뒤집힐 수 있는 정도라면, 인간의 세대로 치면 몇 세대에 불과한 시간 동안 아주 빠르게 회복한 적도 적지 않았다. 그것이 바로 그토록 많은 일을 겪은 지구가 취한 방식인 것 같다.

이런 수수께끼를 해결할 수 있는 한 방법은 과거 환경 및 생태변화에 관해 가장 믿을 만한 증거를 확보하고, 그것이 어떤 명백한 유형이나 수학 모형을 따르는지 살펴보는 것이다. 멱급수법칙을 논증해보는 것은 물론, 자기조직계라는 개념의 함의를 살펴보고, 지구라는 행성의 거대한 체계가 지닌 복잡성이 지난 6500만 년에 걸쳐 어떤 유형이나 추세를 보이지는 않았는지 고찰해야 한다. 주요 동물과 식물의 과科 집단이 기원해서 팽창하고, 분화의 정점에 올랐다가 결국 멸종의 길을 걷기까지 어떤 명백한 규칙을 따르는 건 아닐까?

페어 박Per Bak이 과학저널 《피지컬 리뷰 레터스*Physical Review Letters*》에 모랫더미 개념에 관한 유명한 논문을 발표한 지 12년이 흐른 1999년, 그 저널은 박의 논증을 종種과 지역의 상관관계에 그대로 적용한 논문 하나를 게재했다. 논문의 목적은 하나의 생태계 속에서 그런 상관성이 자체적으로 제어되는지의 여부를 고찰해보는 것이었다. 즉 지리적 분포에 따른 변화들이 멱급수법칙 및 분홍색잡음 유형을 따르는지 가려보는 내용이었다. 논문 발표자는 캘리포니아 공과대학의 지질학자인 존 펠리티어Jon Pelletier였다. 그의 모형은 종의 수가 지역에 따라 달라진다는 걸 보여주는 데 전혀 부족함이 없었다. 그리고 이미 친숙해진 멱급수법칙과 분홍색잡음도 보여주었다. 이제 이 시기의 주제는 생물지리학이다. 동·식물의 분포에 따른 변화들은 지난 수십억 년에 걸쳐서, 이제는 잘 알려진 자기조직화 유형을 보여준 것 같다. 이런 특징의 파급범위가 어느 정도였는지 이해를 높이려면, 특히 그러한 상관관계 속에서 환경변화가 수행한 역할을 찾아봐야 한다. 이런 새 연구가 가져올 결과는 생태계—동물과 식물, 생태, 기후 등으로 구성된—전체가 자기조직계로 작동할 수 있다는 걸 보여줄는지도 모른다. 생태계가 안정상태에 이르면 진화 및 생태적으로도 사소한 변화만 일 뿐, 모랫더미가 그런 것처럼 생태계는 스스로 자신의 생존을 조절할 것이다.

이름 속에 담긴 뜻은?

전문가들이 멱급수법칙 및 분홍색잡음이라고 이름붙인 여러 특징을 예증한 것과 함께, 진화가 하나의 기하급수적 경로를 따른다는 우리의 새로운 발견이 확인된 후, 우리 연구진은 우리 기술이 가진 잠재력에 대해 조바심을 느끼기까지 했다. 그런 식으로 데이터베이스를 조사한 건 우리가 처음이라는 걸 깨닫게 되면서 자료에서 더 귀중한 내용들을 캐낼 수 있으리라는 기대를 가질 수밖에 없었다. 그래서 진화생물학의 화제를 반영하고 있을지도 모를 또 다른 유형을 찾는 연구로 발 빠르게 이동했다. 대번에 관심은 이 지구상에 살고 있는 동·식물 집단의 어떤 경향성을 찾는 데로 모아졌다. 그들이 기원하고, 다양성이 절정을 보였다가 결국 멸종에 이르게 되는 과정 속에 무언가 공통점이 있지 않을까 하고 말이다.

다양한 배경을 가진 우리들에게 예기치 못한 서광이 비친 건 바로 그때였다. 우리 연구진 중에서 생물학자는 내가 유일했다. 그러니 내게는 '종', '목', '문' 같은 단어가 일상용어로 자리 잡은 게 당연했다. 따라서 동료들에게 "이 지구상에 살고 있는 동·식물 집단의 어떤 경향성을 찾아 달라"고 청하면서 그게 아주 수월한 일이겠거니 생각했다. 하지만 수학자나 컴퓨터공학자, 또는 통계학자에게는 전혀 그렇지 않았다. 그들은 '종'과 '문'이 무언지, 서로 어떻게 다른지 알고 싶어했다. "우린 단지 서로 비교하는 작업밖에 착수할 수 없어요. 확실한 건 우리가 유사성이나 비교하게 된다는 거죠. 그렇지 않으면 그 결과도 뒤죽박죽될 테고, 의미도 없을 거예요." 곤혹스런 일이었다. 그들의 이해를 돕는 것도 어려웠다. 내가 그들에게 준 책들은 오히려 문제를 더 어렵게 만들어버렸다. 책마다 서로 다른 음정박자로 지저귀고 있었기 때문이었다.

신이 만든 자연의 건축자재

기원전 350년쯤에 이미 동·식물에 관한 상세한 기록을 남긴 아리스토텔레스Aristotle는 최초의 과학자였다. 다양한 생명집단을 연구한 그는 자신의 생각을 여러 학문분야에 접목시켰다. 이를 테면 기상학 같은 실천학이나, 보다 이론적인 논리학과 형이상학 같은 학문에 말이다. 그의 강의노트에는 "살아있는 것"이 두 가지 범주, 즉 "식물"과 "동물"로 나뉘어 있다. 그런 다음 "동물"을 다시 "짐승"과 "인간" 등등으로 세분했다. 초기의 그는 세계에 관한 지식을 새롭게 따로따로 쪼개는 작업을 계속했다. 그것이 식물이든, 어떤 체계든, 희곡에 관한 개념이든, 모든 걸 분리했다. 그렇게 태어난 새로운 학문이, 지적 실체는 분리된 채 늘 우리와 함께하고 있다. 그중에는 지금은 완전히 무시되고 있는 자연학이나 연금술도 있었다. 하지만 지식의 분류체계 대부분이 아직까지도 아리스토텔레스의 초창기 구분을 그대로 따르고 있다. 거기엔 자연사학, 천문학, 해석학, 윤리학, 시학과 형이상학도 포함된다.

또한 아리스토텔레스는 그렇게 나눈 부분 부분을 함께 연결해 지식의 계보를 만들고, 등급을 매기는 작업에도 관심을 가졌다. 그에 따라 가장 단순한 구조를 가진 동·식물을 구분하는 작업부터 시작해, 가장 복잡한 인간을 맨 마지막에 다뤘다. 각각의 형태별로 따로 묶어 복잡성이 증대되는 순서대로 솜씨 좋게 위치를 잡아갔다. 서로 다른 생활양식대로 구분을 짓고, 그렇게 구분된 것마다 하나의 정체성을 부여했던 것이다.

오늘날에는 아리스토텔레스의 분류법 일부를 재정립하느라 여념이 없다. 그것이 생물학 분야든 여타 연구 분야 간의 일이든 말이다. 하지만 매우 다양한 방식으로 작업을 하고 있다. 특히 생물학과 관련된다거나 환경문제처럼 여러 문제를 폭넓게 제기할 때면 더욱 그렇다. 사실 우리에게 그토록 솜씨 좋게 세상 전부를 살펴야 할 필요성은 덜하다. 또 혼돈이든 복잡다단함이든 어떤 상황에서도 보다 자신있게 살아갈 수도 있다. 부분적으로는 인터넷을 통해 적시에 도움을 받을 수도 있기 때문이다. 네트워크 구조가 그대로 반영된 알타비스타 같은 검색엔진들은 여러 주제에 맞는 다양한 제목의 자료를 찾는 데 도움을 준다. 이전에 결코 연결돼 본 적이 없는 것들을 우리가 직접 결합시킬 수도 있다. '아리스토텔레스'를 검색해보면 수천 가지의 다양한 설명을 접할 수가 있다. 그것이 인간에 대한 그의 해석이든, 관념이든, 또 종종 볼 수 있는 상업적 마케팅 전술이든, 아리스토텔레스를 엉뚱하게 갖다 붙인 것이든 말이다.

아리스토텔레스의 논리는 지금 '과학'이라고 칭하는 '순수지식'의 발견과 사물의 진정한 본질, 사물의 내적 실체 혹은 '질료實料 matter'라 일컫은 것을 설명하는 데 집중되었다. "형식form이 완성될 때라야 비로소 발전이 실현된다. 그것이 질료다. 이는 연속되는 형식의 진행을 가능케 해주는 모든 조건을 의미한다. 제 기능을 다 하더라도 질료는 변함없이 남는다." 아리스토텔레스의 생각에 따르면, 자연은 고정불변의 간단명료한 부분들로 구성돼 있으며, 그것을 결국 주관적인 판단의 오류나 혼돈이 없는 진정한 질서라고 말할 수 있다. 그것이 오늘날 생물학자들이 같은 종種의 개체들을 아리스토텔레스와 똑같이 자연의 형식으로 생각하며 생명체를 다루고 있는 이유다. 그런 개념이 명백히 정의돼 뚜렷한 실체로 주목을 끌게 된 것은 먼 훗날 카를 린네Carl Linnaeus에 의해서였다.

아리스토텔레스의 개념에서 착상을 얻은 카를 린네(1707~1778년)는 이를 당대의 기독교적 가치에 통합시켜 나갔다. 작은 건축자재로 볼 수 있는 아리스토텔레스의 질료라는 개념은 진리에도 부합하고, 창세기에 적힌 대로 창조론을 믿게 하려는 종교적 목표와도 조화를 이룰 수 있었기 때문에 매력적이었다. 또한 당시의 동·식물 지식에도 손쉽게 적용할 수 있었다. 그렇게 고정불변하는 자재는 필연적으로 생명체의 이름을 짓는 토대가 되었다.

18세기 초기만 해도 스웨덴은 남부유럽에서 천천히 새롭게 발전의 싹을 보이던 계몽주의사상과는 한참 거리가 멀었다. 카를 린네가 오랜 생을 누리는 동안 그의 조국은 일련의 정치적 역경을 겪으면서 새로운 사상의 발전을 차단당했다. 불행한 시대에 왕위를 물려받은 스웨덴의 젊은 국왕 칼 12세Karl XII는 발트제국의 쇠락을 지켜봐야 했다. 1709년 러시아가 동쪽 영토를 차지했던 폴타바 전투Battle of Poltava가 결정적이었다. 결국 칼 12세는 자신이 통치하던 쇠약한 나라를 떠나고 만다. 남부유럽에서 태동해 오랫동안 보존돼 온 가치에 도전장을 내민 새 사상은 그 이후에 반세기 이상 유럽을 풍미했다. 그런데도 스웨덴은 새로운 과학에 의해 자극받은 계몽사상의 영향에서 고립돼 있었다. 특히 계몽사상이 남부의 동맹국이었던 프랑스에서 발원했는데도 말이다. 린네는 폴타바 전투 2년 전에 태어났다. 따라서 그는 완고하게 경외심을 갖고 신을 섬기던 당시 스웨덴의 처지에 따라 이를 엄격하게 적용한 측면이 있었다.

린네는 하나의 대상이 두 가지 방식으로 이해될 수 있다고 믿었다.

즉 대상이 갖고 있는 속성의 총체라 할 수 있는 '내포'로 질료를 바라보는 관점과 대상의 적용범위를 말하는 '외연'을 통해 파악하는 관점이었다. 이 두 개념은 서로 역관계에 놓여 있다. 다시 말해 내포가 커지면 외연은 줄어들며, 그 역도 마찬가지다. 따라서 '동물'이라는 개념에 다른 요소를 추가, 예를 들어 모피동물까지 '내포'를 확장시키면, 동물 개념의 '외연'은 축소된다. 더 이상 모피동물이 모든 동물에게까지 적용될 수 없고 포유류만으로 한정되기 때문이다. 이렇듯 아리스토텔레스식 논증에 따라 린네는 자연질서 속 질료에 대한 최소기본단위로, 고정불변의 진리라고 할 만한 '종'개념을 정립했다. 이는 아리스토텔레스에게도 필요했던 일이다.

비록 시작단계에서 린네가 '질서' 아래 유類 genera 개념[1]도 목록에 올리긴 했으나 완벽한 하나의 분류체계를 마련할 의지까지 가진 건 아니었다. 사피엔스종위에 호모속만 있었지 사람과, 협비원狹鼻猿[2]아목, 영장목, 수獸아강, 포유강 등과 같이 더 높은 단계의 이름은 고안되지 않았던 것이다. 아래 두 단계, 즉 종과 속 외엔 살아있는 생명세계와 연결 지을 만한 것이라곤 아무것도 없게 되었다. 린네의 사고방식에 무수한 의문점이 남는다 해도, 그것은 당대의 중요한 가치관을 따른 결과였다. 창세기이래 자연은 고정불변이었으며 신의 질서에 의해 움직인다는 가치관 말이다. 그런데 마치 분류학상에서 공식적인 이름을 부여받은 종개념이

---

1. "genera"가 현재의 생물 분류체계에서는 종의 윗단계인 속(屬)으로 쓰이고 있으나, 이는 종개념과 함께 유개념으로 쓰인 말이다. 즉 내포와 외연의 연속선상에 있는 개념이다. 본문 그대로 모피동물의 외연은 동물이라는 개념의 외연 속에 포함된다. 이처럼 특정 개념의 외연이 다른 개념의 외연 속에 포함될 때 전자를 후자의 종개념이라 하고 후자를 전자의 유개념이라고 한다. 요약해 보면, 모피동물은 동물의 종이고 동물은 모피동물의 유다. 또한 종개념과 유개념의 관계는 상대적이다. 예를 들어 척추동물이 동물에 대해서는 종개념이라면, 어류·양서류·파충류·조류·포유류에 대해서는 유개념이다.

2. 영장류는 사람을 포함 11과로 구성되며, 사람을 제외한 나머지 10과의 영장류를 일컬어 '사람이 아닌 영장류(Non-human primates)'라 하여 원숭이류로 통칭하는 게 보통이다. 이런 원숭이류는 크게 유인원(Apes)과 원숭이(Monkey)로 나뉜다. 우리가 잘 아는 침팬지, 고릴라, 오랑우탄 등이 유인원에 속한다. 원숭이는 하등원숭이인 원원류(原猿類)와 고등원숭이 진원류(眞猿類)로 나뉘며, 이 중 진원류가 다시 광비원류(廣鼻猿類)와 협비원류(狹鼻猿類)로 나뉜다.

린네에 의해 우연히 새로운 수단으로 제시된 걸로 생각되고 있다. 생물학이라는 새로운 학문분야에서 식물과 동물을 묘사하려는 박물학자들을 위해서 말이다.

아리스토텔레스학파의 정수로 비쳐지고 있는 '종'은 오늘날 결코 변하지 않는 기본단위가 되었다. 그보다 높은 단계인 속은 더 폭넓은 집단에 적용할 수 있는 개념을 의미한다. 즉 아리스토텔레스가 말한 적용범위, 바로 외연이 종보다 크다. 분류학상의 상위 분류군, 즉 과, 목, 강, 문은 린네 이후에 정립되었으며, 보다 유연한 개념이다. 예를 들자면, 우리 인간을 말하는 호모 사피엔스*Homo sapiens*종은 호모*Homo*에 속하면서 동시에 호미니대*Hominidae*에도 둥지를 틀고 있지만, 분류학에서는 이를 각각 속(호모속)과 과(사람과)로 나눠 부른다. 그러나 그 다음에도 협비원아목, 영장목, 수아강 등으로 이름 붙은 등급이 있다. 목과 강이라는 꽤나 모호한 수준의 집단이 도처에 있는 것이다. 이런 분류체계를 자신의 필요에 따라 무시하거나 자의적으로 사용하는 사람들도 있다. 다른 사람들은 그렇지 않은데도 일부 전문가라는 사람들이 포유강을 포유문으로 잡아야 한다는 데 동의하는 경우도 있다. 아리스토텔레스가 솜씨 좋게 구성해 변하지 않을 것 같던 순수지식이 여러 사람의 다양한 해석으로 혼란의 조짐을 보이고 있는 것이다.

분명 변종 평가방식이라든가, 생물학적으로 각 등급을 채울 내용에 혼란의 여지는 있다. 오늘날에는 이 분류체계에서 다른 방식으로 가지를 구성해 나가는 게 전문가들에게 허용되고 있다. 왜냐하면 생명집단은 대개 이종을 갖기 마련이고, 진화의 계통수에서 다른 가지로 취급해야 마땅한 경우도 있으며, 공통되는 중요 특징을 어떻게 생각하느냐에 따라 결과가 달라지기 때문이다. 그렇지만 250년 전에, 그것도 그로부터 2000년 전에 발전한 사고방식을 토대로 고안된 생물분류체계가 21세기에도 식물과 동물의 이름을 구성하는 최선의 방법일 수 있을까? 본질적으로 분류와 진화 사이에 혼란이 야기될 수밖에 없다. 단계적으로 나눈 분류체계와 진화의 계통수 가지 사이에서 나타나는 차이에 상관없이 말이다.

불행하게도 아직까지 대다수 일반인들은 자연과 관련된 모든 의문에 정확한 답을 줄 수 있는 게 과학이라고 믿고 있다. 사람들은 식탁에 오르는 식육의 안전성을 알기 원하고, 유전자조작 종자를 심어도 되는지를 알고 싶어한다. 또한 과학자들이 그에 대한 답을 줄 수 없다면, 그것을 파악하는 데 3년이 걸리더라도 정부가 나서길 원한다. 따라서 수많은 사람들은 진실이 있다고 믿으며 정부와 기자, 교사들이 이를 확인시켜주길 바란다. 그것이 지식의 존재방식이라고 믿는다. 또한 그것이 여전히 장구한 자연의 역사를 이해하는 방식이라는 게 나로선 두렵기만 하다.

린네가 사망한 건 1778년이었다. 새로운 계몽사상에 동화되기엔 너무 이른 시기였다. 그 직후에야 스웨덴과 프랑스 간에 강한 문화적 교류가 재개되었기 때문이었다. 린네의 종개념이 받아들여졌다. 처음으로 식물과 동물계에 관한 백과사전을 펴낸 건 새로운 생물학에 대해 열린 자세를 견지한 프랑스 생물학자들이었다. 당시는 지적 역사에서도 흥미로운 시기였다. 특히 프랑스의 경우, 새로운 사고방식이 크게 발원한 때였다. 조르주 뷔퐁Georges Buffon(1707~1788년)은 어마어마한 《박물지博物誌 Histoire Naturelle》 편찬 작업에 착수했으며, 이는 다양한 사고로 사물에 대해 새로운 태도를 갖게끔 자극했던 당대의 거목 네 사람이 출현하는 계기로 작용했다. 그 중 가장 연장자는 린네의 종개념에 반기를 든 장 라마르크(Jean Lamarck(1744~1829년)였다. 잘 알려지긴 했지만 지금은 신뢰를 잃어버린, 획득형질 유전론의 주창자다. 어찌되었건 그는 종이라고 이름 붙인 걸 바꾸려 했다. 그 다음으로 나이 많은 사람은 파리식물원의 교수였던 앙투안 쥐시외Antoine Jussieu(1748~1836년)였다. 그는 식물 분류에 관한 책,

『식물의 속Genera Plantarum』을 펴냈다. 또 동물비교해부학에 큰 기여를 한 조르주 퀴비에Georges Cuvier(1769~1832년)가 있었다. 끝으로 루이 아가시Louis Agassiz(1807~1873년)는 제일 먼저 어류라는 단일집단을 대상으로 전문성을 키운 사람이었다.

이와 함께 처음 동·식물에 관해 체계적인 기술을 시도한 사람들로부터 막대한 양의 자료가 새로 쏟아졌다. 또 전문가들이 다양한 생명체를 분류하는 데 활용했던 형질을 놓고 논란도 시작되었다. 포유류를 처음 세분할 때 발가락 수보다 태반이나 육아낭의 유무를 근거로 삼는 게 옳으냐를 놓고도 의견이 분분했다. 전문가들은 쉽게 갈 수 없다는 걸 곧 깨달았다. 당시 파리에서는 상황인식 방법에 문제가 있었다. 우리가 요즘 인터넷에서 접하는 것과 유사했다. 필요한 일은 새롭게 형성된 거대 자료를 분류하는 작업이었다. 아리스토텔레스 철학의 정수를 이루는 개념들이 2000년 이상 여러 철학자들에게 파고들었듯이, 린네의 '종' 개념도 지난 200년 동안 자리를 잡아왔다. 하지만 다양한 학문분야에서 새롭게 쏟아지는 자료의 홍수 속에서, 오늘날 사람들에게 필요한 일은 다시 한번 마음을 다잡고 매진하는 것뿐이다. 과학자들은 종과 그들의 기원에 관한 연구를 계속할 것이다. 그러나 누구나 다양한 학문분야에서 매일매일 쏟아지는 자료를 가지고 광범위한 체계들을 탐구할 수도 있고, 경우에 따라서는 생물이 기원한 유형까지도 파악할 수 있다.

여기서 명심할 게 있다. 위의 선구자들이 지금 우리가 당연하게 받아들이는 진화생물학의 기초들에 대해 무지했다는 사실이다. 대량멸종사건은 말할 것도 없이 유전자며 돌연변이, 염색체, 지구의 나이, 대륙의 이동 등에 대해서 말이다. 이렇듯 무지한 사람들에 비해 다윈은 과학수준이 떨어지는 반대자들의 의심을 살 거라는 우려를 무릅쓰고 일에 착수했다. 그는 결국 관찰을 거듭하고, 탐사선 비글호 선상에서 했던 생각에 고무되어 자연선택이라는 개념을 제시한 것이다.

굳이 '자연선택론'을 설명할 필요는 없을 것 같다. 생물학자가 물리학자들의 나갈 방향에 대해 논하는 것과 다름없을 테니 말이다. 그보다는 다윈이 수많은 관찰을 거치고, 그 이전 한 세기에 걸쳐 저술된 내용들에 대해 종종 일화거리를 제공할 정도로 새로운 해석을 가하면서 웅대한 사상을 표출했다는 점이 중요하다. 지금 우리는 진화란 환경에 반응한 생명체 내에서 진행되는 아주 복잡한 세포의 한 과정으로 이해한다. 또 세포내 돌연변이와 유전자재조합 과정에 의해 진화가 조절되는 것으로 알고 있다.

세포내 과정과 그 세포가 자라는 조직 사이, 생명체와 그의 집단 간의 관계 속에서는 또 다르게 아주 복잡한 일련의 상호작용이 일어난다. 이제 막 우리는 그런 상호작용을 또 하나의 체계로 함께 고려하기 시작했다. 아직까지도 우리는 분자수준에서 세포내 진화가 실제로 어떻게 일어나는지 전혀 파악하지 못하고 있다. 단지 관찰을 통해 생명집단 내에서 생기는 일을 추정하고 있을 뿐이다. 이것조차도 커다란 도약일 수는 있다. 하지만 최근에는 DNA 염기서열과 생물의 구조적 특징을 서로 연결 짓는 연구들이 진행되고 있다. 진화연구에 새 차원이 열린 셈이다.

다윈의 '자연선택' 개념을 이해하는 데만도 수년간 허우적거렸다는 걸 고백해야겠다. 자연은 무엇이며, 선택되었다는 것은 또 무슨 뜻이란 말인가? 다윈의 『종의 기원*The Origin of Species*』은 충분한 도움을 주질 못했다. 또 19세기 오스트리아의 유전학자인 그레고르 멘델*Gregor Mendel*도 마찬가지였다. 다시 한번 '종'과 '유전자'라는 두 개념에 무지를 드러냈기 때문이었다. 그럼에도 불구하고 생물의 여러 과정을 이해하는 데 새로운 발견 하나는 있었다. 유성생식을 하는 동안 유전물질이 재조합된다는 사실이었다. 20세기를 통틀어 모든 지식이 너무나 빨리 변했다. '자연선택'

개념도 흔들렸던 것이다.

내게는 DNA와 생태 사이의 관계를 파악할 수 없다는 게 문제였다. 다윈과 함께 20세기의 생물학자 대부분은 그 둘 사이에 연관성이 거의 없는 것으로 만들어버렸다. 아직도 두 영역이 아주 다양한 부류의 사람들에 의해 따로 연구되는 경향이 있다. 같은 책이나 연구지 속에서도 결코 내용을 공유할 수 없을 정도로 제각각 다른 종류의 증거를 들이밀면서 말이다. 그러던 어느 날이었다. 갑자기 머리를 스치는 게 있었다. 바로 성(性)과 환경이 서로 뒤엉켜 있다는 생각이었다. 개체 간에 교접은 있을지언정 유전자끼리 교접하는 법은 없다. 그리고 개체들은 특별한 장소에서 교접을 한다. 대부분의 인간은 침대에서, 일부 새들은 특별한 나무 위에서, 물고기는 특별한 해류를 타면서 말이다. 교접행위의 결과로 유전자가 섞여 재조합되고 새로운 자손이 탄생하는 것이다. 유전자를 재조합하기 위해 특별한 환경이 필요한, 그게 생명체였다.

고향을 떠난 다윈

1831년 말, 다윈은 비글호에 몸을 싣고 남미로 출발했다. 한겨울 내내 여행을 하면서 뱃멀미와 고독을 견뎌야 했다. 같은 시기, 어류에 관심이 많은 루이 아가시라는 한 스위스 박사가, 파리학술원(Paris Society)의 안락의자에 몸을 깊게 묻은 프랑스의 선도적 자연과학자, 조르주 퀴비에에게 도움을 청하고 있었다. 퀴비에라는 이 위대한 인물은 아가시가 신앙심이 깊은데다가 특히 라틴어로 『브라질의 어류(The Fishes of Brazil)』라는 책까지 썼다는 데 강한 인상을 받았다. 아가시는 어류학뿐 아니라 알프스 산맥의 빙하에 대해서도 전문적으로 연구를 하고 있었다.

그가 빙하에 쏟은 관심은 스위스산맥에 대한 사랑 이상의 것이었다. 파리에 머무는 동안 그는 당대의 지식인들과 교류를 했다. 또 전통적으로 내려오는 성경의 지혜와 특히, 창조론을 적극 옹호하고 다녔다. 이는 그가 노아의 대홍수를 믿었고, 그렇다면 이를 증명할 과학적 증거를 찾아낼 책임까지 떠안게 됐다는 걸 의미했다. 하지만 이는 과학이 취할 방식이 아니다. 질문에 답을 줄 수 없다면 그 이유도 설명해야 한다. 어떤 의견을 실험해봤다면, 그에 부합하는 증거와 상반되는 증거를 모두 살펴봐야 한다. 다윈이 비글호에서 내려 연구를 하는 동안 아가시도 빙하를 탐구하고 있었다.

대홍수에 관한 보다 많은 증거를 찾기 위해 루이 아가시는 미국으로의 이민을 결심했다. 미국에서 그는 즉시 한 학문분야 이상에 노력을 쏟아부었다. 고향에서부터 훌륭한 평판을 들었던 터라 혜성처럼 떠올라 하버드대학 자연사박물관에 강좌를 열 수 있었다. 그와 함께 신설된 여자대학 강단에 서서 제자들을 길러내기도 했다. 미국 과학아카데미NAS, National Academy of Sciences 창설자의 한 사람이 된 그는 보기 드물게 독실한 종교적 신념과 물고기화석 연구에 정열을 다 바치곤 한직으로 물러났다.

그의 논문 가운데 하나에는 이른바 '방추형紡錘型 모식도'가 제시돼 있다(그림 5.1 참고). 시간에 따른 다양성 변화를 보여준 첫 시도로 유명해진 그림이다. 방추의 폭은 종의 수를 나타내고 세로축은 지질시대 혹은 암석층을 표시한 것이다. 서로 관련이 있는 방추들을 한곳에 모았으며, 방추의 위치가 서로 가까울수록 근연近緣관계가 높다는 것을 뜻한다. 1833년에 만들어진 이 모식도는 가장 멀리까지 진화를 시각적으로 보여주는 데는 큰 기여를 했다. 하지만 언제나 신과 함께 해야 한다는 단 한 가지 이유 때문에 아가시는 인식의 오류를 범했다. 죽음을 눈앞에 두고서도 그는 생명의 위대함을 논하기엔 창조론자의 시각이 옳을 뿐,

자연선택에 관한 다윈의 견해는 틀렸다고 단언했다.

나폴레옹Napoleon 몰락 직후 파리의 로마가톨릭교회Roman Catholic Church는 위세가 대단했다. 그에 따라 퀴비에의 천변지이설天變地異說 theory of catastrophism, 즉 다양하게 암석이 형성된 이유는 급작스러운 격변들에 의한 것이라는 주장이 폭넓은 지지를 얻고, 분명 아가시에게도 영향을 주었다. 천변지이

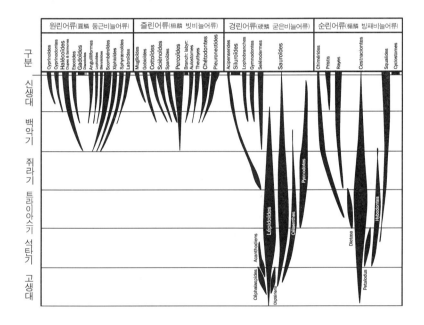

그림 5.1 루이 아가시(Louis Agassiz)의 『어류 화석에 관한 연구 *Recherches sur les poissons fossiles*』(1833, Neufchatel: Petitpierre)에서 인용한 방추형 모식도. 각각의 계통이 가지로 연결되지 않았다는 점에서 다윈의 진화 계통수(그림 3.4)와는 전혀 다르다. 분포 면에서 형태의 대부분이 최근에 폭이 가장 넓어진 것(다양성이 최고에 이름)을 볼 수 있다. 여기서 가장 눈에 띄는 예는 그림의 중앙 가까이에 크게 자리 잡은 'Lepidoides'와 'Sauroides', 두개의 방추다. 이들의 형태가 뒤의 「진화에 관한 새 모형」에 수식으로 제시(236쪽)된 종형곡선 모형의 기초가 되었다.

설의 지지자들은 성경의 대홍수처럼 때때로 격변이 생겨 멸종을 불러오고, 이어서 새로운 생명들이 창조된다고 굳게 믿었다. 그런 식으로 린네의 종개념은 파리 자연사 연구자들 사이에 횡행하던 창조론적 시각에 의해 성격이 뒤바뀌어 버리고 말았다. 아가시가 진화의 상관성을 보여주기 위해 어떻게 접근했는지 지금은 명확해졌다. 여기선 어류가 되겠지만, 거대집단의 진화적 상관관계를 보여준 그의 방추형 모식도엔 그렇듯 많은 얘기가 숨어 있었던 것이다.

방추모양의 일부 과들을 한데 모아놓은 것은 그들 간의 상관성이 밀접하다는 걸 말한다. 하지만 집단 간에 접촉은 결코 없다. 아가시 자신이 그렇게 떼놓는 것에 단호했기 때문이다. 어떤 연결 혹은 가지라도 제시했다면 하나의 완벽한 진화 계통수로 인정할 수도 있었을 것이다. 아가시의 모식도가 또 다른 형태의 혁신적인 모습을 띠었기 때문에 절반의 성공은 거뒀다고 결론내릴 수는 있겠다. 방추형이 됐든, 지질시대 동안 모든 생물학적 과의 다양성 변화를 형태적으로 표현했으니 말이다. 아가시의 방추모양이 진화를 모식화하여 설명하려는 무수한 교사들에게 영감을 주고 있는 건 사실이다. 다른 것과 함께 다양하게 연결되면서 현재 이 방추 그림이 교과서 속에 진화를 설명하는 아이콘으로 일반화된 것이다.

아가시의 모식도가 알려진 시기는 나폴레옹이 워털루전투에서 패한 지 채 20년이 안된 때였다. 당시 퀴비에는 동료들과 함께 동·식물 형태에 관한 문헌을 고찰하고 상호관계를 살피면서 그것을 분류하는 작업에 하루하루를 보내고 있었다. 하지만 영국해협 건너편에선 그들을 크게 무시하고 있었다. 린네에게도 눈길 한번 제대로 주지 않던 곳이었다. 그곳에는 생명체에게 이름을 붙이는 사람과 생명체를 분류하는 사람 간에 벌어지는 논쟁을 전혀 알지 못하는 행복한 선구자가 한 사람 있었으니, 바로 다윈이었다.

『종의 기원』에 담긴 유일한 그림(그림 3.4 참고)에는 방추들이 함께 연결돼 있다. 오늘날 우리는 그것을 진화의 계통수라고 부른다. 또한 다윈이 그림에서 각각의 중간물을 동일하게 취급한 데 대해 문제를 삼고 있다. 다윈은 대문자로 표기한 A ~ L을 '종'이라 불렀고, 소문자 a1 ~ z10 등으로 표기한 것을 '변종'이라고 했다.

여기서 한 가지는 분명하다. 다윈이 말한 '종'은 린네가 생각한 개념과 전혀 다르다는 점이다. 즉 린네가 종을 하나의 목록에 올린 고정된 이름으로 정립한 반면, 다윈은 진화한다고 본 것이다. 다윈이 고려치 않은 그 차이는 아주 최근에 와서야 심각하게 받아들여야 할 특별한 문제가 되고 있다. 지금은 쉽게 판단할 수 있지만 당시엔 어려웠을 것으로 생각되는 또 다른 난제는 각 횡선의 간격으로 나타낸 시간의 단위다. 다윈은 얼마만한 세대가 흘러야 변종이 생길 수 있는지를 이렇게 썼다. "천 세대다, 하지만 각각을 만 세대로 표현하는 게 더 나을지도 모르겠다." 시간척도에 자신이 없었던 게 분명하다.

그런 술회가 다윈이 쓴 글에 처음 등장한 것은 그가 1844년에 끝마친 189쪽짜리 비공개 수필집에서였다. 성경에 입각한 과학이 난무하는 가운데 자신이 내놓을 결과가 가진 폭발력 때문에 고심을 했지만, 순전히 자신과 자신을 신뢰하는 과학자 몇몇, 즉 케임브리지대학교의 찰스 라이엘Charles Lyell과 하버드대학교의 아사 그레이Asa Gray 같은 사람을 위해서라도 다윈은 자신의 선언을 굳건히 지켜야 했다. 몇 년 후 그들은 또 다른 자연과학자, 앨프레드 러셀 월리스Alfred Russel Wallace와도 관계를 맺게 되었다. 그는 '진화에 의한 자연과정'이라고 해서 다윈과 유사한 개념의 발표를 앞두고 있는 상황이었다. 그에 따라 다윈의 1844년 수필에서 발췌한 내용이 1858년 여름, 린네학회Linnean Society의 정기모임에서 30여명의 연구원 앞에서 읽히게 되었다. 물론 월리스의 논문도 같이 읽혔다.

토론도 논쟁도 없었다. 심지어 다윈도 월리스도 참석하지 않은 상태였다. 별 수 없이 학회장이 강의원고를 읽어내려 갔다. 서로 쉬쉬하면서 회의 일정까지 조정해 서둘러 끝내고 말았다. 다행스럽게도 무슨 일이 생겼는지 청중 중에 이를 눈치 챈 사람은 아무도 없었다. 저녁때가 돼서야 그날 주제가 너무 이론에 치우쳤다고 불만을 제기하고, 다음에는 새롭게 제시된 종에 대해 좀더 상세한 설명을 부탁한다는 사람들이 일부 있었다. 하지만 신학과 과학에 끼친 결과와는 상관없이 다윈은 공개석상에서 저자로서 공로상을 받기도 했다. 그에게 대안은 없었다. 1년 후에 집필을 끝낸 『종의 기원』을 가지고 열심히 강연을 다니는 수밖에 없었다. 책이 발간된 후 온갖 비난과 칭찬의 소용돌이에 휩쓸렸다가 안정을 찾는 데만도 50년 이상이 걸렸다.

창조론과 진화론이라는 논쟁의 한가운데에 있는 교수들에게 하버드대 자연사박물관 강좌는 자못 눈길을 끌 만하지 않은가 싶다. 루이 아가시는 창조론을 굳게 믿는 교수였다. 훨씬 최근에 강의를 맡았던 스티븐 제이 굴드Stephen Jay Gould는 진화론자였다. 논쟁은 계속될 것이다.

종에 반反하여

20세기 전반기 동안 주류생물학자들은 생물의 구조와 기제를 파악하는 데 힘을 쏟았다. 그들은 진화의 계통수에 따라 동·식물의 단계별 이름을 매기는 체계를 세웠다. 동시에 유전학과 생태학이 빠른 속도로 발전을 보이기 시작했다. 지난 세기의 초기 생태학자들만 해도 진화를 결코 전공영역에 포함시키지 않았다. 그들은 오직 현재상황 및 당시 기록할 수 있는 것에 대해서만 관심을 가졌다. 고정된 종만 연구했지 조금이라도 불확실하다 싶으면 분류학자들에게 떠넘겨버렸다. 이는 진화연구에 두 가지 접근방법을 잉태시켰다. 즉 유전학은 세포내에서 일어나는 미시적 진화연구를 담당하고, 생태학은 거대집단에서 찾아볼 수 있는 거시적 진화를 연구하게 만들었다. 아주 최근에 와서야 체계에 관해 이러한 두 부분이 함께 고려되고 있다. 따라서 명쾌한 결과를 얻기엔 아직 이르다고 할 수밖에 없다.

이 두 가지 접근법을 거칠게 말하자면, 아리스토텔레스와 린네가 말한 내포와 외연의 개념과 같다고 할 수 있다. 진화의 계통수에서 전체 가지를 구분 짓게 해주었던 그 개념 말이다. 이는 조지 게이로드 심프슨George Gaylord Simpson과 홀데인J. B. S. Haldane의 정신에도 잘 구현된 바 있다. 두 사람은 대서양을 사이에 두고 1930년대에서 1950년대까지 진화의 주요 추세를 탐구해 생물학 지식을 쌓아올린 위대한 지성들이었다. 생명체 분류와는 동떨어진 얘기지만, 그들은 하나의 통합 체계로서의 진화를 형태학과 유전학적 측면에서 연구했다. 이외에 생물학적 체계를 양적으로 풍부하게 만들려고 필사적인 노력을 경주한 위대한 학자들로는 슈얼 라이트Sewall Wright, 피셔R. A. Fisher, 에른스트 마이어Ernst Mayr, 줄리안 헉슬리Julian Huxley, 그리고 러시아의 체트베리코프S. S. Chetverikov 같은 이들이 있었다. 그들이 축적한 자료와 영향력을 굳이 논하자면 볼품없는 것이긴 했어도 말이다.

이 생물학자들이 학생일 무렵, 즉 20세기 초만 하더라도 종에 대해선 두 가지 개념이 있었다. 하나는 린네가 정립한 기초단위로, 변하지 않을 조물주의 선물이자 아리스토텔레스의 질료라는 기본단위를 토대로 한 개념이었다. 린네는 종을 묶으면 속이 된다는 맥락 하에 이를 적용시켰다. 그렇더라도 같은 속에 속하는 종 사이의 어떤 관련성에 대해서는 암시한 바가 없었다. 두 번째 개념은 이들의 주요 영향력을 살펴 상관성을 취한 개념이다. 다윈은 이를 역동적인 것으로 받아들였다. 유사한 종이 서로 관련이 있으며, 초기의 같은 종으로부터 분화했다고 본 것이다. 그는 "자연선택 및 멸종의 원리와 결합해 형질이 분기分岐되면서 커다란 [형태적] 이점을 가지는 원리"(『종의 기원』 제4장)를 제시했다. 우리는 이제 이 분기의 개념을 모랫더미에 일어난 하나의 사태로 볼 수 있다. 생태 및 유전학적인 상호작용 방식에 변화를 일으키는 하나의 자극으로 말이다.

20세기를 거치는 동안 종에 관한 정의는 점점 더 정교해졌다. 암수의 비교는 여전히 선호되는 시험 가운데 하나였다. 유전자집합을 공유할 수 있게 되면서 증명은 어렵더라도 이론적으로는 아주 흥미로운 계획도 세울 수 있었다. 결국 게놈프로젝트를 통해 축적된 막대한 데이터베이스는 환원주의자들로 하여금 그것을 활용해 종과 종 간의 차이점을 정확히 구별할 수 있게 해주었다. 이로부터 확보된 유전자 염기서열 자료를 가지고 각 종을 정의하는 작업이 새 세기의 목표가 되고 있다. 개체는 자기만의 독특한 염기서열을 갖는다. 반면 종으로 치자면, 그것은 하나의 염기서열 다발이다. 나는 그 다발을 어떻게 정의할 것인지 계속해서 문제가 되리라고 본다.

그 같이 생물을 정의하는 방법으로 각광을 받고 있는 것이 분기학分岐學 cladistics이다. 이는 서로 다른 종 간의 유연관계를 그림으로 나타내기 위해 유전체(게놈), 혹은 해부학 분야 같은 곳에서 나온 자료도 함께 취급한다. 과학에서는 거기서 나온 그림을 대개 분기도라고 부르는데, 여타의 조건이 모두 같다고 전제하고는 서로 다른 종이나 개체 간의 상관성을 검증해 보기 위해 모형을 최대한 단순화시킨다. 이를 통해 관계가 있는 집단을 함께 살펴볼 수 있다. 하나의 분기군clade이 생명체 계통수에서 하나의 가지로 나타난다. 특별한 공통조상으로부터 이어져 내려온 생명체의 계통을 담고 있는 것이다.

현존하는 어떤 종에 대해 규정짓기가 아주 어렵다거나 전혀 알 수 없을 때는 멸종된 게 있지 않았나 하고 믿어버리기 십상이다. 더욱 곤란한 지경에 빠뜨리는 것은 화석이 교배 가능 여부까지 알려주지는 않는다는 점이다. 이럴 경우 같은 종 여부를 가리는 데 화석을 이용할 수가 없다. 또한 멸종된 종 대부분이 화석으로 남아있는 것도 아니다. 1992년 리우 생물다양성협약Rio Biodiversity Convention 참가국들은 전 세계에 알려진 모든 종의 목록을 만드는 일이 시급하다는 데 동의했다. 점차 사라져가는 자연서식지 속에서 그 밖의 어떤 방법으로 멸종 및 종의 파괴에 대한 감시를 시작할 것인가? 협약을 통해 생명과 환경을 보호하고 감독할 전략뿐만 아니라 전 세계 종들을 파악하는 과제도 설정했다. 2년 후 유엔의 생물다양성협약 담당기구는 전체 종수를 600만에서 2억 종으로 추산했다. 일부는 한 차례 이상 설명과 함께 이름도 부여되었지만, 실제에 있어서는 얼마나 많은 종이 존재하는지 알기란 어렵다. 그럼에도 불구하고 5500만이라는 숫자가 가장 일반적으로 받아들여지는 추산치다.

이런 어려움들을 무시하고 딜샷 휴줄라Dilshat Hewzulla와 나는 생명이 출현한 이래 얼마나 많은 종이 존재해 왔는지 계산을 시도해보기도 했다. 그러려면 실제 몇 가지 고정된 전제를 깔아야 했다. 즉 대부분이 알려지지 않고 일부만 알려진 사실이지만, 각각의 새로운 종은 멸종되기 전까지 1000만 년 동안 생명력을 유지하고, 지구상에 생명이 출현한 건 35억 년 전이다. 그리고 현재는 5500만 종이 살고 있다는 전제였다. 이런 전제들이 얼토당토않다고 생각하지는 않는다. 이를 뒷받침하는 증거들이 다양한 곳에서 무수하게 발견됐기 때문이다. 이런 사실에 입각해 우리는 출현한 종과 절멸한 종의 수를 계산했다. 마침내 결과로 얻은 종의 총수는 11억780만7741종이었다. 현재 어떤 종이 살고 있으며, 그들이 과거 어디에서 살았는지를 아는 것하고는 관계가 없는 수치다.

어찌 보면 생뚱맞은 과제를 풀면서 몸소 겪은 일이기도 하지만, 생물다양성이라는 새로운 배경 하에서 다양한 전문가들과 마주치면서 겪는 어려움 몇 가지를 지적하고 싶다. 그런 과제를 해결하려면 분자생물학을 비롯해 형태분류학자, 고생물학자, 생태학자들로부터 나온 자료를 그러모아야 한다. 그런데 어떤 합의가 없었다면, 그들은 '종'이라든지 '진화의 계통수' 또 '생물의 이주' 같은 기본개념의 이해도가 서로 다르다는 걸 염두에 둬야 한다. 각 학문이 태동할 때부터 오랜 논쟁의 역사가 있었다. 다양성의 범위를 어떻게 분류해 무슨 이름을 붙일 거며, 지질시대를 겪는 동안의 유연관계는 어찌 밝힐 것인지, 변화하는 환경 사이에서 생물의 움직임은 어떠했다는 등, 논란이 끊이지 않았던 것이다.

일부 생물학자들은 이러한 기초개념들이 의미론에 사로잡혀 유용한 사고도 실질적인 결론도 얻지 못하게 하는 수렁으로 점점 더 빠져들게 하고 있다고 믿는다. 하나의 통합학문으로서의 진화생물학을 이해하려면 사물을 바라보는 그런 고전적인 개념들이 아주 다양한 방식으로 대체돼야 할 것이다. 진화 계통수의 다양한 가지들이 변화의 유형까지 명료하게 보여줄 수 있는지 묻고 싶다. 종과 환경의 물리적 변화를 연결 지을 만한 분명한 반응이 나타나는가? 그런 질문을 던지자마자 우리는 특정 단어들이 실제 의미하는 바가 무엇인지 어려움에 직면하고 만다. '종', '집단', '진화 계통수의 가지'와 같은 개념의 뜻을 파고들면 파고들수록 다른 사람들은 그것을 아주 다른 사물을 뜻하는 걸로 인식한다는 사실을 깨닫게 된다.

그래서 이런 문제에 관심을 가진 사람 100명 이상이 모여 1997년 3월의 어느 날 저녁 논쟁을 펼쳤다. 그것은 1858년 자연선택에 관한 다윈의 수필이 처음 공개적으로 읽힌, 런던의 바로 그 린네학회에서 벌어진 일이었다. 1858년 당시 회의석상에는 아래를 응시하는 다윈의 초상화가 내걸렸고 토론의 장을 마련하기 위해 긴 의자들이 가지런히 놓여 있었다. 당시는 과학 분야에서 대립과 논쟁이 싹터 오르던 시기로, 19세기 동안 좀 배웠네 하는 사교계 사람들도 모인 상황이었다. 오늘날에는 그런 논쟁이 아주 드문 형편이다.

다시 1997년으로 돌아가 제의내용을 살피자면 이랬다. "우리는 양계통발생paraphyly[3.] 분류군taxa이 빠진 린네의 분류법이 무의미하다고 믿는다." 다른 말로 하자면, 분류법에 따른 계통수와 진화의 계통수가 다르다. 린네가 말한 종의 종류와 다윈의 그것 사이에 차이가 있다는 얘기다. 생명체의 가능한 진화 경로(분기학)조차 반영하지 못하면서 어떻게 이름을 구성(분류학)할 수 있다는 말인가. 분류학과 분기학은 다르다. 따라서 분류학자와 분기학자도 같지 않다. 그런데 안건의 투표결과는 69대43이었다. 린네의 분류목록이 싸움에서 이긴 셈이다. 1997년, 그렇게 어리석게만 보이는 문제에 왜 그토록 관심을 가져야만 했는가?

논란은 끊이질 않았다. 그리고 다음에는 분기학자들이 박수갈채를 받으며 승리를 거둔다. 그것은 「린네의 체계가 마지막까지 살아남을 것인가?」라는 제목으로 2001년 3월 23일자 《사이언스Science》지에 실린 논문에 잘 요약돼 있다. 진화 및 생물다양성에 관한 최근의 지식에 비추어서 생명체를 명명하고 분류하는 최선의 방법이 무엇인지를 놓고 다툼이 폭발적으로 일었다. 런던보다도 미국의 분기학자들이 기세등등했다. 그들은 '계통부호PhyloCode'라는 명명법을 가지고 생명체 계통수의 각 가지를 정의하고 기반을 닦으려는 시도를 하고 있다. 부분적으로는 애리조나대학교University of Arizona의 데이비드David Maddison와 웨인 매디슨Wayne Maddison에

---

3. 하나의 조상에서 단일 계통으로만 진화한 경우(monophyly)가 있는 반면에 공통조상으로부터 양쪽으로 진화한 경우도 있다. 이를 테면 공통조상으로부터 파충류와 조류가 분기한 예를 말한다. 계통이 다양하게 분기한 경우는 다계통(polyphyly)발생이라 한다.

의해 운영되는 웹사이트(http://macclade.org/macclade.html)의 성공에 고무된 결과다. 그 사이트는 어떤 '표준'을 세우는 데 목표를 두고, 많은 분기군에 대해 믿을 만한 설명을 제시하고 있다는 점에서 관심을 끌고 있다. 그 같은 데이터베이스에 자연스럽게 힘을 얹어 주는 것은 동일한 계통수의 가지를 분석한 DNA 염기서열 정보다. 계통부호의 지지자들(http://www.ohiou.edu/phylocode)은 "문™인지, 뭔지 - 등급 없는 분류법을 지지한다"고 새긴 티셔츠를 입고 자랑까지 하고 다닌다. 유럽 자연사박물관의 귀신도 벌떡 일어날 판이다.

앞서 얘기한 린네학회에서 종, 속, 과 등으로 나가는 생명체 분류법의 존속여부를 묻는 논쟁에서 손을 든 쪽은 전통주의자들이었다. 분기학 및 DNA 염기서열 분석결과를 쉽게 접할 수 있는 등, 미국에서 인터넷의 영향력은 점점 더 커지고 있다. 따라서 내 추측으로는 결과가 전혀 예상치 못한 방향으로 튈 수도 있다. 그러나 그런 문제에 의미를 부여하기란 지극히 간단한 일이다. 현실을 말하자면, 지구의 체계란 실로 너무나 복잡하다. 그리고 우리가 알고 있는 지식을 요약해보는 일은 매력적일 수도 있다. 하지만 그것이 혼란을 일으킬 수도 있다. 자연의 윤곽이 심하게 흐려진 상황에서는 결국 예전보다 더욱 더 주체성을 가지고 '무엇'을 향해 나아가는 태도가 우리에게 요구되고 있다는 것이 내 생각이다. 자연과학의 모든 학문분야가 결합돼 성가실 정도로 복잡다기한 생물학 세계보다는, 정량적 법칙을 이끌어내고 분석을 하는 물리학이나 화학이 더 쉬울지도 모르겠다.

오래된 술을 새 부대에

내가 30년 이상을 화석기록과 씨름하면서 종개념에 의문을 품기 시작한 건 런던대학교University of London의 내 스승이었던 빌 챌러너Bill Chaloner의 주도로 오랜 기간 이어진 원탁 세미나에서 자극을 받은 이후였다. 지름 3m가 넘어 보이던 원탁의 모양은 참석자 모두 동등한 입장이라는 뜻을 담고 있었다. 나 같은 신출내기들은 다른 사람과 조를 이뤘다. 그 시절의 토론문화에선 으레 예상되는 불안감을 없애주기 위한 배려였다. 이렇듯 민주적으로 의견을 교환하는 방식은 훌륭할 정도로 토론을 활기차게 만들었다. 물론 이런저런 생각을 해보고 추측을 해보는 일도 즐거울 수밖에 없었다. 빌과 참석자 대부분은 자신의 화석을 놓고 아주 만족한 표정으로 종명 및 속명을 계속해서 사용했다. '이름이 귀에 익은 것은 우리 모두 그 뜻을 알고 있다는 얘기가 된다. 그리고 세부내용이나 상관관계에 조금이라도 불확실한 게 있다면 즉시 바로 잡힐 수 있다. 차이는 과학자들이 무엇을 논하고, 의견이 다르더라도 즐거워할 수 있느냐는 점이다. 여기 이 원탁에 둘러앉아 벌이는 토론처럼······.' 그런 생각을 했다.

그런데 원탁에 둘러앉은 사람 중에 딱 한 사람이 그런 식으로 화석에 이름을 붙이는 태도에 동의를 하지 않았다. 그는 모호한 이름을 갖다 붙이는 데 대해 우려를 나타냈다. 그의 주장은 다들 비교도 대충하면서 연대결정도 불명확하게 한다는 거였다. 그가 바로 1994년에 유명을 달리한 노먼 휴스Norman Hughes였다. 비록 그가 국제적으로 잘 알려진 인물인데다가 케임브리지 모 대학의 종신연구원 지위에 있었다고는 하나, 종명과 속명을 사용하는 데 도전장을 내민 그의 생각은 도처에서 벽에 부딪쳐야 했다.

노먼 휴스가 어느 국제 과학회의에 참석했던 일이 있었다. 나도 참석을 했던 회의였다. 소련이 두브체크Dubcek의 체코슬로바키아를 침공한 1968년 8월, 프라하에서 개최된 제23차 국제 지질학 학술대회였다. 아침 일찍 우리를 맞이한 게 군대와 탱크들이라 시간이 지체되긴 했지만 강연은 열릴 수 있었다. 적개심을 드러낸 무장군대가 거리에 집결해 있고 탱크가 열 지어 서 있었다. 머리 위론 소련 전투기가 굉음을 울리며 저공비행을 하는 가운데 무슨 일이 일어날지, 또 어떻게 끝날지도 알 수가 없는 밖의 상황은 무척이나 두려운 일이었다.

진화에 관해 논쟁이 벌어졌다. 또 진화 계통수의 가지에서 중간 생명체의 이름 때문에 생기는 왜곡을 어떻게 간파할 것인지를 놓고도 논란이 일었다. 거기엔 고생물학계의 위대한 사상가들도 참석했었다. 짐 슈오프Jim Schopf와 주최자인 프란티세크 네메예크Frantisek Nemejc 교수가 그들이었다. 두 사람은 현재 살아있는 종과 속이 지질학적으로 과거에 해당하는 화석에서 발견될 수 있다고 믿고 있었다. 종 대부분의 존속기간은 어림잡아 1000만 년이라는 것이다.

1930년대 이래 전형적인 미국 중서부 사람이 다 되어버린 짐 슈오프는 자신의 견해를 밀어붙이기로 결심한 듯했다. 네메예크 교수는 정반대의 사람이었다. 조용하고 소심한 그는 화석의 아름다움 및 생명과 관련된 화석의 의미를 함께 나누길 원하는 사람이었다. 두 사람은 가능한 한 먼 과거의 시간까지 적용할 수 있도록 현대의 종과 속 체계를 존속시켜야 한다고 주장했다. 이는 현재로부터 먼 과거까지의 변화를 어느 정도 고정시키는 이점이 있긴 했다. 하지만 찰스 라이엘Charles Lyell의 동일과정설Uniformitarianism, 즉 "현재는 과거를 푸는 열쇠다"라는 논리를 단순 적용한 것에 불과한 내용이기도 했다. 이 논리가 아직까지도 대다수 지질학자들의 뇌리에는 법칙으로 작용하고 있다. 지금의 생물집단을 가지고 과거의 시간을 찾으려 하면 할수록 그 논리에 더욱더 힘만 실어주는 꼴이 된다. 슈오프와 네메예크는 이런 전통적인 논거를 끌어다 붙이는 것을 자랑스러워했다.

노먼 휴스는 입을 다물어버리고 싶은 심정인 듯했다. 그리고 실제 그렇게 말했다. 건물 밖에 도열해 있는 소련군 때문에 두려움에 떨고 있는 청중들에게는 그의 단호한 어조가 그에 맞먹을 정도로 위력적인 것이었다. 아연실색할 수밖에 없었다. 사실 그의 주장은 그보다 이른 프라하의 봄 때 소련제국에 맞섰던 두브체크의 저항과 전혀 다를 바가 없었다. 공식화된 원리라고 해서 모두가 충성을 맹세할 수 있을까? 그게 공산주의에 관한 레닌의 정치이데올로기든, 라이엘의 동일과정설 논리가 됐든지 말이다. 휴스는 맹목적으로 순종하는 인간과는 거리가 멀어도 한참 먼, 어쩔 수 없는 영국인이었다. 결론을 내리자면, 케임브리지 퀸스대학Queen's College의 일개 연구원에 지나지 않았지만 그는 애초부터 그런 토론의 해악을 알고 있었던 터라 과감하게 권위에 도전했던 것이다. 또한 그 지성인은 누군가의 잘못을 이미 알고 있었던 것이다.

퀸스대학에서 연구하는 동안 휴스는 포도주 지배인을 겸직하기도 했다. 아무리 생각해봐도 그처럼 훌륭하게 두 가지 일을 다 잘한 사람도 없을 것 같다. 저장고의 포도주를 순환시키기 위해서라도 한 해 수천 파운드의 포도주를 팔아야 할 책임까지 지고 있던 그였지만, 포도주 맛을 직접 보는 것은 물론, 포도주 양조학에 관해 익히고 배우는 데도 열심이었다. 그런데 그 일은 화석의 명명과 관련해 그의 사고방식에 멋진 은유를 제공해주기도 했다. 포도주와 생명체 모두 조성이 매우 복잡하고 시간에 따라 변화를 보이기 마련이었다. 또 포도주와 화석은 손쉽게 용기에 담아 이름과 날짜를 붙인다는 점도 같았다. 샤토 페트뤼 포메롤 1945Château Pétrus Pomerol 1945라고 이름을 붙이더라도 간혹 각 단어가

뜻하는 바를 아는 전문가가 있을 수는 있겠지만, 제대로 알지 못하는 경우가 태반일 것이다. 이렇듯 뒤섞는 과정을 거치면 대개 이해하기가 더 어려워지는 법이다.

그는 화석을 통해 알 수 있는 진화적 변화란 다양한 종류의 생명체가 변화한 결과를 의미하기 때문에 그들이 동일 형태로 존속되는 기간은 짧을 수밖에 없다고 주장했다. 이는 과거로 거슬러 올라가면 올라갈수록 현재의 종과 속을 찾을 가능성이 더욱더 희박해진다는 것을 의미한다. 휴스는 지질시대 전반의 진화를 파악하기 위해서는 하나 이상의 종명과 속명이 필요하다고 주장했다. 또 화석이 발굴된 장소 및 지질학적 시간을 비롯한 세부기록, 같은 종류의 다른 화석과의 정밀한 비교 등이 요구된다고 했다. 이 완벽주의자의 기법을 뒤따른다는 것은 지난한 작업일 수밖에 없었다. 타인들에게는 다른 대상을 뜻하는 걸로 받아들여질지언정 하나의 단일명을 쓰는 게 훨씬 쉬운 법이다.

어찌 보면 요란하다고 할 수도 있는 휴스의 저항을 간략하게나마 소개한 이유는 포도주든 생명체든 그것을 분류하려는 우리들의 시도에도 불구하고, 방법이 작업의 신뢰도를 보장하는 것은 아니라는 점을 강조하기 위해서다. 왜냐하면 모든 것을 단순화시켜 묘사하기엔 각각의 것들이 너무 복잡하기 때문이다. 만일 퀸스대학이 아니라 상점에서 접하는 포도주라면, 진정한 의미에서 그 포도주 대부분을 양질의 포도주로 볼 수는 없다. 게다가 상표마저 없다면 포도주인지 식별조차 어렵다. 비록 같은 포도밭에서 수확했더라도, 서로 다른 포도주가 분명한데 똑같은 상표를 붙일 수는 없는 노릇이다. 이런 논의가 휴스의 강연에선 단골주제였다.

실제는 대회장 뒤쪽에서 나는 소리였지만, 소련 전투기의 굉음은 바로 머리 위에 전투기가 떠있는 것 같은 착각을 불러일으켰다. 토론내용을 알아들을 수 없는 건 말할 필요도 없이, 두려움에 질려 많은 사람들이 바닥으로 내려앉았다. 전투기 엔진의 진동으로 칠판이 흔들리기도 했다. 네메예크 교수는 우리를 진정시키느라고 애를 썼다. "저들이 우리를 방해하는 걸 그냥 놔두지 맙시다. 저들은 자신들이 왜 저러는지도 모를 뿐더러 무슨 짓을 저지르고 있는지조차 모릅니다." 그것은 생물학자들이 여전히 마주하고 있는 진퇴양난의 상황과 다를 바 없었다. 냉전이 정치적 태도를 둘로 나눠놓은 것처럼, 내 생각으로는 진화를 동반한 환경변화의 역할을 논하는 생물학자들 사이에 무슨 장벽 같은 것이 가로놓여 큰 힘을 발휘하고 있었다.

　굳이 절충안을 꼽으라면 하나가 있기는 하다. 그 프라하 회의에서 피터 실베스터-브래들리Peter Sylvester-Bradley가 내세운 방법이었다. 당시 레스터대학교University of Leicester의 지질학교수였던 그는 화석에 종명을 부여하는 방식이 꼭 현대의 명명법을 따라야만 하는 것은 아니라는 실례를 보여준 사람으로 널리 알려지게 되었다. 그는 휴스처럼 대개 같은 종으로 분류되었을 일군의 화석 생명체들을 수많은 소집단으로 나눠 서로 다른 이름을 부여하는 데 열중하는 '세분파 분류학자'들에게도 일정정도 굳건한 신뢰를 보내고, 분명하고 의미 있는 차이들이 드러나지 않는다면 모든 걸 한데 묶어 똑같이 취급해버리는 '병합파 분류학자'들을 지원하기도 했다. 냉전의 남은 기간 동안 화석에 종명을 부여하면서 떠오른 딜레마는 결국 한쪽에 치우치거나 이쪽과 저쪽 양극단을 모두 인정하는 모습으로 귀착하게 만들어버리고 말았다.

　지난 30여 년간 많은 고생물학자들은 어느 한쪽 아니면 실베스터-브래들리처럼 양쪽을 인정하는─사실 중립이란 어려운 일이다─자신들의 모습을 보아 왔다. 하지만 최근 종에 관한 개념을 명확히 세우는 데 변화의 바람이 불고 있다. 오늘날 진화라는 극장에서는 전체 대신에 실체가 중심무대를 차지하면서 복잡하기만 한 전체 및 실체 사이의 대립이 격화되고 있다.

진화적 변화를 시각화하는 방법

1970년대 초, 쉽지 않은 계기로 인해 대영자연사박물관에서는 종 간의 유연관계를 탐구하는 데 있어 다양한 사고방식이 출현했다. 사실 다윈을 기리는 성지이자 진화생물학 연구의 본부들이 있는 곳이 자연사박물관이다. 대영자연사박물관의 평화가 깨진 건 개방대학Open University 교육학자 출신인 닐 찰머스Neil Chalmers가 새 관장으로 임명되면서였다. 일로 보나 뭐로 보나 그는 정상의 범주를 벗어난 아주 색다른 사람이었다. 그런데도 그가 임명된 것은 분위기 쇄신이라는 기대치 때문이었다. 발표에 중점을 두든지, 아니면 분자계통학에, 또 막대한 양의 연구 자료를 해석하는 데, 즉 어디에 중점을 두느냐에 따라 연구방식은 바뀔 수도 있다. 물론 돈벌이에 급급할 수도 있다.

한편 관련 연구 분야에 정부자금을 집행하는 과학연구위원회는 영국의 진화생물학 연구가 구시대적이고 비생산적일 뿐 아니라, 너무 묘사활동에만 치우쳤다는 이유로 정부로부터 경고까지 받았다. 이는 날이면 날마다 자연사 연구에만 매달린 활동에 닥친 두 번째 위기로 비쳐졌다. 과학연구위원회는 미국의 중견 고생물학자들을 초청해 영국 전문가들과 위원들이 함께 한 자리에서 관련분야의 현 상황을 짚어보는 토론 기회를 마련했다. 공항에서 열린 그 회의가 바로 히드로 회의다. 그들은 수많은 연구가 단순한 묘사 작업에 집중되었다는 데 동의했다. 어느 평자의 논평은 이랬다. "우표수집은 중단돼야만 할 것이다." 특정 학설들을 무조건 받아들이지도 않고, 해석도 검증을 해보는 것이 정상적인 연구방법이라

할 것이기 때문에 묘사에 치우친 연구는 진정한 의미의 과학이 아니었다. 그런데 그렇지 않다보니 특별한 평자들 개개인의 판단이나 일시적인 생각에 휘둘리는 지경에까지 몰린 것이다. 하지만 모욕으로 보일 수도 있는 그런 평가 속에는 사실 훨씬 더 분석적인 태도가 요구된다는 뜻이 담겨있다.

　시기적으로 볼 때 그런 비판이 박물관의 일부 직원들에게 달가울 리가 없었다. 고생물학에 분기학을 도입하라는 결정이 내려졌기 때문이었다. 그런 분석방법은 형태학적인 측면, 종과 종의 위치 간 상관관계를 과학적으로 검증해보는 객관적인 방법으로 활용될 수가 있었다. 더 이상 우표나 수집하는 것 같은 짓은 필요치 않았다. 그것이 진정한 과학이었다. 박물관 전시실에 분기도가 내걸리자, 영국의 주류 생물학계는 충격에 빠져 버렸다. 원로급의 전문가들은 이미 수세에 몰리는 처지가 될 수밖에 없었다. 게다가 분기학에서 비롯된 위협에 더해, 멀리 지평선에선 또 다른 이상한 학문이 어렴풋이 떠올랐다. 유전학이었다.

　분류학과 고생물학이 과학적이지도, 실험적이지도 않다는 시각이 광범위하게 퍼진 건 1960년대부터였다. 이는 유행에 휩쓸리기보다는 전체 구조 속에서 동·식물을 바라보는 전통을 처음 이끌어낸 분자생물학이 부상한 시기와 일치했다. 전통주의자들에게는 자신이 하는 일이 '우표수집'으로 불리는 게 큰 모욕이 아닐 수 없었으나, 죽은 표본이나 들여다보는 일을 과학이라 할 수는 없는 노릇이었다. 자연사박물관의 찰머스는 그와 관련해 해야 할 일을 알고 있었다. 그가 임명된 이유는 바로 우표수집가들을 도태시키고 그 자리를 진화생물학 분야에서 좀더 많은 경험을 쌓길 원하는 사람들로 채우는 소임 때문이었다. 그에 따라 대규모 게놈프로젝트 연구의 출범을 위해 분자생물학자들이 불러 모아졌다. 그리고 이제 서로 다른 수천 종種의 DNA로부터 어마어마한 뉴클레오타이드의 염기서

열을 밝히는 작업이 진행되고 있는 것이다.

　새로운 형태의 고생물학 시대가 도래했음을 알리는 확실한 조짐이 공표된 것은 1984년《네이처Nature》지를 통해서였다. 분기학을 통해 진화론을 검증해보는 방식이 관심을 끌게 되자, 영국 진화생물학계를 선도하는 존 메이너드 스미스John Maynard Smith는 고생물학자들을 진화 강연에서 '주빈석'에 앉혀 환영하기까지 했다. 우리는 분기도를 이용해 다양한 종류의 생명체들을 그들이 갖고 있는 공통점에 따라 함께 연결 지을 수가 있다. 선택조건에 따라 특징이 나타날 수가 있다. 대개 구조적 특징이나 행동양식상의 특징이다. 다양한 종의 지리적 분포를 나타낸 자료를 통해서도 분기도를 작성할 수 있는 반면에, 보다 최근의 DNA 염기서열은 비슷비슷하게 도표화된 분석자료들을 무수히 생산하고 있다. 어떤 형질을 선택하느냐에 따라 상호 관련성은 달라진다. 따라서 다양한 변이를 활용해서도 자신만의 가설을 검증해볼 수가 있다. 더 나아가 통계학적인 비교를 통해 이런 식으로 묶인 다발 중 어떤 집합이 가장 타당한지도 우선적으로 밝혀낼 수 있다.

　분기학적 방법은 전통적인 구조 속에서의 고생물학과 염기서열 데이터베이스 양쪽에서 나온 모든 자료들을 분석하는 방식에도 큰 영향을 끼쳤다. 하지만 내 입장에서는 초기 주창자들이 분기학을 진화 체계 속에서의 유연관계를 밝히는 단일 해법으로 예단한 것에 대해 어느 정도 우려를 하지 않을 수가 없다. 자신의 책『머나먼 시간Deep Time』에서 헨리 지Henry Gee는 분기학 초기 몇 년 동안 일어났던 사건과 발전 양상을 도표로 만들어 제시한 바 있다. 책에는 생물학계 주류와 대영자연사박물관 출신의 '깡패 네 명' 간에 전투가 벌어졌다는 대목이 나오는데, '깡패 네 명'이란 독립적 입장을 취합네 하는 지식인들이 점심식사가 끝난 선술집에서 자신들의 재미와 공포를 공유하면서 지어낸 표현이었다.

분기학의 함의_{含意}가 고생물학자들 사이에서 일상으로 자리를 잡은 것은 그로부터 20년이 지난 후였다. 이제 분기학적 기법은 진화와 관련된 문제를 탐구하는 데 있어서 다른 여러 방식들과 어깨를 나란히 하며 함께 사용되고 있다. 객관 혹은 주관적인 모습을 띠기도 하고, 때에 따라서는 경험적인 측면이나 권위적으로 쓰이면서 말이다. 가히 혁명적이라 할 분기학이 전체 진화생물학 연구과정 속에 무사히 안착을 해 온 것은 사실이다.

그렇지만 여전히 나는 진화적 변화를 탐구하려는 현재의 방법상에 뭔가 문제가 있다고 생각한다. 경쟁이라든가 적자생존 같은 개념을 지나치게 강조함으로써 진화과정에서 우리가 놓치고 있는 부분이 있지 않느냐는 것이다. 분류학, 분기학 및 계통발생학적 체계 간에 나타나는 혼란이 단순히 진화의 실체를 파악하려는 우리의 시각에 먹구름만 드리우고 있는 것은 아닐까?

대부분의 사람들이 진화를 이끄는 기제에 대해 말하는 걸 보면 특정한 설명에 치우쳐 있다. 그 하나가 창조론이고, 또 하나가 자연선택론이다. 유전자와 DNA는 단지 그런 추동장치의 카뷰레터[기화기]와 점화플러그에 불과하다는 얘기가 돼버리고 만다. 그렇다면 다른 기제는 존재하지 않는다는 말인가? 체계가 자기 스스로 조절하고, 추동력을 얻는 데는 자체 복잡성만 있으면 그것으로 충분한가? 그러니까 환경의 역할은 무시해도 된다는 말인가?

요컨대 계통적 체계에서 벗어나면 벗어날수록 진화를 이해하는 방식과는 동떨어지게 된다. 생명 계통수의 그림자로부터도 한참이나 멀어지는 것이다. 종과 속, 그들의 상호관계, 계통수의 작은 가지들은 고려의 정도를 낮추는 대신, 전체 가지 또는 분기군의 추세 및 유형을 살펴봐야 한다. 부분보다는 전체를 좀더 심도 있게 바라봐야 하는 것이다.

최근 오스트리아의 동물학자인 볼프강 비저Wolfgang Wieser는 진화에 관한 생각 중에서도 아주 급진적이라 할 수 있는 모형을 제시한 바 있다. 그는 스스로 알아서 움직이는 부분과 부분 간에는 생물다양성이라는 복잡한 체계를 더욱 복잡하게 하려는, 어느 정도 강제가 개입된 협동작용이 있음을 간파했다. 생물다양성을 놓고 종에 기초한 접근방식이 우세한 가운데, 우리는 모든 개체가 함께 작용하는 방식을 토대로 집단의 동학을 탐구해볼 필요가 있다. 비저가 생명을 유기체로 본 시각은 구체적으로 특별한 진화경로와 연결 짓지 않으면서도 개체와 집단을 통합해 탐구할 수 있는 세포생물학을 주목하게 만들었다. 그의 모형이 계통생물학으론 답을 찾을 수 없는 문제들의 대부분을 해결해준 건 아니다. 하지만 아주 복잡한 체계를 바라보는 색다른 사고방식의 예를 보여주었다.

비저의 관管 모형과 아가시의 방추 모형 사이에 커다란 지적 도약이 있었던 것은 아니다. 양쪽 모두 기나긴 지질시대 동안 생명이라는 집합체가 어떻게 진화했는지 이해를 돕기 위해 시각적 비유방식을 도입했던 것이다. 비록 둘 다 나름대로 여러 가지 변이와 집단, 집단을 이루는 개체 및 동일한 분류학적 집단 등을 다뤘으나, 나타난 변화 모습은 유사했다. 즉 각각의 관과 방추가 기본적으로 동일한 모양을 보여주는 것으로 드러났다. 일단 새로운 군집으로 정착되어 다양성이 절정을 이룬 후에는 오랜 기간 천천히, 간혹 감지할 수 없을 만큼 미세하더라도, 체계 내 크기가 하향곡선을 그리게 되는 것이다. 이는 생물학과 생태학 분야에서 시간에 따라 되풀이되는 형태다. 그것이 바로 시장의 성장을 비롯해 여러 다양한 예를 들 때 활용되는 종형곡선이다.

새롭게 전개되는 환경에 반응을 보인 세포가 내부의 진화과정을 펼칠 민한 시간이 주어지면 비로소 초기분화가 천천히 일어난다. 유전활동이 폭발적으로 촉진되면서 유전자 염기서열의 재조합, 돌연변이, 그리고 새로운 단백질의 합성 등이 일어난다. 특히 새로운 환경조건 속에서는 그런 활동의 일부가 때로 무모하거나 실패를 낳기도 하나, 대체로 활발한 활동이 전개된다. 예를 들면, 대륙의 이동에 의해 야기된 아주 사소한 해수순환의 변화만으로도 육지환경은 급격한 변화를 겪을 수가 있다. 작은 변화에 불과하더라도 강수량의 변화나 다른 측면의 기후변화는 새롭게 암반이 침식되는 상황을 가져와 토양의 구성을 바꾸고, 심지어 새로운 식물상이나 동물상을 추가시킬 수도 있다. 이렇듯 하찮게 보이는 환경변화라도 적응을 위한 생체 내 특별한 효소의 생화학적 작용에까지 영향을 줄 수가 있다. 세포내 기나긴 염기서열의 반응을 촉발해 결국 DNA가 작동하는 방식에 변화를 일으킬 수도 있는 것이다.

환경생물학과 세포생물학 간의 그 같은 상호작용에 대해서는 구체적으로 알려진 게 거의 없다. 또 진화와 어떤 관계가 있는지도 알려진 게 없다. 단지 가능성이 있는 시나리오를 제시해보면 이렇다. 적은 수의 개체들이 새롭게 이용가능한 지역을 성공적으로 침범함으로써 새로운 집단으로 기원하게 되면, 그들의 유전체(게놈) 내에서는 새로운 주위환경에 가장 적합해지려는 생화학적 반응이 일어나고, 그에 따라 분화에 속도가 붙는다. 천천히 출발을 보인 이후엔 빠른 분화가 일어나 분명히 정점에 도달하고, 다시 서서히 오랜 기간에 걸쳐 다양성 범위가 축소되어 멸종에 이르게 된다. 그것이 최고로 확장되었을 때는 다양성이 확대된 큰 규모의 분기군을 이루고, 그 분기군이 멸종되기까지는 오랜 시간이 소요될 것이다. 그럼에도 불구하고 멸종은 분명히 일어날 것이다.

누군가 나타나 아가시의 방추들을 결합시켜야 할 필요성에 대항하여, 이것은 저것과 더 밀접한 관계를 맺고 있다는 식의 분류체계도 필요치 않은 게 그 모형이며, 세부적인 분류도, 원시적인 모습에서 보다 발전된 상태로 옮겨간 특색을 논하는 것도 필요치 않다고 한동안 강변할지도 모를 일이다. 비록 아가시의 방추 모형이 정확도는 결여된 채로 그려진 그림이긴 해도, 한때 빠르게 분화된 수많은 생물이 정착을 했었다는 사실만은 분명하게 일러준다. 이는 비저의 모형이 제시한 세포생물학적 과정이 동일하게 나타난 걸로 볼 수 있다. 또 생태학적으로 비저가 말하는 '집단'과 '군집'이 자리를 잡게 되면, 분화곡선이 최고조에 달한다는 점도 같았다. 수적으로 열세에 놓인 종 및 개체가 점점 영역을 잃어가는 상황이 지속되면 결국 멸종에 처한다. 이게 바로 왜 그토록 자주, 갈 데까지 간 마지막 승객이 내리는 항구가 섬이 되었는지를 말해주는 이유다.

진화에 관한 새 모형

딜샷과 나는 아가시가 1833년에 자신의 연구와 실례를 모식화한 그림과 동일한 발상으로 모든 대규모 식물집단의 다양성 변화를 추정해 교과서에 실어놓은 그림의 일부를 살펴봤다. 우리는 생명체가 기원할 즈음의 유전적 과정에 관해 토론을 했다. 환경이 변화되고 세포수준에서 눈에 보이지 않는 유전적 변화가 일어 생명체의 구조에 투영되기 전까지 기원은 지체된다. 그러다가 곧 급작스럽게 종의 수가 최고조에 달한다. 우리는 앞에서 지질시대 동안 여러 기간마다 이 모든 것을 보아 왔다. 공룡이 정점에 달한 때는 백악기 후기였고, 포유류는 신생대 제3기 마이오세 때였으며, 생물학적으로 무수한 종이 최고로 번성한 때는 제3기 올리고세 중에서도 기후가 가장 따뜻할 때였다. 이렇게 절정에 올랐다가 그 다음에는 아주 천천히 다양성이 감소하고, 대개 공간적으로 고립된 채로 일부만 잔존하게 되면서 결국 멸종을 겪게 된다.

새로운 도전과제가 딜샷으로 하여금 자료에 형식을 부여하고 그것을 통계적으로 분석하는 새 컴퓨터 프로그램을 작성토록 했다. 그는 우리가 축적한 데이터베이스의 일부를 검증해보기 위해 수학적 형식과 모형을 고안해냈다. 모형에 의해 예측된 변화들이 실제 자료의 추세들에 부합함을 확인하면서 우리는 그 모형이 정확했다고 확신할 수 있었다. 이는 그 모형을 활용해 화석기록의 공백을 메울 수 있다는 걸 의미했다. 또 미래를 예측하는 데도 활용될 수 있다는 걸 뜻했다. 더 중요한 사실은 그 모형을 활용함으로써 거대 동·식물 집단을 막론하고 과麵라는 것이 동일한 진화가지의 일부라는 것을 확정하는 데 도움이 되었다는 점이다.

또한 이 연구모형은 불명확한 전문용어(종, 유전자 등)를 사용한다거나 서로 대립하는 진화론(선형론, 단속평형론, 기하급수론), 계통적 분류법(진화계통수, 분기학 등), 외부의 힘에 의한 멸종 위기설 등이 난무하는 상황에서 오는 혼란을 해소하는 데도 도움을 줄 수가 있다. 사실 그런 상황에서 우리 자신이 원래 자료를 이해하는 데 문제가 있었다는 것은 놀랄 일이 아니다. 막대한 양의 자료를 가지고 제반 문제에 대한 답을 얻는 데 컴퓨터 분석방법을 이용할 수 있는지 그 여부조차 몰랐으니 말이다. 어느 누구도 정답을 확신할 수 없는 일종의 가상퀴즈 같았기 때문에 그랬는지도 모른다.

동·식물 집단 내에서 일어나는 진화적 변화를 설명하기 위해 우리가 완성시킨 모형은 그 변화를 매우 단순한 하나의 과정으로 표현할 수 있다. 이는 다음과 같이 간단한 수식으로 규정된다.

$$\underset{\sim}{N}(t) = \frac{N_f N_0 e^{-\gamma t}}{N_0 + (N_f - N_0)e^{\alpha N_f t}}$$

이 수식을 통해 아가시의 그림에 나타난 방추 형태에 관해 설명을 해보고자 한다. 이 식은 지질시대 동안 다양성이 정점에 달했을 때 과의 수를 기록한, 전체 다양성의 합계를 나타낸다(즉 100만 년 간격마다 집단 내 출현한 과의 수다). 또 아가시의 방추 형태로부터 독특한 멸종 요인을 산출해 수식에 적용시켰다. 모든 숫자는 인터넷(www.biodiversity.org.uk)을 통해 『화석기록 2The Fossil Record 2』 데이터베이스에서 내려 받을 수 있으며 마이크로엑셀 파일에 적용시켜 볼 수가 있다. 누구든지 '자료 검색search data' 메뉴를 클릭한 후, '화석기록 2'를 선택하여 자동계산해볼 수 있도록 한 것이다.

우리는 먼저 『화석기록 2』 데이터베이스에서 각각의 문門을 취해 이 정보를 가지고 모형을 검증해보았다. 내가 처음 그 곡선을 보았을 때 나는 모든 곡선이 동일한 모양을 보여주고 있어서 깜짝 놀라지 않을 수 없었다. 또한 첫 번 실험에서 아주 흥미로운 결과가 나타났다. 수식으로 구한 곡선과 『화석기록 2』에서 나온 실제의 하강곡선이 정확히 일치했던 것이다. 그때 나는 모랫더미 실험에서 나타난 단순한 변화를 기억해냈다. 우리의 분화곡선이 동일한 추세를 따르고 있는 것은 아닐까? 페어 박Per Bak과 로스앨러모스Los Alamos의 그의 동료들은 모랫더미 실험을 통해 많은 자료를 축적해 두고 있었다. 또 그들의 초기 이론이 차량정체와 관련해 실험이 되기도 했다. 현재 유기체 세계를 탐구하는 데는 진화생물학에서 나온 자료로도 충분한 형편이다. 그렇다면 각각의 거대집단이 하나의 복잡한 자기조직계를 이루고 있는 게 사실일까? 3장에서 나는 전체 데이터베이스가 어떻게 자기조직화 유형을 따르고 있는지를 제시한 바 있다. 아마 거기 담긴 개별 집단의 유형도 마찬가지일 것이다.

방추모형 검증과정에서 가장 명백하게 드러난 점은 완전히 멸종된 것으로 알려진 생명집단을 이론적 토대로 삼았다는 것이다. 만약 방추모형이 정확하다면 그 멸종집단이 지질시대 동안 분화한 곡선은 하나의 완벽한 방추 형태를 띠어야 할 것이다. 두 분기군을 가지고 얘기를 시작해보겠다. 하나는 무악류無顎類 Agnatha라고 불리는 턱없는 척추동물이고, 또 하나는 우스꽝스럽게 생긴 작은 개 모양의 동물인 키몰레스타Cimolesta다.

무악류는 약 4억7000만 년 전에 처음 출현해 3억5000만 년 전에 대부분 멸종했다. 이들 과의 다양성을 곡선으로 나타낸 것이 그림 5.2다. 대칭적인 방추 모양으로 표현될 수 있는 이 그래프는 최후를 맞은 멸종 전에 급속하게 과가 감소한 것을 보여준다. 아주 불완전한 상태의 너무나 오래된 퇴적층에서 발굴된 화석자료는 해석을 하는 데 있어서도 온통 모호하기만 한 특성을 갖는 게 일반적이다. 어쩌면 그 때문에 모형을 통해 예상되는 것보다 훨씬 빠르게 다양성이 감소돼 멸종으로 치달은 그림이 되었는지도 모른다. 과거의 시간으로 거슬러 올라가면 갈수록 불명료한 이미지만 더욱 짙어질는지도 모르겠다. 그렇더라도 우리가 작성한 이 곡선이 종형모형을 잘 따르고 있는 것은 분명하다.

그 다음은 또 다른 분기군, 키몰레스타에 관한 자료다. 화석기록도 잘 보존된 훨씬 최근의 퇴적층에서 발굴된 화석으로부터 나왔다. 이 과는 중생대 백악기에 처음 나타나기 시작해 신생대 제3기 초에 절정을 이뤘다. 그리고 꼭 300만 년 전에 멸종했다. 공룡이 사라지면서 분화가 촉진되었던 동물이다. 생존시기의 분화곡선(그림 5.3)이 우리가 제시한 모형의 수식으로 작성한 곡선 모양과 완벽하게 일치했다. 더 늦게 기원된 걸로 나타나긴 했지만, 정점에 오르기까지 매우 빠르게 분화를 해서 서서히 다양성이 감소, 멸종에 이르게 되는 모양이 우리가 모든 수단을 강구해 이론적으로 예측한 곡선과 일치했던 것이다.

거대집단을 이룬 동·식물 대부분은 아직까지 멸종하지 않고 있다. 따라서 방추로 치자면 기초부분의 모양만 보여줄 수 있을 것이다. 그런데

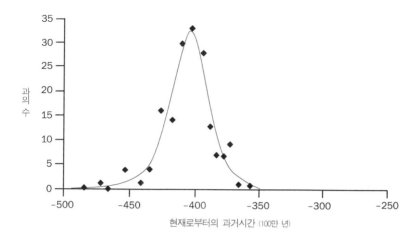

그림 5.2 화석을 통해 파악한 무악류(無顎類, Agnatha) 과(科)의 수.
『화석기록 2』 데이터베이스를 이용해 100만 년 단위로 과의 수를 파악한 것이다.
턱없는 척추동물인 무악류는 현재의 칠성장어와 먹장어와 비슷한 어류였다.
처음 출발해 기하급수적으로 증가하다가 앞에서 수식으로 제시한 모형(236쪽)
대로 정점에 올랐다. (자체 자료)

도 다시 한번 동·식물 모두 변화 유형이 우리 모형과 일치하는 것을
입증해볼 수 있었다. 우리가 그래프를 그려본 가장 거대한 집단은 속씨식
물(그림 5.4)과 포유류(그림 5.5) 집단이었다. 누구든 인터넷을 통해 시험해
볼 수 있겠지만, 다른 생명체도 모두 동일한 추세를 보여주었다. 속씨식물
과 포유류 모두 신생대 제3기 팔레오세와 에오세 때 최고의 분화 속도를
보여주었으며, 포유류 과의 수가 정점에 오른 것은 마이오세 초기였다.
속씨식물의 과는 지금 절정을 이루고 있다. 앞의 수식으로 계산된 곡선은
모형을 통해 미래의 변화도 예측할 수 있게 해준다. 만일 계속해서 모형대
로 따른다면, 포유류는 앞으로 9억 년 안에 멸종하고 속씨식물은 그보다는
훨씬 늦게 멸종할 것이다. 단 이런 예측은 외부의 간섭 없이 체계가

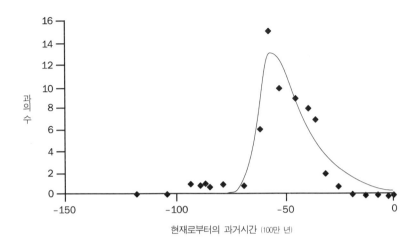

현재로부터의 과거시간 (100만 년)

그림 5.3 『화석기록 2』 데이터베이스상에 100만 년 단위로 출현한 키몰레스타
(Cimolesta) 과(科)의 수.
키몰레스타는 소형 개처럼 생긴 동물이다. 그림 5.2와 마찬가지로 기하급수적으
로 출발해 정점에 달한 이후, 멸종은 천천히 진행되었다. (자체 자료)

전적으로 자기조직화한다는 것을 전제로 했을 때의 얘기다.

　그렇지만 생물학적 사실이나 원리는 물론 간단한 게 아니다. 따라서
분화곡선이 항상 우리의 수식을 따르는 것도 아니다. 대개는 일반적인
종형곡선보다 훨씬 더 흥미로운 점들이 드러나는 예외가 있는 것이다.

　첫째 예외는 조류와 공룡의 유연관계를 논한, 의견이 분분한 그 화제의
논쟁에 적용이 된다. 논쟁을 불러일으키는 데 기여한 그 모형을 이해하려
면 내가 3장에서 언급한 기하급수적 분화라는 개념으로 되돌아갈 필요가
있다. 그림 3.5에 제시한 대로 화석으로 발굴된 모든 과의 다양성을
그래프로 그리면서 우리는 곡선에서 기하급수적 특징을 발견했다. 그것
은 개별 분기군과 모든 문(門)에 적용해본 수식모형과 동일한 형태였다.
이제 막 다양성의 절정을 향해 올라가고 있는 곡선 말이다. 비록 기하급수

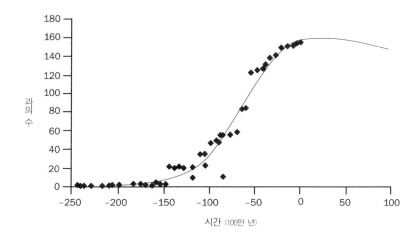

그림 5.4 『화석기록 2』데이터베이스를 토대로 100만 년 단위로 나타낸 속씨식물 과(科)의 수.
실선으로 나타난 대로 앞의 수식으로 계산한 모형을 적용해보면, 앞으로 2000만 년 후에 과의 다양성이 최고조에 이르렀다가 아주 천천히 멸종의 길로 접어드는 것으로 예측된다. (Boulter & Hewzulla, 1999)

적으로 가파르게 상승곡선을 타고 올라가더라도 생태학적으로 포화상태에 이르는 때가 되면 하강을 시작한다. 계속해서 기하급수 모형(그림 4.1 참고)을 따르는 모든 과들이 그렇듯이 체계가 엄청나게 클 때는 기하급수적 형태가 명백하게 드러난다. 이처럼 방추형 곡선은 이미 분기군 속에 내재된 자기조직화의 또 다른 표현이다.

물론 그들이 수식 모형을 따르지는 않을 것이다. 수식 모형의 설명구조에 대량멸종사건과 같은 중요 삽화가 반영되지 않았기 때문이다. 우리는 이미 공룡 과의 수에 미쳤던 K-T(백악기-제3기)사건의 극적인 영향을 알고 있다(그림 2.3참고). 중요한 두 공룡집단, 조반류와 용반류는 중생대가 시작될 때쯤 기원했다. 둘 다 거의 같은 시기에 세 차례의 절정을 보이곤, 물론 똑같이 6500만 년 전에 멸종했다.

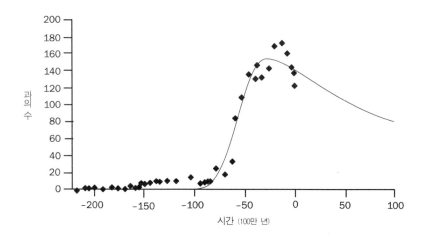

그림 5.5 『화석기록 2』데이터베이스를 토대로 100만 년 단위로 나타낸 포유류 과(科)의 수.
지구-생명계가 외계 사건으로부터의 영향만 받지 않는다면, 3장 및 4장에서 언급한 기하급수 모형으로부터 멸종시기를 예측해볼 수 있다. 실선으로 나타낸 것이 예측곡선이다. (Boulter & Hewzulla, 1999)

공룡 자료에 조류 과를 추가시키면 기하급수 모형에 훌륭하게 들어맞는 것을 볼 수 있다(그림 4.1 참고). 하지만 조류 자료에 용반류 자료만 더하자 거의 완벽하게 기하급수 곡선과 일치했다. 이는 조류가 용반류 집단의 일부라는 의미일 수밖에 없다. 두 가지가 합쳐져 하나의 완벽한 기하급수 곡선을 이뤘기 때문이다.

종형곡선과는 다른 둘째 예외는 우리가 서로 다른 두 집단의 다양성을 분석한 자료를 통해 처음 발견한 것으로, 바로 양서류와 양치류다. 우리의 곡선(그림 5.6 참고)을 보면, 양 쪽 모두 간단한 종 형태로 나타나지 않는다. 대신 두 차례 절정을 이뤘는데, 하나는 고생대 때였고, 또 한 차례는 신생대 제3기 말이었다. 처음에는 우리의 모형이 잘못돼 큰 낭패를 보는

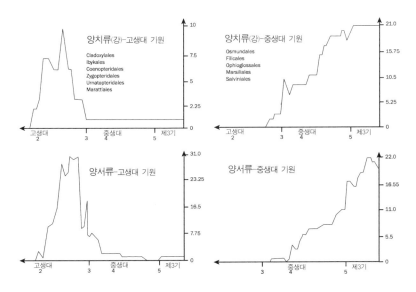

그림 5.6 양치류와 양서류 과(科)의 수 변화.
『화석기록 2』 데이터베이스를 토대로 100만 년 단위로 과의 수를 나타냈다.
양 집단을 둘로 나눠 보면, 즉 하나는 대량멸종사건 2가 발생하기 이전의 고생대
때 기원한 것과, 또 하나는 대량멸종사건 3 직전 및 직후에 기원한 것으로
구분해보면 앞에서 제시한 수식 모형의 신빙성이 그대로 유지된다. (자체 자료)

줄로만 알았다. 하지만 그런 이후에 나는 엄청나게 오랜 시간을 두고
보면 이 거대집단들이 생물학적으로도 충분히 입증이 가능하다고 생각을
굳히기 시작했다. 각 집단에 대한 개념이 잘못된 것은 아닐까? 그래서
집단을 구성하는 과를 둘로 나누어 보았다. 즉 하나는 고생대 때 출현한
과로, 또 하나는 좀더 최근의 것으로 말이다. 프로그램을 다시 돌려보자
각 시기별 과가 종 모양으로 여지없이 되돌아갔다(그림 5.6). 이로써 우리는
양서류와 양치류가 종의 진화에 관한 방추 모형을 따라 진화적으로
두 차례에 걸쳐 최고조에 이르는 분화를 경험했다는 것을 알 수 있었다.
이 참신한 생각은 출처가 다른 증거를 통해서도 다른 전문가들로부터

확인이 될 게 틀림없다.

　종형곡선과 기하급수 모형이 주목을 끌고 있는 가운데, 세 번째 예외가 생기는 지점은 바로 외계 힘에 의한 간섭을 받았을 때다. 정상적인 자기조직계를 방해한 게 대량멸종사건이다. K-T 경계에서 공룡 과가 멸종을 당한 게 그 분명한 예다(그림 2.3 참고). 또 양서류 과의 수가 감소했던 P-Tr(페름기-트라이아스기) 대량멸종사건(그림 5.6 참고)은 생명계 내부의 변화와 연관된 부드러운 종형곡선 모양을 교란시켰다.

　그렇다면 이 모든 방추형 곡선은 어떤 의미를 갖는 것일까? 종형 모형의 수식이 실제 생물학적 실체를 보여준 것이라면, 동일한 기원을 가진 자연집단의 구성원도 마찬가지가 아닐까? 자연집단의 개체들은 동일한 모양의 진화계통을 이끄는 유전학적 측면과 지리적 요소, 생태 및 형태학적 요소들을 똑같이 공유한다. 종형 모형의 결정적 특징은 기하급수적 분화라는 개념을 활용한 데 있다. 또 그 특징은 우리가 처음으로 진화적 변화를 자기조직계로서의 변화로 인식한 데서 출발했다. 그것은 모랫더미를 키우는 모래알과 같다. 모래알갱이는 당연히 사태를 일으킨다. 또한 종형 모형은 자기조직계를 내부의 각 부분들로 나누는 일과도 관계가 있다.

　정확성을 기하기 위해 좀더 다듬어야 할 내용이 있을지는 몰라도, 최초로 시도해보는 이런 연구결과가 뜻하는 바는 앞의 수식이 집단 내에서 일어나는 진화적 변화들을 설명해줄 수 있다는 점이다. 더 나아가 그 수식은 『화석기록 2』 데이터베이스상에 나오는 생물 문門 대부분에게도 훌륭하게 적용될 수가 있다. 우리는 각 문 속에서 전개된 진화를 하나의 단일한 수식으로 규정지을 수 있다. 때로 홀데인J. B. S. Haldane과 이언 스튜어트Ian Stewart 같은 수학자들은 생물학적 형태와 과정이 수학법칙대로 움직인다는 사실을 어렴풋이나마 알아채기도 했다. 정상적인 모든 형태는 단일한 수식으로 묘사될 수 있고, 방추형 곡선에 예외는 없다. 그 계산식은 출현한 유형의 단순성과 조화를 이룬다. 진화적 변화를 경이롭게 축약한 이 수식 속에서 자연의 아름다움이 발견된다.

하지만 지금 이 시간, 지구 생명역사상 과거 5억 년을 통틀어 유일무이한 변화가 일어나고 있다. 처음으로 어느 포유류 종이 환경을 바꿀 수 있는 쪽으로 진화를 하고 있다. 게다가 극적으로 환경을 변화시키고 있다. 그것도 제멋대로 아주 빠르게. 서식지를 잃은 종은 멸종의 길을 걸을 수밖에 없다. 오랜 시간을 거치면서 대규모로 서식지가 파괴될 때 그 사태의 영향력은 엄청나게 강력할 수밖에 없다.

6 인간이 초래한 멸종사건

현생인류의 첫 공격

일부 과학자들은 순식간에 벌어지는 폭력적인 공격행위가 현재의 인간을 사로잡고 있다고 믿는다. 동아프리카에서 기원한 우리 현생인류는 약 4만2000년 전, 삶의 터전을 버리고 북쪽으로 이주를 했다. 중동을 거쳐 오른쪽으로 길을 잡은 한 갈래는 아시아로, 왼쪽으로는 유럽을 향해 길을 떠났다. 그들은 이미 12만 년 전 그곳에 당도한 다른 인간집단과 곧 맞닥뜨리게 된다. 바로 네안데르탈인이다. 그들은 조심스럽게 현생인류와 거리를 유지했다. 두 집단은 서로 경계를 했다.

그러다 처음 충돌했을 때 현생인류가 훨씬 더 공격적이었던 것 같다. 우리와 유연관계가 높은 네안데르탈인은 비록 외모도 아주 비슷하고 특징도 거의 닮아 있었으나 우리보다 훨씬 더 유순하고 평화스러운 존재였다. 양쪽 다 손을 이용해 솜씨 좋게 사냥을 위한 창을 만들고, 동부 아프리카 및 더 북쪽 숲의 덤불을 헤치며 두 다리로 서서 집단적으로 옮겨 다녔다. 하지만 현생인류는 다른 차이점을 갖고 있었다. 논쟁의 여지는 있지만, 보다 더 지적이고 언어사용능력도 앞서 있었으며, 훨씬 더 이기적이었다. 사냥능력도 훨씬 뛰어나 더 많이 먹고 더 강해졌던 것 같다.

사막이나 동굴 바닥 이곳저곳에 서로 시기를 달리하는 영장류 집단의 뼛조각이 뒤섞여 흩어져 있는 상태에서 부서진 조각을 맞추는 게 쉬운 일은 아니라 해도, 그것들이 아주 특별한 주위환경을 필요로 하는 같은 동물의 것이라는 점만은 확실하다. 한편 어떤 실재했던 종을 탐구하려는 시도로부터 나온 설명의 신뢰도와 관련해서 본다면, 그런 설명이 완전히 객관적이라고 할 수는 없는 노릇이다. 그럼에도 불구하고 세밀하게 살핀 해부학자들은 지난 200만 년 동안 동아프리카에서 살았던 호모속屬의 종種들을 5종 이상으로 규정짓는다. 어떤 것은 오로지 두개골 파편에 근거한 것이고, 나머지는 극히 일부에 불과한 표본을 토대로 한 얘기다. 건초더미에서 바늘을 찾아내 이름을 붙이는 게 더 손쉬운 기술인지도 모르겠다. 호모 사피엔스Homo sapiens와 호모 네안데르탈렌시스Homo neanderthalensis 간의 최종판별은 두개골의 초기 발전상의 특징을 기초로 했다. 그것이 바로 서로 다른 종들을 구분하는 고전적인 척도였다. 지금은 그것이 다시 한번 우리로 하여금 종의 실체가 무엇인지 되묻게 하고 있다.

최근엔 인간 DNA가 처음으로 분석되면서 거기서 나온 세부 결과로 인해 그림이 더욱 난해해지고 있다. 검증은 되지 않았지만 일부 자료는 호모 사피엔스의 기원이 훨씬 오래 전의 일이라고 지적한다. 가장 오래된 화석을 통해 알려진 13만 년 전보다 훨씬 이른 46만5000년 전까지 거슬러 올라간다는 것이다. DNA분석을 통한 계산결과 중에는 논쟁에 불을 댕길 만한 결론도 있다. 아프리카 전체인구 중 현생인류는 항상 1만 명에도 못 미쳤다는 단언이었다. 만일 이 숫자가 정확하다면, 이는 인류가 기원한 이후 겨우 수천 명이라는, 왜 그렇게 적은 수로만 존재했는지 새로운 수수께끼의 시작이라 아니할 수 없다. 이는 놀랍기만 한 초기 인류의 북쪽으로의 이주를 비롯, 또 어떻게 수적으로 증가하는 효과를 거뒀는지에 관한 설명도 궁색하게 만들어버리고 있다. 몇 가지 이유 때문에 현생인류는 유럽이나 아시아에서보다 아프리카에서 더 제대로 살지 못한 것 같다.

화석기록 중에서는 보다 최근의 것들이 대개 신뢰도가 훨씬 높은 법이다. 그런 화석들은 현생인류가 10만 년 전을 넘지 않는 범위 내에서는 아프리카 북동부지역에서 종족처럼 작은 고립 집단을 이루며 살아왔으며, 북쪽의 중동지역으로 이주한 것은 그보다 몇 백 년 후의 일이라는 사실을 일러준다. 서쪽길이 열린 때는 4만 년 전쯤으로, 이후 몇 세기가 지나면서 적은 숫자이긴 해도 유럽 대부분의 지역으로 현생인류가 퍼져나갔다. 처음 수천 년간은 이미 오래 전부터 그곳에서 살던 집단과도 지역을 공유하며 살았다. 그 집단은 바로 네안데르탈인들이었다.

이 불쌍한 생물은 주로 힘든 육체노동을 하며 지냈던 것으로 생각된다. 작고 구부정한 체형에 단단한 근육질의 팔다리, 짧은 목과 커다란 머리를 가진 모습이었다. 추위에 반응한 몸은 털로 덮이고, 호흡할 때 공기를 따뜻하게 데우기 위해 코도 커졌다(큰 코는 과도한 체열을 발산하기 위한 것이라는 주장도 있다). 현생인류와 비교해볼 때, 작은 후두부는 그들의 언어발달이 미진했으며, 커다란 골반은 자식을 크게 낳았다는 점을 알려 준다.

그런데 갑자기 그러한 네안데르탈인이 화석기록상에서 모든 자취를 감춰버리고 만다. 현재는 이야기의 일부만 드러나고 있으나 전통적인 시각으로 보자면, 약 3만 년 전에 네안데르탈인들이 현생인류에 의해 몰살을 당했다. 그 이전 1만 년 동안은 양 집단이 맹렬한 싸움의 징조도 없이 유럽에서 공존했었다. 우리 인류는 네안데르탈인들과 완전 분리된 채로 새롭게 지역을 개척하고 새로운 생활양식을 경험하는 양상이었다. 공간은 활짝 열려 있었으며 서로 다른 집단이 힘을 겨루는 일도 극히 드물었던 것으로 보인다. 현생인류가 네안데르탈인과 함께 기거하지는 않았지만, 네안데르탈인이 떠나가 버리니까 같은 동굴을 그대로 사용한 예를 보여주는 증거도 일부 있다. 양 집단 모두 도구를 만드는 기술이 향상돼 뼈를 아름답게 가공하고 상아를 다듬어 장식품을 만들기도 했다. 이미 잘 알려진 일이지만 현생인류는 동굴벽화를 그리고, 심지어 구멍을 뚫은 기다란 뼈로 피리를 만들어 불기도 했다.

이런 기술이 두 집단 간의 결정적 차이가 된다. 현생인류는 소리를 인식하게 되면서 언어를 만들어냈다. 이것이 지구라는 행성의 역사에서 최대로 중요한 사건이 된다. 상대적으로 조화를 이루던 1만 년의 세월에 금이 갔기 때문이다. 우리 현생인류가 새롭게 침범한 유럽 땅에서 성공할 수 있는 방법을 알게 된 것이다. 바로 말을 통해서였다.

새로 언어기술을 개발할 수 있었을 뿐만 아니라 현생인류는 또 다른 우세한 특성을 갖게 되었다. 그들이 수천 년간 쌓아온 그 우세한 특성들은 자연 속에서 더 두드러져 보였다. 이러한 초기 호모 사피엔스의 도구와 기술은 이전 그 어느 때보다도 정교한 것이었다. 좋은 먹이를 구한 개체들은 점점 더 건강해질 수밖에 없었다. 특히 말과 여러 언어를 구사하게 된 두뇌는 생각하는 능력까지 새롭게 싹틔웠고, 앞으로의 계획까지 세울 수 있게 되자, 집단 간에 성취하는 결과도 달랐다. 이렇듯 발전한 현생인류의 특성은 양 집단 간의 균형이 깨질 때까지 네안데르탈인들이 가진 문화와의 간극을 더 넓게 벌려놓았다. 결국 폭력적인 공격의 실제 증거가 상황에 맞춰 그대로 남게 되었다. 그렇지만 현생인류가 네안데르탈인을 멸종으로 내몰았는지에 대해선 아직까지 논란이 분분한 형편이다.

또한 인간으로서의 역할은 점점 더 비슷해졌을 테지만, 대서양 반대편의 현생인류에 대한 모습도 불확실하게 남아있다. 색다른 미국문화를 내세우려는 로비집단에 의해 연대도 왜곡되고, 잘못된 분류 및 논쟁적인 관심거리가 여전히 존재한다. 일반적인 견해를 따르자면, 4만2000년 전, 동부 아프리카를 탈출한 현생인류 일부가 오른쪽 방향을 택해 아시아로 갔다는 것이다. 기온이 따뜻했던 덕에 동남아지역 정착에 특별한 성공을 거두긴 했어도, 불굴의 의지를 가진 일부집단은 멀리 북쪽으로 시베리아 대초원지대까지 파고들었다. 마지막 빙하기에도 살아남은 그들이 1만1000년 전에 여전히 얼어붙어 있던 베링해협을 건너기 시작했다는 것이다.

소위 '원시인디언 수렵채취인Paleo-Indian hunter-gatherers'이 침입하기 전까지만 해도 로키산맥 동쪽까지 뻗어있는 목초지는 줄곧 그곳을 지키며 다양성을 꽃피우던 대형 포유류들의 삶의 터전이었다. 버펄로, 말, 영양, 나무늘보를 비롯해 매머드도 있었다. 사자와 호랑이, 또 그들의 먹잇감으로 새들이 기다리고 있었다. 그런데 1000년 이내에 아메리카 대륙 전역에 걸쳐 이 모든 대형 포유류가 절멸하고 만다.

종의 멸종속도와 규모를 연구한 전문가의 모형만 가지고는 초기 인간의 행위가 끼친 결과를 가늠하기가 어려운 게 사실이다. 잘 알려진 전문가로 폴 마틴Paul Martin이 있다. 그는 1975년, 현생인류가 1년에 꼭 16km씩을 이동, 캐나다의 앨버타Alberta에서 파타고니아Patagonia[아르헨티나 남부의 고원]까지 1000년에 걸쳐 옮겨갔다고 주장한 사람이다. 마틴은 또한 30만 명의 사냥꾼이면 300년 동안 1억 마리의 대형동물을 죽일 수 있었다고 추산했다. 대형 포유류는 특히나 공격받기 쉬운 사냥감이었다.

또 하나 제시된 모형이 있었는데, 보다 최근인 2000년에 존 앨로이John Alroy가 제시한 것이었다. 그는 사냥으로 죽어간 포유류의 멸종이 불가피했다는 결론을 끌어냈다. 미국의 과학잡지 《사이언티픽 아메리칸Scientific

American》지는 2001년 2월호에 "앨로이가 계산한 결과를 보면, 기초인구 100명에 매년 2%를 넘지 않은 수준에서 인구가 증가했다고 가정하고, 인구집단마다 인구 50명당 연간 대형 포유류를 15~20마리 정도만 죽였다 치더라도, 그럴 경우 인간은 1000년 이내에 전체 동물의 씨를 말려버릴 수 있었다"는 기사를 내보냈다.

마틴 시절을 거쳐 앨로이의 결과가 발표되었어도 이런 주장에 동의하지 않는 사람들이 적지 않았다. 이는 인간에 대한 신뢰에 도전하는 주장으로 받아들여지기 십상이었다. 그게 20세기에 인간이 벌인 전쟁의 무차별적인 파괴력을 알리는 것이라 해도 말이다. 객관적으로 인간이 확산시킨 병폐의 가능성을 볼 때 우리가 잡은 연대 및 여러 추정치는 정확하다. 기후변화가 있었다는 사실을 들어 포유류의 몰살을 그에 따른 결과였다고 둘러대도 말이다. 기후변화 운운하긴 했어도 그들은 '원시인디언 수렵채취인설'보다 더 뚜렷한 증거는 전혀 내놓질 못했다. 따라서 시간이 갈수록 그런 주장은 지지를 잃고 말았다.

유럽과 아시아에는 대형 포유류가 다양성을 꽃피우고, 멸종을 당했다는 증거가 훨씬 적다. 마지막 빙하기가 지표면으로부터 그들의 존재 자체를 모두 쓸어버려 남아있던 동물마저 대부분 제거되었기 때문이다. 대개 정확한 연대측정도 지극히 어려운 동굴에서나 살아남은 동물이 조금씩 발견된다. 그럼에도 불구하고 거의 절반에 가까운 종들이 3만 년 전에서 1만5000년 전 사이, 현생인류에 의해 제거된 것으로 추정된다. 매머드, 코뿔소, 하이에나, 표범을 비롯해 곰까지 말이다. 다시 한번 최종적으로 일치된 설명을 거론하자면, 그것은 바로 인간이 저지른 짓이라는 것이다.

인간이 처음 오스트레일리아와 뉴질랜드에 이주했을 당시를 보자면, 인간의 공격성은 거기에서 그치지 않았다. 아프리카의 마다가스카르 섬은 물론이고 섬이란 섬에서는 모두 그곳에 당도한 현생인류에 의해 날지 못하는 조류와 대형 포유류들이 동시에 멸종을 당했다. 비록 사냥꾼들이 특정 종만 겨냥한 사냥을 했을지라도, 서식지가 파괴되는 것은 대형 포유류 전체 동물상(相)의 소멸을 의미했다.

하지만 아프리카의 양상은 달랐다. 아프리카에서의 독특한 생존구도는 가히 위대한 게임으로 볼 만했다. 그곳에도 12만 년 전에서 1만 년 전 사이에 일부 대형 포유류들이 멸종한 증거는 있다. 그러나 다른 대륙과는 비교할 수 없을 정도로 그 수가 적었다. 500만 년 이상을 통틀어 아프리카에서는 뒤늦게 출현한 인간을 비롯, 수많은 대형 포유류들이 공존을 모색하며 함께 진화를 한 게 그 이유였다. 그에 따라 결코 현생인류의 공격을 받은 적이 없었다. 현생인류가 동일한 생태계에서 기원했던 것이다.

아프리카를 벗어난 초기 인류는 새로운 먹잇감을 찾아 새로운 환경으로 파고들었다. 이런 습격이 아주 급작스럽게 유럽과 아시아에서의 멸종 속도를 증가시켰다. 집단을 이룬 인간의 투쟁력, 언어사용에 따라 배가된 결속능력, 이 모든 것이 다른 동물을 뛰어넘는 인간 종의 빠른 성공을 불러왔다. 이런 특징은 다른 영장류와는 다르게 우리 인간이 환경과 유별난 관계를 가진다는 걸 의미한다.

마지막 빙하기 이후에 발생한 멸종의 대부분은 인간의 소행으로 볼 수 있을 것이다. 그러나 몇몇 동·식물에 있어서는 변화하는 기후가 낯선 곳으로의 이주를 자극했다는 견해에 지지를 보낼 만한 증거도 있는 게 사실이다. 예를 들자면, 고슴도치, 불곰, 너도밤나무 같은 일부 특별한 종은 혹한기를 거치면서 남부유럽의 따뜻한 피난처에 고립되기도 했다. 지금은 이런 생물체들이 북쪽으로 되돌아가고 있다. 미약하긴 해도 자연적인 기후변화로 인해 나타난 생태계 변화를 겪으면서, 오늘날의 개체군 내부에서 새로운 종으로서의 분명한 유전적 변화가 나타나면서 말이다.

이런 변화의 규모를 측정하기란 무척이나 어렵다. 그렇지만 인간의 영향을 받은 무엇인가에 인해 자연스럽게 야기된 변화는 그것을 구별하는 것조차 그 이상으로 어렵다.

동물과 식물을 막론하고 진화과정에서 이주는 중요한 부분이다. 변화의 주요 원인일 뿐더러, 새로운 환경으로 들어간다는 것은 유전자가 새롭게 재조합되기 시작하는 일에도 필요한 자극이 되기 때문이다. 이런 과정의 훌륭한 예들이 최근 인간의 진화를 탐구하면서 알려지고 있다. 초기 인간은 검은색이 아니라 거무스름한 피부를 갖고 있었다. 이는 태양광선으로부터 스스로 자신을 보호하려는 아프리카인들 사이에서 발전된 특징이다. 곡류 위주의 유럽인 식단은 비타민D 결핍을 야기하고 구루병까지 일으킬 수가 있다. 따라서 태양광선이 상대적으로 적은 온대성 기후에서 [자외선을 많이 받아] 보다 많은 비타민D를 합성하기 위해 흰색의 피부를 갖게 되었다. 작은 코에 콧구멍까지 좁은 시베리아의 몽골인종은 코를 얼리지 않기 위해 그렇게 되었다. 이런 식의 적응은 쉽고도 빠르게 일어나기 때문에 우리 인간이라는 종은 멸종을 겪지 않고도 새로운 환경으로 이주를 할 수가 있다. 다른 대형 포유류들도 유사한 적응과정을 거쳐 생존하기는 마찬가지다. 그런데도 의심을 거두지 못한 손가락은 그 어느 때보다도 강하게 수많은 멸종을 책임질 대상으로 인간을 가리키고 있다.

함께 변화하는 모든 생명, 모든 환경은 하나의 거대한 자기조직계의 일부다. 우리 자신도 자기조직계의 일부이기 때문에 그 작동방식을 파악하고 인식한다는 것은 지극히 어려운 일이다. 이 단일 체계를 제대로 인식하는 일이 진화의 이해를 돕는 길이다. 이는 인간이 뾰족탑의 꼭대기에 자리하고 있는 게 아니라는 철학을 받아들여야 한다는 것을 의미한다.

기후변화에 대한 무반응

새록새록 대중매체에 기후변화에 관한 얘기가 빠지는 날이 거의 없다. 이는 단순히 기상이나 비정상적인 충격, 우리 일상생활에 미칠 극단적 삽화에 관한 얘기만은 아니다. 변화를 광범위한 환경문제의 맥락에서 살펴봐야 한다. 이를 테면, 대기의 조성, 해수면 높이, 눈에 띄게 달라지는 계절성의 파괴, 그리고 모든 종류의 고통거리 차원에서 말이다. 정치가들과 압력단체들은 이런 뉴스거리를 매우 심각하게 받아들이고, 환경과 관련된 현상을 연구하는 과학자들은 대규모로 재정적 뒷받침을 받으며 승리감에 취해 있다. 국제적 규모의 위원회들이 우울하고 파멸적인 내용을 담은 보고서들을 각국 정부에 속속 내놓고 있다. 유엔UN의 복도 아래로 위기의식에 전율하는 파문이 확산되고 있는 것이다.

하지만 이는 새로울 게 전혀 없는 얘기일 수도 있다. 신생대 제3기 전 기간에 걸쳐 이런 정도의 변화는 숱하게 있었다. 또 규모를 달리하며 요동쳤다는 사실도 우리는 알고 있다. 지구역사의 맥락으로 볼 때 현 수준의 변화들을 특별히 비정상적으로 느낄 이유가 없다. 즉 제 갈 길을 가고 있는 것일 뿐이지, 지구에 커다란 비극이 다가오는 신호로 받아들일 이유도 없다. 이미 앞에서 언급한 대로 태양계 내부의 상호작용, 지구 남반구-북반구의 균형, 거기에 더해 태양의 흑점 등, 변화의 원인들은 계속해서 현재를 지배하고 있다. 게다가 그런 원인들이 마지막 빙하기 이후 관측된 기후변화(그림 4.3 참고)들도 초래했다. 또 무수하게 양 극단을 오르내렸던 당시에 비춰보면 현재의 기상이 오히려 정상적인지도 모른다.

산업혁명 이전만 해도 극심한 날씨 변화가 드문 일이 아니었다. 1700년 대 초에는 겨울에 혹독한 눈보라가 몰아치고 여름은 무더웠다. 당시는 1550년에서 1850년까지 이어진 소빙하기에 해당하는 시기라 대부분의 겨울마다 런던교London Bridge가 놓인 템스강이 얼어붙었다. 시간을 더 과거로 되돌려 보더라도 어느 곳에서든지 가뭄과 홍수가 발생했다. 마지막 빙하기 이래 우리가 측정한 환경지표를 보면, 각 그래프마다 등락을 거듭한 사실이 드러난다. 날씨 및 기후의 변화는 드문 게 아니다. 그리고 인간을 포함한 생명체들은 자신들의 행보에서 이를 그대로 받아들이는 경향이 있다.

마지막 빙하기 이후 대부분의 기간 내내 인간은 기후변화에 건설적인 방식으로 맞대응을 해 왔다. 처음이기도 했지만 가장 눈에 띄는 반응은 상승하는 온도에 맞서 이주를 택한 것이었다. 현생인류가 아시아와 유럽으로 이주하고, 원시인디언이 대륙 연결의 다리 구실을 하던 베링해가 녹기 전에 바다를 건넜던 얘기 말이다. 기후변화에 반응한 내용에 관한 지식이 더 정교해진 것은 보다 최근에 발견된 증거 덕이다. 약 4000년 전 중동 땅 대부분이 건조해지면서, 이는 인간에게 이주를 강요하는 상황으로 작용했다. 그렇지 않으면 남아서 물길을 끌어오는, 복잡하기만 한 방도를 강구하는 도리밖에 없었다. 문화에 따라 다르긴 하겠지만, 이렇듯 난감한 상황에 직면한 인간은 투쟁심이 발동하여 서로 힘을 겨루게 된다. 인간의 호전성은 일찍이 네안데르탈인들이 경험한 것과 똑같은 잔인함을 드러내며 서로 적대의식에 사로잡히게 된다. 함께 집단을 이룬 종족형태의 협동이 전쟁을 위해서는 훌륭한 전술이 될 수도 있으나, 인간 종 전체로 봐서는 내부 화합에 유익할 리가 없다.

중남미 지역도 마찬가지였다. 가뭄이 닥쳐 유사하게 벌어진 인간들의 싸움으로 남은 것이라곤 버려진 마을과 농토뿐이었다. 그렇지만 이런 식의 좌절에도 불구하고 문명이 싹을 틔운 건 사실이다. 심지어 새롭게 형성되는 사회가 변화하는 환경으로 교란되었어도 문명은 번성했다. 변화하는 환경 속에서 살아 숨 쉬는 체계가 유연하면 유연할수록 인구도 더욱 증가했다. 시험대에 오른 인간의 독창성이 성공을 한 것이다. 마침내 환경도 제어하기 시작했다.

비록 그 변화의 속도가 꽤나 다양한 편차를 보이긴 했어도, 시간을 통틀어 날씨의 유형은 인간행동에 영향을 끼치며 변화했다. 그 같은 변화가 주기적으로 발생한 사실을 변화의 강도, 장소, 세부내용별로 뒷받침하는 고고학적 기록은 부지기수다. 문명 및 나라별 특성은 부분적으로 해당지역의 자연에 영향을 받는다. 그리고 거기서 일어나는 상호작용이 성격, 언어, 풍토병에 대한 면역력을 비롯해 그 이상의 것들의 추세를 설명해줄 수 있다. 서로 다른 인간 생태계 및 문화의 복잡성 속에서도 자연선택은 제대로 작동한 것만 같았다.

다른 동·식물에 있어서 지난 5000년 동안 대규모로 멸종을 했다는 증거는 없다. 지금 우리가 겪는 간빙기가 지질시대를 통틀어서도 보기 드물게 급격한 기후변화 과정을 겪고 있다고들 하는데, 그렇다면 대다수 다른 생명체들이 그대로 생존할 수 있다는 건 이상한 일이다. 주로 솜씨 좋은 이주전략을 구사하면서 아직까지 생존은 하고 있더라도, 때론 큰 실패를 겪으며 멸종에 이른 생물이 있기는 하다. 그런 식의 움직임을 보인 종 중에서 우리가 알고 있는 것 하나가 바로 크리스마스트리 모양의 아열대 침엽수인 피케아 크리치필디*Picea critchfieldii*[가문비나무류]다. 갑작스런 기온상승에 적응하지 못했거나 다른 낙엽수들을 좇아 기온이 낮은 북쪽으로 이주하지 못해서 빚어진 결과로 보인다. 알려진 표본이라곤 모두 죽은 것들뿐이다.

사실 멸종에 관한 우리의 방추 모형이 정확하다 해도 특정 종의 멸종을 확신하기란 대단히 어렵다. 특히 약 10만 년에 불과한 빙하주기(그림 4.3 참고)처럼 짧은 시간 동안 벌어진 일이라면 말이다. 따라서 1992년에 세계보존감시센터WCMC, World Conservation Monitoring Centre가 공표한 멸종 생물의 수를 실제 생각해보면 일정 부분 회의가 들지 않을 수 없다. 보고된 바에 의하면, 지난 400년 동안 주요 대륙에서 약 100종의 동물이 사라졌고, 섬에서 사라진 것만 355종이라고 한다. 가장 많은 종이 사라진 동물 종류를 순서대로 열거하자면, 연체동물, 조류, 포유류, 곤충류, 그리고 일부의 파충류와 양서류의 순이다. 이 결과에서 특히 주목할 점은 두 가지다. 최근에 멸종한 종의 수가 정말로 너무 적다는 점과 대륙보다는 섬에서 훨씬 더 많은 멸종이 일어나는 것 같다는 점이다. 과학적 설명이 어떻든지 간에, 마지막 빙하기 이후 완전히 멸종한 종의 수가 매우 적다. 그런데도 왜 그렇게 대중매체 여기저기서 호들갑을 떠는 것일까?

인간에 답한 멸종

19세기 초 세계의 전체인구는 9억 정도였다. 그리고 19세기 끝 무렵엔 두 배로 늘어났다. 꼭 100년이 지난 지금, 거의 70억에 육박하고 있다. 산업혁명과 함께 두 세기가 흐르는 동안 도시의 성장 및 무분별한 화석연료의 사용 등은 환경에 예기치 못한 압력으로 작용했다. 이 같은 마구잡이식의 무계획적 인간 활동은 유럽과 북미대륙을 가로질러 새로운 제국으로 널리 퍼져나갔다. 이기적인 인간 위주의 행위가 가져온 불안전성이 더욱 확산돼 오늘날까지 이어지고 있다. 제2차 세계대전 이후 계속된 선진국의 경제성장이 변화의 속도를 눈에 띄게 가속시키고 있다.

앞에서 나는 선사시대 현생인류의 주요 특징으로 볼 수 있는 것들을 언급한 바 있다. 즉 두발로 걷고 손과 언어를 솜씨 좋게 사용하는 한편, 앞으로의 계획도 세울 수 있는 능력이 싹트고, 이기심이 확실해진 점 등에 대해서 말이다. 유럽의 네안데르탈인과 아메리카 대륙에 넘쳐나던 대형 포유류가 그토록 빠르게 멸종을 겪은 데는 또 다른 무엇이 있던 건 아닐까? 다소 보완의 여지가 있는 현생인류의 재능 목록에 나는 또 하나의 솜씨를 추가할 수밖에 없다. 바로 환경을 바꾸는 능력이다. 지난 200년간 인간은 대규모로 환경을 변화시켜 왔다. 누구도 거역할 수 없는 사실이다. 인간이 또 다른 방식으로 멸종을 이끌어 지구 복잡계의 한 부분에 힘을 가하고 있는 그런 변화다.

세 가지 주요 과정 속에서 멸종이 일어나고 있다. 인간이 환경을 변화시키고 파괴한다, 그러면 이전의 안정된 생태계 속의 종이 위험에 처하고, 결국 몰살을 당하는 것이다. 이는 다른 자기 조절적 체계를 봐도 명백하다. 그런 체계에 시간적으로 새로운 변화유형이 한번 자리가 잡히기 시작하면 오래된 여러 경로는 변화를 겪을 수밖에 없다. 따라서 진정한 의미의 회복은 불가능해진다. 그런 일이 지금 우리 눈앞에서 무수하게 벌어지고 있다.

그런 문제가 카리브해의 산호 군집보다 명백하게 드러난 곳은 없다. 지나친 남획으로 1950년대에 이미 해양 척추동물 중 대형종은 사라져 버린 곳이다. 그러나 플랑크톤을 먹고사는 작은 어류와 성게들이 산 덕택에 산호는 아무런 영향을 받지 않았다. 해조류海藻類로 인해 억제될 수 있었을 텐데도 어류와 성게들이 보호를 해준 셈이었다. 그런데 1983년 성게가 모두 사라지고, 이후에는 조류가 그 자리를 대신하고 말았다. 게다가 지금은 산호 군집이 화학비료에서 흘러나온 독성물질, 삼림의 남벌로 유출된 토사, 유출된 기름 등으로 뒤범벅되고 있다. 머지않아 기후변화까지 가세해 영향을 끼치면, 결국 산호도 운명을 다할 것이다. 산호의 세계는 태곳적에 만들어진 생태계 중 하나다. 무려 과거로 5억 년 이상을 거슬러 올라간 고생대 초기부터 형성되었으니 말이다. 태고의 숨결이 여전히 남아있는 것 중에는 남조식물의 작품인 반구半球 모양의 돌덩이 같은 스트로마톨라이트ₛₜᵣₒₘₐₜₒₗᵢₜₑ¹가 있다. 가장 잘 알려진 스트로마 톨라이트는 오스트레일리아의 샤크 만灣 Shark Bay에 있다. 남조류는 세포내 에 적절한 핵과 세포막을 갖춘 생명체가 출현하기 이전인 약 35억 년 전에 형태를 이뤄 기원한 가장 오래된 식물의 일종이다. 이 모든 원시 생명집단은 유난히 변화에 민감하다. 따라서 그들의 존재만으로도 그동 안 줄곧 그들의 생태계는 안정된 상태였다는 것을 알 수 있다.

정치적으로 부담이 되는 얘기긴 하지만, 토지 활용에 있어서도 변화의 예들은 많다. 일례를 들자면 열대우림의 농지 전환이다. 유럽의 온대림과 북미의 초원지대가 하나같이 똑같은 인간의 힘에 의해 농지로 전환되자, 그런 과정이 열대지역에서도 생각 없이 되풀이되고 있다. 이제 인간이 칼을 휘두르기 이전에 볼 수 있었던 풍광은 찾아볼 길이 없고, 그것은 우리 지구의 서식 공간을 축소시키는 결과를 낳고 있다. 그런 일들이 너무나 빨리 일어나다 보니 우리는 소리 없이 사라져가는 자연에 어떻게 주의를 기울여야 하는지 충분한 경험도 쌓지 못하고 있다. 브라질 북동부 의 원시림은 이제 단 2%만 남아있는 실정이다. 숲이 사라지는 이유는 부실한 관리와 무분별한 남획 때문이다.

대개 수종樹種의 75%는 조류와 포유류들이 종자를 옮겨줌으로써 숲의 이곳저곳으로 퍼져나간다. 파괴된 섬과 개활지에 둘러싸인 작은 잡목 숲에서는 그런 매개동물의 효과적인 역할을 기대할 수가 없다. 숨을 곳이 마땅치 않을 뿐더러 먹을거리도 부족하고 정상적으로 자신의 습성대 로 살기에는 제한이 많은 곳이기 때문이다. 서식 범위, 열매의 크기, 넓든 좁든 조류 부리의 크기 간에는 본질적으로 균형이 맞춰져 있다. 모든 게 새들의 먹이가 얼마나 있느냐에 따라 조절된다. 극히 사소한 변화만으로도 균형이 깨진다. 이런 기준으로 보면 급격한 변화란 균형의

---

1. 남조류의 광합성에 의해 탄산칼슘(석회)이 고착, 퇴적되어 생기는 박편상의 석회암이다.

불안정성을 의미한다. 종의 생존영역을 좌우하는 이런 힘의 상관성은 결국 풍부한 생물다양성을 파괴해 슬픈 잔재만 남기는 쪽으로 강력한 영향을 미칠 것이다. 무수한 동·식물 종이 멸종의 언저리로 이끌리고 있다. 육지에서는 중·대형 포유류들이 그 어느 때보다 심각하게 사라지고 최고의 위험에 처해 있다. 그토록 많은 식물 종이 사라지면서 그들에 의존하는 곤충과 작은 동물들도 영향을 받고 있다.

전형적으로 피난처를 찾아 떠난 집단의 마지막 종이 서식하는 섬에서는 더 많은 멸종이 진행되고 있다. 갈라파고스 및 아프리카의 카나리아_{Canaries} 군도, 동남아시아의 섬들만 해도 공식적으로 멸종위기 명단에 오른 모든 종의 10% 이상이 몰려 있다. 최근 발굴된 자료에 따르면, 인간이 침범한 이래 대서양과 태평양의 섬들에서 최고의 피해를 본 경우, 조류 종의 절반을 잃어버린 곳도 있다. 물론 실질적으로 포유류 종의 수도 감소했다. 농지전용과 사냥이 이 모든 변화의 근본원인이었다.

서식지를 잃고 인근의 섬에서 멸종한 예도 있다. 보다 최근의 예로 큰뿔사슴 혹은 아일랜드 엘크로 불리는 사슴에 관한 얘기다. 이 잘생긴 동물은 2m가 넘는 어깨높이에, 뿔이 펼쳐진 너비만 해도 3.6m에 달했다. 40만 년 동안이나 아시아와 유럽을 차지했던 사슴이었다. 추위 때문이라기보다는 영구동토가 돼버린 땅에서는 더 이상 먹잇감을 찾을 수 없다는 이유 때문에 빙하기를 싫어하면서도 억척스럽게 살아남은 녀석들이었다. 그러다가 마지막 빙하기가 끝나자마자 아시아와 유럽본토에서 모든 개체가 사라져버리고 말았다. 기후변화에 의해서가 아니라, 바로 인간 사냥꾼에 의해 강제로, 서쪽방면으로 쫓겨 간 것이다. 녀석들이 발견한 최종 피난처는 아일랜드라는 섬이었다. 가장 최근에 죽은 엘크로 알려신 잔해가 얼마 전 맨 섬_{Isle of Man}에서 발견되었다. 꼭 9000년 된 녀석이었다. 두 섬에 인간이 처음 발을 디딘 때보다 훨씬 앞섰다는 증거였다. 최후의 개체들이 원래의 엘크보다 체중이 가벼웠다는 사실을 알려주는 뼈를 보면, 그 작은 섬이 이 거대한 야생동물에게 충분한 먹이를 제공해주지 못했다는 걸 알 수 있다. 녀석들을 서쪽으로 탈출하게 만든 인간만 아니었다면, 녀석들이 결국 생태계에서 파멸을 당하고야 마는 일은 없었을 것이다.

인간이 들여온 외래종에 의해 제일 먼저 멸종을 당한 것으로 알려진 종은 도도dodo다. 아프리카 내륙에서 비둘기 모양으로 기원해서 포식자가 없는 평화로운 섬인 동쪽의 모리셔스Mauritius로 날아간 새다. 포식자가 없으니 날아다닐 필요가 없었다. 따라서 녀석은 거의 칠면조만한 몸집으로 뒤뚱거리며, 날지 않는 새로 진화했다. 네덜란드의 식민지 개척자들이 이 섬에 당도한 건 400여 년 전이었다. 실제 이 방문자들은 녀석들을 그냥 내버려 두었다. 너무 맛이 없었기 때문이었다. 하지만 그들은 개와 돼지를 데리고 있었다. 타고 간 배에는 쥐도 들끓었다. 먹이공급이 점점 줄어들자, 경쟁이 생길 수밖에 없었다. 새로운 상륙자들에게는 도도의 알이 더할 나위 없이 맛난 먹이였다. 1700년대에 도도는 멸종을 당하고 말았다.

날지 못하는 조류 가운데 아직도 살아있는 다른 종의 대부분은 자신들이 택한 섬에서만 발견되고 있다. 그리고 녀석들은 지금 도도의 멸종과 같은 이유로 멸종을 당하고 있다. 지금까지 알려진 가장 무거운 새 가운데 하나는 100kg이 넘는 몸집의 게뇨르니스Genyornis라는 이름의 새다. 역시 날지 못하고 오스트레일리아에서만 살았다. 오스트레일리아에 인간이 발을 들여놓은 직후부터 멸종된 척추동물은 50종이 넘는다. 게뇨르니스도 그 가운데 하나다.

또 다른 날지 못하는 새로 코끼리새elephant bird가 있었다. 3m 키의 이 새는 약 200년 전 멸종을 당할 때까지 마다가스카르 섬의 은신처 근처를 돌아다녔다. 이 새의 멸종을 놓고 인간의 사냥에 의한 것이었는지, 아니면 섬이라는 제한된 공간에서의 먹이부족 때문이었는지, 그 원인에 대해 다시 한번 논쟁이 일기도 했다. 게뇨르니스와 코끼리새가 곤드와나라는 남쪽의 태곳적 대륙을 배회하던 같은 조류집단의 일부였다는 시각은 상당히 설득력이 있어 보인다. 지금은 오스트랄라시아Australasia[2], 남아메리카, 아프리카, 인도, 또 그 사이사이의 섬들로 쪼개진, 그 곤드와나 말이다.

모리셔스를 식민지로 만든 네덜란드인은 외래종을 섬에 도입해 그 섬의 동·식물 집단으로 고착화시킨 최초의 인간 가운데 하나였다. 그 이후 세계 각지에서 인간들은 낯선 생명체들을 마구잡이로 자신들이 살고 있는 곳에 도입하고 있다. 당연히 변화의 속도는 통제권에서 멀찌감치 벗어나고 있다. 거기에 원예와 농업, 여행산업까지 보태져 마구 뒤엉킨 채 말이다. 오스트레일리아에 토끼가 살고 유럽에 호장근虎杖根 Japanese knotweed[3]이 있는 형편이다. 그와 함께 관상어상점과 정원시공업체에서 흘러나온 페니워트pennywort[4]가 물에 떠다니면서 하수도를 막아버리기도 한다. 유전자조작 작물은 사람들이 미처 깨닫지 못하고 있는, 또 다른 형태의 인간개입이다. 그러나 또 한편으로 수천 년 전 농업을 시작한 이래 인간은 야생종과 다른 특별한 작물을 키우려고 자신만의 조건을 수도 없이 창출해 왔다. 불과 몇 백 년이 지나자 인간은 지구 동·식물

2. 오스트레일리아, 뉴질랜드, 뉴기니를 포함해 남태평양 군도 전체를 일컫는 말로, 오세아니아와 같은 뜻으로 쓰이기도 한다.

3. 마디풀과의 여러해살이풀이다. 한국, 중국과 대만, 일본 등지에 분포하며 대개 1m 정도로 자란다. 한방에서는 뿌리를 약재로 쓰기도 한다. 19세기 중엽 장식용 또는 사료작물로 이용하기 위해 유럽에 도입되었으나, 지나치게 왕성한 생장을 보여 많은 문제를 일으키면서 침략종의 대명사가 되다시피 했다. 뿌리줄기를 통해 빠르게 번성함으로써 식물상을 교란하고 자연경관을 해치는 등 생태학적 문제를 야기하고 있다. 하지만 유럽에서 문제를 더 심각하게 받아들인 주된 이유는 고고학적 유물에까지 피해가 미쳤기 때문이었다. 현재는 법적·제도적 장치까지 마련하여 퇴치에 안간힘을 쏟고 있는 형편이다.

4. 남미 원산으로 하트 모양의 잎을 가진 수초다. 물속에서 자라다 수면에 닿으면 물위로 꽃을 피우기도 한다. 뿌리가 있긴 하나 부착력이 약해 물에 떠다니면서 성장하는 예가 많다.

종의 분포마저 대부분 바꿔 버렸다. 또 수천 년 만에 대다수 동물과 작물의 유전적 특성을 완전히 바꿔 놓았다.

섬처럼 떠있는 곳의 멸종에 관한 충격적인 이야기가 최근 전해졌다. 특정 시·공간에서 일어난 일이다. 섬 같은 곳이란 다름 아닌 런던 중심지다. 시간은 현재고, 그 종은 보통의 참새다. 1950년대만 해도 런던의 공원과 풀숲에는 이 작은 새가 수천 마리씩 살았다. 그 이후 감소를 보이더니 이제는 그 어떤 곳에서도 찾아보기가 힘들어졌다. 이 기이하기 짝이 없는 일이 파리에서도 똑같이 벌어지고 있다. 이유는 확실치 않지만, 나는 인간이라는 존재와 관련된 무언가가 있다고 확신한다.

영국처럼 외래종 수입자를 법률로 규제하려는 시도와, 야생세계를 벗어난 종을 지키는 일은 별개의 얘기다. 한번 야생을 떠난 종이 어떻게 되돌아갈 수 있을 것인가. 일반적으로 말해 동·식물원은 막중한 책임의식을 가져야 할 시설이다. 그러나 쑥대밭이 될지도 모를 장소에 공격성을 가진 동물들을 서슴없이 풀어놓고 있다. 그에 따라 모두 미국에서 도입된, 붉은미국가재가 영국 고유종을 위협하고 있으며, 밍크(영국의 농부들이 수입했다)는 희귀동물인 물쥐에게 위협을 가하는 한편, 황오리도 토착종들에게 위험한 존재가 되고 있는 형편이다. 뉴질랜드산 편형동물들도 지난 30여 년간 영국 토착종들을 먹어치우고 있다. 물론 시간이 지남에 따라 새로운 예들이 속출하고 있다.

이처럼 인간이 자연의 방식을 침해하는 동안, 종이 사라지는 속도와 그 규모는 어떻게 추산할 수 있을까? 앞장에서 논한 진화 모형으로 보자면, 살아가는 공간마저 축소된 개체들이 쇠퇴를 거듭하다가 아주 오랜 시간을 거치면서 결국 소멸하고 말 거라는 건 충분히 예측이 가능하다. 서식지의 축소는 개체수의 막대한 감소를 불러온다. 하지만 극소수 생존개체들의 최종 멸종은 상당히 지연된다. 어쩌면 극히 제한된 장소인

데도 불구하고 수백만 년을 버틸 수 있을지도 모른다.

자연사를 다루는 책에서는 이런 잔존생물들이 자주 언급된다. 너무나 애석하고 드문 일이기 때문이다. 갈라파고스의 동물들이 그런 예로 잘 알려져 있으나, 갈라파고스 군도는 아메리카삼나무와 나무고사리처럼 태곳적 식물계통도 간직하고 있다. 과거 널리 번창했던 영화를 잃고 점점 줄어들어 겨우 작은 흔적으로나 남아있긴 해도 말이다. 갈라파고스는 앞에서 언급한 집중관측지역 감시 프로젝트 상에 설계된 관측지역이자 프로젝트 체계의 토대가 된 곳이다. 종 감소 속도와 서식지 감소 수준을 비교해 상황이 너무 심각해지면, 환경보호 입안자들의 사무실에 경계음을 울리는 벨까지 고안되었다.

옥스퍼드대학교 로버트 메이Robert May의 연구진, 특히 숀 니Sean Nee는 마지막 잔존생물들의 실낱같이 오래 이어지는 생존의 경향성을 누구보다도 심도 있게 고찰했다. 옥스퍼드 연구진은 우울하고 비참한 운명을 향해 통곡을 하는 사람들처럼 보일 정도다. "멸종이라는 삽화는, 인류가 지금 자행하고 있는 것처럼 가지 잘린 생명의 나무로 끝난다." 그러나 계속해서 그들은 가지를 잘리고 있더라도 생명력을 유지하는 집단이 엄청나게 많다고 주장한다. 환경이 변하면 다른 경로를 따르면서라도 진화는 계속된다고 했다. 생태계가 의미 있는 변화를 보이면 활기찬 진화적 반응을 기대할 수 있게끔, 실로 화석기록이 우리를 그렇게 가르치고 있다.

도태되는 가운데서도 진화가 강하게 진행되고 있다는 개념을 지닌 이런 식의 연구결과를 뒷받침할 만한 증거가 속속 드러나고 있다. 5대 대량멸종사건을 거치면서도 지구는 정말로 건재했다. 희생자들의 소멸이 오히려 지구 환경을 새롭게 발전시켜 다른 동·식물 집단의 활발한 분화를 가능케 했다. 분화를 위한 자연조건이 한결 풍성해졌던 것이다. 꼭 그와 마찬가지로 지구는 우리가 지구에 끼치는 폐해로부터 더 많은 이점을 얻고 있다. 폐해가 크면 클수록 환경변화도 더욱더 커진다. 하지만 이는 또한 취약한 생명체들만 선택적으로 완전히 멸종할 수도 있다는 말과도 통한다.

만일 인간이 그런 취약한 범주로 떨어진다면, 인간 또한 멸종을 당할 수 있다. 인간이 멸종하면 지구에 가해지던 폐해가 사라져 평화와 태평의 지구로 되돌아가는 효과가 나타날지도 모른다. 수천 년에 걸쳐 그런 일이 일어날 수도 있다. 또 다양하고 새로운 생태계가 펼쳐져 절정을 이루며 안정상태에 이르기까지는 그 이상의 시간이 필요할지도 모르겠다. 물론 그러는 동안 진화가 본격적으로 진행돼 새롭게 선택된 형태로 다양성을 꽃피울지도 모를 일이다. 인간이 절멸돼 인간의 위협이 사라진 상태에서 말이다.

이런 시나리오에 대응하는 방법을 모색하기 위해서라도 우리에게 필요한 일은 이토록 복잡한 문제를 어떻게 풀어야 할지 심도 있는 질문을 던지는 것이다. 기후변화를 천천히 감쇄시키는 노력을 포기해도 되는 것인가? 멸종을 피할 수 없는 것으로 간주해야만 하나? 만일 수천 종의 조류가 인간의 행동에 의해 멸종을 당한다면? 그렇다면 생명의 계통수에 다른 가지가 출현하고, 같은 분기군내의 다른 종들이 새가 떠나 텅 비어버린 자리를 차지할까?

그와 상관없이 과학적 탐구는 계속될 것이다. 범세계적 수준에서 증거를 모으고 해법을 제시하려는 모든 노력이 가해질 것이다. 2100년의 세계 생물다양성 시나리오를 구상할 목적으로 꾸려진 그 같은 프로젝트가 있다. 세계 각지의 18개 기구에서 모인 과학자들로 구성된 조직이다. 100년 안에 종으로 생각할 수 있는 모든 생물의 분포를 다 밝혀낼 수 있을까? 생물의 유형에 영향을 주는 지구 환경 속에서 가장 중요하게 일어나는 변화가 무엇인지 찾아봐야 하지 않을까? 그 과학자 집단은 기후변화, 질소비료의 영향, 외래종의 유입, 마지막으로 대기의 이산화탄소 증가에 뒤이어 토지활용상의 변화가 단일 위협으로선 최대의 위협이 될 수 있다고 주장한다. 그 중에서도 가장 큰 위협은 열대우림의 농지전용과 지중해 인근의 자연식생 파괴에 따른 변화라고 주장했다. 변화는 지역민의 일상생활에서 알게 모르게 일어난다. 그런 변화는 벌목 칼에 의한 것보다 포착하기가 더 어렵다.

엄연한 공포

큰 경고 하나가 주어졌다. 1972년, 구소련의 빙하퇴적물을 연구하던 컬럼비아대학교Columbia University 출신의 조지 쿠클라George Kukla는 당시 미국 대통령이던 리처드 닉슨Richard Nixon에게 편지 한 통을 썼다. 그것은 체코슬로바키아에서의 그의 연구 경험이 한몫을 한 내용을 담고 있었다. 다음 빙하시대가 그 누구의 예상보다 훨씬 빠르게 다가오고 있으며, 게다가 상상을 초월할 정도로 급작스럽게 온다는 내용이었다. 어쩌면 단 수십 년 만에 빙하기가 찾아올지도 모른다고 했다. 닉슨의 과학자문위원들은 이를 비밀에 부쳤다. 그리고 일부는 그런 결정을 내렸던 것을 후회하며 살고 있다. 대중적 관심도 없고, 변화를 감시하려는 과학 분야의 노력도 전무하다시피 했던 당시에는 그런 주제를 정치적 의제에서 완전히 배제시켰다.

나중이라기보다는 바로 지금 대규모의 기후변화가 진행되고 있다는 새로운 증거들이 대서양 및 태평양으로부터 속속 드러나고 있다. 이는 북대서양 및 유럽 북서부 전역이 동일 위도상의 그 어느 곳보다 우려할 정도로 기온이 높기 때문이기도 하다. 이렇듯 전 지구적인 불안정을 존속시키는 중심역할을 하는 것은 멕시코만류다. 마지막 빙하기가 지나 간 후 찾아온 간빙기 내내 그랬다. 여기서 공포란 지구온난화가 균형을 깨뜨림으로써 해수 순환유형이 극적으로 뒤바뀌고, 해수가 순환하는 지리적인 범위도 축소될 수 있다는 데서 오는 공포다.

1972년에 쿠클라가 간파한 내용이 이제는 실질적인 위험이 되고 있다. 불과 몇 세대도 지나지 않아 그런 일이 닥칠 수 있다고 말하는 전문가들도 몇몇 있다. 그러나 분명한 점은 지구의 바다순환계 및 그것이 기후변화에 미치는 영향은 매우 복잡하다는 사실이다. 이제야 겨우 그것을 이해하기 시작했을 뿐이다. 해수순환을 어느 정도 조절하는 강력한 힘의 중심 두 가지가 떠오르고 있다. 하나는 '북대서양 컨베이어'로 불리는 것으로, 래브라도해Labrador Sea[북미 래브라도반도와 그린란드 사이의 바다]에서 차가운 심해수와 표면의 따뜻한 물이 뒤집혀 해수가 순환되도록 하는 역할을 한다. 나머지 하나는 남태평양의 또 다른 순환계에 의해 발생하는, 이른 바 '엘니뇨'다. 에콰도르 서쪽, 태평양의 해수면 온도가 상승하고 있는 증거다. 따라서 날씨 유형도 바뀌고 있다. 몇 년간 잠잠하긴 했어도 말이다.

엘니뇨는 우리가 제대로 파악하지 못하고 있는 또 다른 대규모 해양 기상 체계다. 어쩌면 남반구가 지구 전체의 해양기상조절 체계를 좌우하 고 있는지도 모를 일이다. 혹은 엘니뇨가 대기 순환에 의해 영향 받는 별도의 체계일 수도 있다. 북반구와 남반구 모두 혹한과 홍수, 그 밖의 기상이변으로 위협받고 있다. 따라서 최근에는 북대서양 컨베이어가 멕시코만류의 흐름을 바꿔 버리고 있다는 점, 해류의 변화로 다른 대양의 규칙적인 열 교환 경로마저 변화가 일고 있다는 점에서 공포가 자라고 있다. 지금 일어나는 일을 보자면, 극지의 얼음이 녹는 대신에 오히려 기온이 훨씬 급속하게 하강할 수 있으리라는 걸 의미한다. 인간 활동에 의한 지구온난화가 특별한 사건을 한층 촉진할 수도 있다.

오늘날의 정치가들은 이런 상황을 닉슨시대 때보다는 심각하게 받아들이기 시작했다. 환경문제가 정치 의제에 보다 중요한 항목으로 떠오른 것이다. 그러나 대중을 의식하지 않는 진지한 정치적 해법이 요구되므로 투표를 통해 승부를 가릴 일은 아니다. 진지한 해법이 요구되는데도 불구하고 지난 세기가 끝나갈 무렵, 노르웨이와 영국의 수상은 섣부르게 북대서양 컨베이어의 위협에 관한 얘기를 했다. 그들은 어떻게 심각한 일이 닥치고 있는지에 대해서만 알려주곤 바로 이어서 어떤 행동을 취할 것인지 결정을 해버렸다. 공무원들은 경계의 목소리를 높이고, 자금관련기구들은 특별한 프로젝트 창설을 논하고, 전문가들 사이에선 회의가 소집되었다.

여러 회의 가운데 런던 피커딜리Piccadilly에서 개최된 영국지질학회 회의 때는 책상 위의 방명록에 등록한 사람만 200명이 넘는 수의 과학자들이 참석하기도 했다. 회의장소는 70여 년 전 물감으로 채색된 필트다운인Piltdown Man5.에 관한 토론무대가 되었던 바로 그 토론장이었다. 일찍이 인간의 조작 때문에 빚어진 혼란과 비교하자니 역설적이라 아니 할 수 없다. 당시 누구나 속아 넘어갈 만큼 완벽하게 조작된 화석증거를 가지고 세계를 속이려 든 사람이 있었다. 지금은 인간의 이기심이 우리로 하여금 기후변화에 관한 과학적 사실조차 무시하게 만들고 있다.

어떤 계획을 세우고 입안을 목적으로 하는 공개토론회 같은 경우, 지금은 전문가가 나와 먼저 현 수준의 지식동향을 소개하고, 다른 사람들이 새로운 방법과 접근방식 등을 제안한 후, 점심식사를 마치고는 모든

---

5. 1911~1915년, 영국 서식스(Sussex)의 필트다운에서 인류의 것으로 보이는 머리뼈 및 아래턱뼈 조각이 발견되면서 붙여진 이름이다. 인류의 계통과 관련해 한바탕 논란이 일었으나, 머리뼈 조각의 일부를 화석처럼 보이게 하려고 현대의 것에 착색을 했다는 게 밝혀졌다. 아래턱뼈는 침팬지 뼈였다.

사람들이 소그룹별로 모여 새로운 계획을 마련하기 위해 각자의 의견을 개진하고 머리를 짜내는 것이 일반적인 모습이다. 내 경우에 있어서는 누군가 정말로 좋은 의견을 냈다면, 그들이 정작 자신들이 제안한 연구는 뒷전이고 자금 확보를 위한 게 아닌가 하는 의심을 품기보다는 그들이 그 일을 해낼 수 있는지부터 살피는 버릇이 생긴 건 사실이다. 그럼에도 불구하고 기후변화와 같은 새로운 도전과제에는 그런 식의 접근법이 최선의 길이다. 또 그날 하루를 보내는 데도 그보다 유익한 방법은 없다.

영국의 '대서양 컨베이어' 전문가들은 기상학과 해양학 전공자들이다. 그들은 대서양에서 진행되는 변화의 유형을 찾고 고찰하는 일로 자신의 경력을 쌓은 사람들이다. 유럽과 미국 사이의 바다 아래에서 전개되는 일의 복잡성과 비교해 생각하면, 그들은 하찮게 보이는 것이라도 모든 것을 세밀하게 연구해야만 한다. 바다는 얼음, 대기, 강물의 흐름, 바람, 그리고 아직 채 밝혀지지 않은 해저면의 해류 등에 의해 영향을 받는다. 수천 년 동안 그런 것들이 어떤 변화를 보였는지 그에 관한 막대한 자료를 챙기지 않고는 예측이 불가능하다. 그런 다음에야 전문가들이 미래의 변화에 관한 예측모형을 무리 없이 만들어낼 수 있으리라고 본다. 필요한 자료를 제대로 제공해주는 회의라야 영국에서 5년 동안 계속될 새로운 연구조사 프로젝트 계획을 수립할 수 있을 것이다. 미래에 일어날 일을 새롭게 예측하기 위해 해양변화를 관측하는 전문가들은 컴퓨터 모형가가 될 정도로 새로운 자료를 모아야 할 것이다.

'대서양 컨베이어'의 변화 가능성에 경종을 울리게 된 것은 최근 래브라도 및 그린란드해에서 일어나는 대류현상을 분석함으로써 나온 결과 때문이다. 남쪽에서 올라온 표면의 따뜻한 물은 그곳에서 바닷속 깊이 가라앉아 냉각되고는 다시 남쪽으로 돌아간다. 그런데 곧 지구온난화가 해류 형성 자체를 방해할 가능성이 있을 것 같다. 그럴 경우 전 지구의 해수순환에 영향을 끼치는 급격한 변화를 야기할 테고, 그 때문에 기상계의 조절유형도 바뀔 것이다. 극지의 얼음이 녹아 확산되는 담수의 유입은 바닷물 농도의 변화를 가져와 그 어느 곳보다도 훨씬 빠르게 해수순환을 변화시킬 가능성이 있다. 지구의 해수순환유형이 바뀌고, 그에 따른 기온의 급속한 하강이 다음 빙하기를 불러오는 게 아니냐는 데서 공포는 시작된다. 앞으로 약 4만 년 안에 이런 일이 일어날 것으로 예측되고 있다. 하지만 단 몇 백 년 내, 혹은 그보다 더 일찍 빙하기가 시작된다고 예측하는 컴퓨터 모형도 일부 있다.

다시 한번 강조하건대 우리는 지금 여러 학문분야 곳곳에서 나오는 정보를 빠르게 교환할 수 있는 시대에 살고 있다. 따라서 이해의 폭을 넓힐 길은 열려 있다. 그러나 나타나는 현실은 좋지 않은 소식뿐이다. 세계의 발전된 인간 문화가 몇 세대가 지나기 전에 적도로 옮겨져야만 한다는 격이다. 더욱더 우려할 일은 적도 부근 생물다양성의 많은 부분이 홍수와 경작으로 멸종의 길을 걷고 있다는 사실이다. 우리가 갈 수 있는 곳이라곤 아무데도 없는 셈이다.

또 다른 가능성이 있다. 그러나 다른 곳에서 추정되는 환경적 재앙과 비교해본다면 훨씬 간단한 체계와 관련된 얘기가 될지도 모르겠다. 바로 히말라야의 만년설에 관한 얘기다. 만년설이 녹고 있다. 녹아내린 물이 호수를 형성하다 결국 호수마저 터져 버리고 만다. 이렇듯 재앙수준의 홍수가 한 세기에 한 번은 발생하곤 했다. 그러나 지금은 해마다, 혹은 더 잦은 빈도로 발생하고 있다. 수백 명의 사람이 죽고 사회와 자연에 엄청난 피해를 입히고 있다. 어느 공신력 있는 기관의 추정에 따르면, 지금과 같은 기후변화 속도로는 2035년에 히말라야의 만년설이 모두 사라져 버린다고 한다. 그러는 동안 만년설 덕택에 여름철의 우기와 계절풍에 의존하여 살아가는 남아시아 수십억의 사람들은 마실 물과 작물에 필요한 물을 얻지 못하는 극도의 가뭄에 직면하게 될 것이다. 인간으로선 속수무책일 수밖에 없는 이런 엄청난 재앙이 시시각각 다가오고 있다.

그 다음 그린란드의 빙하도 녹고 있다. 일부 사람들이 산출한 바로는 그린란드 섬의 표면을 덮고 있는 얼음은 전 세계 해수면을 6m나 상승시키기에 충분한 담수를 담고 있다. 사실 따뜻한 기류가 그린란드에 미치는 영향을 추정하기란 매우 어렵다. 하지만 그린란드 빙하를 시추해 얻은 코어는 매우 걱정스런 실마리를 제공한다. 즉 극지의 기온이 지금보다 높았던 마지막 간빙기 동안 그린란드의 대륙빙은 훨씬 규모가 작았다. 또한 해수면의 높이도 지금보다 3~5m나 높았다는 사실을 알 수 있다. 지구에는 또 다른 거대 대륙빙이 있는데, 남극의 대륙빙이 그것이다. 이 남극 대륙빙 역시 기록을 시작한 이래 그 어느 때보다 빠르게 녹아내리고 있다. 전 세계 바다로의 대규모 담수 유입은 냉/온 균형 및 해수 농도에 주목할 만한 영향을 끼치고 있다. 의심할 것도 없이 지난 간빙기 때도 빙하가 녹은 물이 복잡한 '대서양 컨베이어'를 통해 해수면 상승에 큰 역할을 한 게 틀림없다. 자연에서 비롯한 것이든 인간이 야기한 것이든, 전 세계 해수면이 상승되리라는 예측은 타당하다고 본다.

세계에서 인구밀도가 높은 지역의 해발고도를 살펴보면 해수면과 거의 같은 높이에 위치한 곳이 대부분이다. 따라서 공들여 수방시설을 쌓기 시작하고 있다. 겨우 수백 년 전만 해도 함부르크, 뉴욕, 런던과 같은 대도시들조차 강에 제방이 없었다. 그런 도시들이 이제는 방글라데시처럼 물난리를 겪고 있다. 영국에서는 낡은 수방시설로 버틴다는 것이 곧 비현실적인 얘기로 다가오고 말 것이다. 예전에 영국인들이 동부 습지대의 물을 다 빼버리기 이전의 모습처럼 케임브리지까지 바닷물이 밀려들 것이기 때문이다. 네덜란드에도 위기가 닥칠 테고, 이집트 수도

카이로Cairo가 자리 잡은 세계 최대의 나일강 삼각주를 비롯해 미국 남부의 루이지애나, 그 밖의 세계 곳곳이 물에 잠길 것이다. 전기를 생산하는 발전소는 물론이고 항만시설 등, 북반구의 사회기반시설의 절반은 천천히 쓰임새를 다하게 될 것이다.

지구의 기후변화에 관한 얘기 및 그에 따라 우리에게 낯익은 지형까지도 영향을 받고 있는 사실은 이제 중요한 정치문제로 비화하고 있다. 전쟁을 빼고는 이처럼 시시각각 다가오는 다른 문제는 생각조차 어렵다. 그러나 이는 또 하나의 세계전쟁이다. 자연은 스스로 작동한다는 전통이 여전히 지지를 받고 있는 게 사실이지만, 때로는 분명히 인간이 불행을 야기한다. 대부분의 전문가들은 이런 변화가 점점 인간의 손이 미치는 범위를 벗어나 돌이킬 수 없는 방향으로 가고 있다고 느낀다. 하지만 명백한 증거로 이를 확신시키기란 매우 어려운 일이다. 의심할 나위 없을 만큼 명백한 증거가 여전히 확보되지 않았다 해도, 지난 세기의 관측자료만으로도 인간을 벗어난 변화가 속도를 더하고 있다는 사실은 쉽게 알 수가 있다. 완벽한 증거를 찾기에는 이제 시간이 너무 촉박하다.

1950년대에 네빌 슈트Nevil Shute가 핵 참상을 알리는 소설, 『해변에서On the Beach』를 발표한 이래, 이 지구상의 인간의 종말에 관한 이야기를 다룬 글들은 그 수를 헤아릴 수 없을 정도다. 화석연료만 있으면 우리 인간은 아무 탈 없이 잘살 수 있다는 말이 이제는 농담처럼 들린다. 핵무기에 관한 얘기도, 공상과학 소설가의 공상도 이젠 필요 없다. 우리 인간의 공격적인 이기심이 우리의 생활양식을 좌우하고, 현상유지에 급급한 정치체계로 스스로 진화하고 있다. 이제 다시 되돌리기엔 너무나도 늦어 버렸다. 우리의 힘만으로는 멈춰 세울 수 없는 지경까지 와 버렸다. 나는 통제를 벗어난 우리 체계가 깊은 나락으로 떨어지고 있는 모습에 우려를 금치 못하고 있다.

7 인간과 그 미래

미래를 보는 또 다른 관점

웨스트민스터 사원의 서쪽 문을 열면 바로 길 건너에 20세기 초 감리교의 본부로 건립된 성당인 감리교회 중앙회관이 있다. 내 생각으로는 그 건물의 건축가가 맞은편의 오래된 성공회 사원뿐만 아니라, 근처 빅토리아 거리에 화려하게 세워진 로마가톨릭대성당을 지은 사람들과 경쟁의식을 느꼈던 것 같다. 동굴로 외벽을 두른 것 같은 착각에 빠져들게 만드는 교회였다. 웨슬리John Wesley[1].의 후계자들이 하는 설교가 울림소리를 내며 교회는 의미 있는 나날을 이어왔다. 최근에는 신학자는 물론, 정치가와 철학자들이 연설 대열에 합류하면서 진보적 색채의 공개토론회도 열리고 있다. 1999년 2월의 어느 추운 날 저녁, 그 연단을 극히 대조적인 두 사람의 저명한 무신론자가 차지했다. 스티븐 핑커Steven Pinker[『빈 서판

---

1. 감리교를 창설한 인물이다. 18세기 초 옥스퍼드대학교에서 동생인 찰스 웨슬리(Charles Wesley)와 대학생 그룹을 중심으로 영국 교회와 사회의 부패상을 바로 잡겠다는 취지로 신성클럽(Holy Club)을 조직한 게 감리교의 시작이었다. 종교적 의무를 다하고, 규칙적이면서도 조직적인 활동을 펼친다 해서 붙여진 이름이 격식주의자(格式主義者, Methodist)였다. 그게 감리교(Methodism)의 이름이 되었다. 빈민과 병자, 죄수들의 전도에 힘쓰는 등, 사회혁신에 많은 노력을 기울였다.

The Blank Slate』의 저자]와 리처드 도킨스Richard Dawkins였다. 둘은 모두 과학이 정신을 망가뜨리고 있다는 데 동의하는 사람들이었다.

미국의 심리학자인 핑커는 지금 주류 생물학 분야에서 일고 있는 유전자 암호해독의 발전으로부터 많은 영향을 받은 사람이었다. 인간의 뇌가 자연선택에 의해 모양을 갖추고 그에 따라 정신활동이 고양된, 일종의 컴퓨터와 같다는 게 그의 명제였다. 이는 진화생물학자들에겐 아주 친숙한 이론인, 인간행동의 많은 부분이 육체적 특성에 좀더 부합하는 쪽으로 진화했다는 논리와 같은 의미였다. 생물학적 등가성을 찾는 전문가든 진화심리학자든 스스로 자신들이 가장 생물학에 가깝다는 걸 증명하기 위해 여전히 애쓰고 있긴 하지만, 핑커의 세계는 생물학적 등가성을 찾는 영역과 진화심리학의 영역이 혼재된 채로 구성되어 있다.

진화심리학계에 처음으로 이름을 올린 사람 중의 하나가 리처드 도킨스다. 그의 이기적 유전자라는 개념은 이미 1970년대에 한바탕 야단법석을 떨게 만들었다. 도킨스가 믿는 대로라면, 모든 유전자는 다음세대 중에서도 최고의 효과를 거둘 수 있는 세대로만 자신이 전달되길 원한다. 이런 생각은 그로 하여금 유전자에 대응하는 전달 단위로 밈meme[2]을 제안하게 만들었다. 밈은 생물학적 전달 개념이 아닌 문화의 전승 개념으로 명시된 단위다. 하지만 핑커와 도킨스의 이론은 여전히 자신들의 생각을 받쳐줄 증거를 결여하고 있다. 그에 따라 설명을 간단한 '예 – 아니오'의 선택문제로 환원시켜버린 그들의 지지자들로 말미암아 사회적으로 좌파의 비난을

---

2. 리처드 도킨스가 자신의 저서 『이기적 유전자 *The Selfish Gene*』에서 제시한 용어다. 그리스어로 '모방'을 뜻하는 'mimeme'에서 착안했음을 밝혔다. "밈의 예로는 노래, 사상, 선전문구, 옷의 패션, 도자기를 굽는 방식, 건물을 건축하는 양식 등이 있다. 유전자가 정자나 난자를 통해서 하나의 신체에서 다른 신체로 건너뛰어 유전자 풀에 퍼지는 것과 똑같이, 밈도 넓은 의미에서는 '모방'의 과정을 통해서 한 사람의 뇌에서 다른 사람의 뇌로 건너뛰어 밈의 풀에 퍼진다"고 하여 굉장히 추상적이고 모호한 개념으로 제시했다. 동료의 말을 빌리긴 했지만, 스스로 은유가 아니라 기술적으로 살아 있는 구조로 간주되어야 한다고 강요하면서, 단지 언어의 유희에 불과한 것은 아니라고 강변하기도 했다.

사고 있기도 하다.

리처드 도킨스의 주장에 깊이 동감한 핑커는 유전적으로 적응한 심리학적 특성을 찾아 나섰다. 이런 식의 논법은 인간행동을 유전과 같은 어떤 과정으로 설명하려는 것이 목표다. 한 세대에서 다음 세대로 전달된다는 분자 단위의 DNA 및 유전 암호를 근거로 했다면 하나의 객관적인 기제로 인정받을 수도 있을 것이다. 어쩌면 생물학적 과정과 유사한 형태의 일부로써 인간행동이 진화를 할 수 있다고 본 것인지는 모르겠다. 진화심리학자들은 적절한 행동단위를 찾으려고 노심초사하고 있다. 증거를 찾기가 요원한데도 불구하고, 이 새로운 개념을 입증해보이겠다는 듯 관찰을 계속할 수는 있을 것이다. 그렇더라도 감리교회 중앙회관에 모인 청중들이 분명히 보여주었듯이 핑커와 도킨스의 추종자가 없는 것은 아니다.

수학에서 물리학으로, 또 화학으로 생물학으로 이어지는 학문의 연쇄 속에서 심리학이 생물학을 통해 한 단계 더 나아갈 수 있다는 기본 생각은 사실 다윈으로부터 나온 것이다. 『종의 기원*The Origin of Species*』에서 다윈은 심리학이 '새로운 토대'를 가질 수 있다는 낙관적 가설을 확인하기에 이른다. 그에 따라 그는 자연선택의 범위에 관해 나름의 생각을 펼친다. 그렇다면 이기심, 개성 같은 인간의 기본적인 행동특성이 자연선택에 의해 진화한 것일까? 다윈을 위한다면 그것은 명백했다. "자연선택은 오로지 각각의 훌륭한 종 때문에, 또 훌륭한 종을 위해서만 작동한다"고 했으니 말이다. 밈이라는 신화에 대한 이 시대 최고의 위대한 지지자는 미국 생물학계의 거물인 에드워드 윌슨*Edward O. Wilson*이다. 그는 심지어 자신의 책, 『컨실리언스*Consilience*』3.에서 종교를 진화심리학이라는 외피

---

3. 19세기 과학철학자 윌리엄 휴얼(William Whewell)이 만든 용어로 알려져 있으며, 에드워드 윌슨은 책 제목에서 이 단어를 '지식의 통합(Unity of Knowledge)'이라는 뜻으로 제시했다.

속에서 파악하는 것을 정당화하려는 시도까지 했다. 증거도 없이 말이다. 객관적인 생물학자라면 결코 상상도 못할 일이다.

그들의 주장은 이렇게 이어진다. 인간은 자의식이 강한 존재다. 그렇기 때문에 여타의 자연물은 결코 행할 수 없는 방식으로 환경에서 인간이 차지하는 위상에 대해 도전할 수가 있다. 인간은 창조적일 뿐만 아니라, 그런 특징은 분자생물학에서 말하는 3염기조합 같은 하나의 암호에 의해 조절될 수가 있다. 단백질 합성과정에서 필요로 하는 아미노산을 암호대로 선택해서 말이다. 이것이 바로 사회생물학자인 핑커와 도킨스가 동물습성이 유전되는 방식을 발견하기 위해 그토록 열심히 찾고 있는 실체다. 그들의 생각이 동물행동학자들에겐 아주 매력적으로 비쳐질 수밖에 없다. 그들도 인간의 행동기제가 이미 인간 몸속에 담겨 있다고 믿기 때문이다. 자신들이 배운 세포 밖의 사회적, 환경적 영향에 관한 내용보다는 그런 설명구조가 더 강력한 힘을 발휘한다고 생각한다.

그런 도킨스와 핑커가 사회생물학을 논하는 과정에선 반대편에 서도록 강요를 받았으니 참 알 수 없는 일이다. 왜냐하면 그들도 책에서는 똑같이 사회생물학을 선전했는데 말이다. 그들을 위해 심리학을 포함, 물리학도 생물학과 똑같은 방식으로 연구를 수행하고 있다. 그들은 참신한 주제에 대해서는 객관적으로 접근하는 방식만이 훌륭한 과학으로 자리매김 될 수 있다고 말한다. 만약 DNA 염기서열이 생화학적 작용은 물론이고 행동조절에 필요한 정보까지 모두 담고 있는 게 사실이라면, 모든 인간의 삶은 세포 속에 프로그램이 만들어져 있는 셈이 된다. 게다가 그 프로그램이 한 세대에서 다음 세대로 복제되면서 호흡방식과 종교만큼이나 다양한 기능을 펼치게 된다.

생명체는 하나의 완벽한 체계라는 게 그들의 신조다. 따라서 그들은 장기와 조직, 세포, 세포핵, 염색체와 유전자 속에서 진화가 일어난다는 데 의견의 일치를 보인다. 생명체 외부에서 일어나는 일들이 그들의 주장 속에서는 역할이 아예 없거나 역할이 극히 미미한 것으로 드러난다. 돌연변이와 교미를 통한 유전자재조합에 의해 생명체 내부에서 체계가 발전하고, 새로운 형태의 생명이 진화한다. 이런 주장은 유전자가 생명체 내부의 구조와 기능을 조절하는, 생명 체계의 중심이라는 새로운 지식에 고무된 결과다. 이것이 생물학 분야의 보편적인 표준 체계로 자리를 잡은 이후에도 왜 진화심리학 세계에서는 누구나 동의하는 기제가 펼쳐지지도 못하는 것은 물론, 행동양식을 설명하는 데까지 나아가지 못하는가?

생명의 진화 방식에 관한 설명은 이렇듯 정도를 달리하며 객관성에서 주관성까지의 편차가 폭넓게 펼쳐진 스펙트럼을 보인다. 유전자가 한쪽에 있다면 다른 한쪽엔 자기조직화 및 혼돈이론이 있는 것이다. 분자수준의 새 증거들이 많다고 하니까 전자의 입장이 더 논리적으로 비쳐지고, 자기조직계 유형의 증거를 설명하는 후자의 입장은 다분히 직관에 의존하는 것처럼 보일 수 있다. 후자의 입장을 옹호하는 사람들은 진화생물학 같은 복잡계는 $E=mc^2$처럼 간단한 법칙으로 설명될 수 있는 게 아니라고 말한다.

따라서 어떤 접근방식을 취해야 하는지, 혹은 둘 사이에 절충점을 모색할 여지가 있는지의 여부가 큰 숙제로 다가온다. 그렇다면 이 숙제를 푸는 데 있어서 양적으로 접근하는 경직된 접근방식을 채택, 고정불변의 논리적 해답을 찾은 도킨스와 핑커를 따를 것인가? 아니면 대두하는 문제가 어떻게 규정되든 간에 당장은 문제점을 그대로 방치할 것인가? 그도 아니면 이를 둘러싼 골칫거리를 미봉한 채로 결코 해결되지 못할 문제로 치부해야 하는 것인가?

진화생물학이 대단히 객관적인 완벽주의자들에 의해 좌우되는 동안, 가장 주목해야 할 점은 분자생물학과 관련된 막대한 양의 자료를 축적하고 공유하는 데 새로운 방법이 등장할 것이라는 사실이다. 바로 DNA 염기서열 데이터베이스에서 얻은 정보를 분석하는 신흥 산업이다. 정밀해진 의료기술의 제공과 함께 경제적인 먹을거리가 인류를 구원할 것이라는 희망 속에서 점점 더 많은 거대자본이 컴퓨터로 정보를 처리하는 데 계속해서 돈을 쏟아 부을 것이다.

그러면서 불과 단 몇 천 년 전에 수많은 포유류들의 멸종을 몰고 온 인간 행동의 어두운 측면들은 완전 무시되고 있다. 객관적인 접근법을 따르길 좋아한다는 진화심리학자들은 단지 일부에 불과한 것이 아닌, 전체 지구와 생명계가 통제를 받을 수 있다는 어떠한 의견에도 전혀 귀를 기울이지 않는다.

하지만 인간의 모든 특성 중에서도 가장 위협적인 것은 인간의 이기심이다. 이는 시간을 초월해 존재하는 것이자, 산업혁명 이래 인간이 환경에 끼친 해악을 설명할 때면 늘 기본적으로 등장하는 특성이다. 그런데도 사회생물학자들은 그와 대립되는 이타주의에 대해 많은 얘기를 한다. 일부는 이타주의가 진화적 변화를 알려주는 하나의 특징이 될 수 있다고 믿는다. 그들은 인간이 같은 인간을 돕기 때문에 성공을 거둘 수가 있다고 생각한다. 내 입장에서는 그들의 낙관주의에 공감할 수가 없다. 내 판단으로는 집단적인 행동에 관한 그들의 예측이, 증거가 말해 주는 사실을 무시하고 있기 때문이다. 숱한 증거들은 정말로 우리 인간이 오로지 자신과 가족밖에 몰랐다는 사실을 일깨운다. 우리 인간은 앞으로도 계속 난방을 위해 천연가스를 태우고, 휴가를 즐기려고 비행기에 석유연료를 가득 채우고, 또 언젠가는 사막 한가운데 수영장을 만들어 양수기로 물을 퍼 올릴지도 모른다.

이런 생각과 미래의 가능성은 내가 웨스트민스터의 감리교회 중앙회관에서 도킨스와 핑커가 들으라고 일부러 한 얘기였다. 어떤 대답을 들으리라고는 기대하지 않았다. 다만 환경에 관심을 기울이게 하고 싶었다. 감리교회 중앙회관의 좌석은 2300석 규모였으나, 혹시나 하는 생각에 나는 한 주 전에 전화로 예약을 시도했었다. 그런데 돌아온 대답은 입구에서 표를 얻을 수 있을 거라는 말뿐이었다. 결국 표가 한 장도 남아있지 않다는 얘기였다. 즉 이미 몇 주 전에 좌석 예약이 끝난 상태였다. 노소를 가릴 것 없이 인산인해였다. 양복에 모피외투 차림에, 출입구 주변으론 사람들이 물결처럼 휩쓸리고 있었다. 또 예약 취소된 표를 기다리며 잔뜩 기대에 찬 사람들이 줄지어 서 있었다. 그 건물에서 정신과 관련된 논쟁이 이처럼 성황을 이룬 적은 몇 년째 좀체 찾아볼 수 없는 일이었다. 강한 기대감과 동료의식이 넘치고, 흥분에 싸여 있었다. 아주 새로운 종류의 집회였다. 하지만 그들이 숭배한 건 무엇이고, 존경한 대상은 누구였던가?

홀로 차가운 밤거리로 나왔다. 북쪽에선 매서운 바람도 불어왔다. 런던 중심지인 화이트홀Whitehall을 거쳐 호스가즈 광장Horse Guards Parade과 세인트제임스 공원의 산책로인 몰Mall 길을 지났다. 인간이 떠난 모든 곳이 적막했다. 괴괴한 침묵만이 감돌았다. 싸늘한 포장도로 위를 걷는 내 발소리만 저벅저벅 울렸다. 그곳은 그리 오래지 않은 과거에 다이애나 황태자비의 장례행렬로 세계의 관심이 쏠린 곳이었다. 지금 광장은 텅 비어 있었다. 환경에 해만 끼칠 뿐 자연에 머무를 공간조차 없는 인간이라 해도, 인간이 없는 거리는 괴괴한 느낌만 던질 뿐이었다. 그래도 신선한 공기를 마시고 나자 내겐 모든 게 분명해졌다. 지구 생명체의 진화에 관한 우리의 마음가짐이 분열되고 있다는 생각이었다. 인간들이 집으로 돌아가 텅 비어버린 건물들은 자연보다 우선시되는 정부의 안전보장을 웅변한다. 하지만 인간이 사라져버린 그때 그곳에 남아있는 것이라곤 인간이 만들어낸 조각 같은 풍경뿐이었다. 디킨스Charles Dickens[『크리스마스

캐럴A *Christmas Carol*』의 저자』 애호가들이 크리스마스카드에 새긴 이미지처럼, 그것은 하나의 뚜렷한 인공 형상이었다.

아마도 그것이 인간조건의 취약성을 깨닫게 해주는 냉혹한 현실 같았다. 나로 하여금 도킨스와 핑커가 한 말의 의미를 찾아보게 만들었으니 말이다. 실제 인간의 행동이 진화를 할 수만 있다면, 정말로 인간의 미래는 희망적일 것이다. 전 세계 정치가들도 막기가 어렵다는 것을 알게 된 환경파괴라는 막다른 골목에서 빠져나올 수 있을 것이다. 인간행동이 문화적으로 진화한다는 것은, 텅 빈 건물을 내일이면 다시 채울 정부 관료들의 마음속 무언가가 환경위기와 인간조건에 대한 전 지구적 차원의 해법을 모색할 수도 있다는 것을 의미한다. 그것은 현재 우리 인간의 '밈'으로는 할 수 없는 그 무엇이다. 즉 뒤늦게나마 인간의 생존과 번영이 가능하도록, 미지의 방법을 마련하는 새로운 행동일 것이다. 이런 특성을 갖는 밈이 있다면 적응하는 데 지장 없게 인간의 행동양식을 변화시킬 것이다. 자연선택이 작동한다면 그 또한 기존의 인간형을 초월한 새로운 행동양식을 선호할지도 모른다. 그래야 우리가 살 수 있을 테니까.

하지만 인간행동이 진화를 할 수 없다면 급변하는 환경에 대처하기란 매우 어려울 것이다. 이를 탈피하지 못한다면 대량멸종이 전개되는 상황을 막지 못할 것이다. 그리고 틀림없이 인간도 그 희생자가 될 것이다. 인간의 행동양식 중 가장 폐해가 큰 것은 이기심과 공격성이다. 하루빨리 이를 고치지 않는다면 생태적 파괴가 중단되리라는 희망을 가질 수 없다. 인간의 영향력이 주는 폐해가 단지 위험한 것에 불과한 게 아니다. 인간의 공격성이 점점 끝장을 보게 만든다는 데 폐해의 심각성이 있다.

만일 실제로 지구-생명계가 스스로 조절된다면, 우리는 아마 어느 누구라 해도 환경에 대한 인간의 폐해를 지연시키는 일밖에는 할 일이 전혀 없을 것이다. 그렇다면 지구-생명계 자신이 폐해를 막을 방도를 찾아 나서지 않을까? 환경에 끼치는 인간의 폐해는 숱한 종(種)들이 자신에게 고유하게 주어진 생명연한마저 다하지 못하게 만들어 버린다. 이는 결과적으로 우리 연구진이 방추형 모형으로 예측한 것보다도 훨씬 빠르게 멸종이 일어난다는 것을 의미한다. 6500만 년 전, 공룡 과(科)의 쇠퇴 속에 일어난 일처럼 말이다. 그와 마찬가지로 이제는 대형 포유류들이 매우 빠른 속도로 멸종되고 있다. 이는 포유류의 다양성이 천천히 장기간에 걸쳐 하향곡선을 그릴 것으로 예측한, 우리 연구진이 그림 5.5에서 제시한 포유류 과의 변화곡선과는 전혀 경우가 다른 양상이다.

신 개념 : 내부에서 불거진 자기조직적인 대량멸종

그렇게 현생인류는 모랫더미를 걷어차고 있다. 그에 따라 마지막 빙하기 끝 무렵에 겨우 붕괴의 조짐을 보이기 시작한 모랫더미에 바야흐로 심각한 사태가 야기되고 있다. 사태가 언제 끝날지는 알 수가 없다. 그 근본원인이 계속되고 있기 때문이다. 바로 인간의 공격이다. 인간이 다른 포유류 종과 처음 마주했을 때 그들을 몰살시킨 게 공격의 첫 단계였다. 그리고 서로 죽고 죽이는 살육으로 점철된 인간의 역사 그 자체가 다음 단계였다.

산업혁명 이후에 뚜렷하게 구분되는 셋째 단계가 펼쳐졌다. 아직도 거침없이 진행되고 있는 인간의 환경파괴다. 우리가 듣고 있는 기후변화라든지 지구온난화의 대부분은 인간의 활동에서 비롯했다. 물론 일부는 태양의 흑점 및 지구 밖에서 전개되는 규칙적인 과정과 같은 자연주기의 결과라고 할 수 있더라도 말이다. 자신의 인생밖에 모르는 인간의 잣대로

만 변화를 기록해봐도 모든 결과가 매우 분명해지고 있다. 새롭게 제시된 '밈'과 같은 무엇이 인간의 행동을 변화시키려 한다면, 오히려 기후변화 및 지구온난화는 더 빨라지고 가속될 것이다.

자체 조절되는 지구 생명계에선 인간이 유발한 환경변화와 같은 재앙이 없어서는 안 될 특징이라는 주장도 있다. 어떤 체계가 임계상태에 도달하면, 모랫더미에서 사태가 일어나듯 일종의 특정세계로부터 다른 세계로 경계를 넘게 된다. 그와 동시에 진화과정에 필수불가결한 자극제로 멸종이 자리를 잡게 된다. 이는 우리 연구진이 화석기록에 입각, 진화곡선으로 제시했던 유형을 통해 우리가 익히 알고 있는 내용이다. 기하급수적 변화를 보인다 해도 분화곡선이 수직상승하는 경우는 절대로 없다.

생명체의 경로 속에서 멸종과 생명유지 사이의 임계지점에 놓이기란 매우 간단한 일이다. 한 마리의 쥐가 있다고 할 때, 녀석은 오른쪽 길을 택해 밖에서 기다리는 고양이의 입속으로 들어갈 수도 있지만, 왼쪽을 택할 수도 있다. 1914년 6월에 유명한 사건 하나가 있었다. 프란츠 페르디난트 대공Archduke Franz Ferdinand이 사라예보를 방문했을 때 운전자가 오른쪽으로 방향을 잘못 트는 바람에 암살자가 기다리는 길목으로 빠져들었던 것이다.4. 어떤 사람들은 그의 차가 왼쪽으로 방향만 바꾸었어도 지난 세기의 역사가 달라졌을 거라고 한다. 위의 이야기는 거의 사적인 영역에 속한 것일 수도 있다. 그것이 의미 있는 이야기가 되기 위해서는 반드시

---

4. 1914년 6월 28일, 오스트리아 제국의 황위 계승자인 프란츠 페르디난트 대공(大公)이 아내와 함께 세르비아인 민족주의자에 의해 암살당한 사라예보사건에 관한 얘기다. 제1차 세계대전의 도화선이 된 게 사라예보사건 이다. 당시는 보스니아, 크로아티아 등지에 흩어져 살고 있던 세르비아인들이 오스트리아의 침탈에 강한 반감을 갖고 단일민족국가 수립을 갈구하던 때였다. 이에 프란츠 페르디난트 대공의 사라예보 방문 소식이 알려지면서 7명으로 구성된 비밀결사, 흑수단(Black Hand)이 암살을 모의한다. 사건 당일, 무개차를 타고 예정된 행로를 따라 움직이는 대공 일행을 향해 흑수단 일원이 먼저 폭탄을 투척했으나, 목적달성에 실패한다. 당황한 대공 일행은 예정된 일정을 취소하고 돌아가려 했다. 하지만 운전사가 길을 잘못 들어 결국 길목을 지키고 있던 흑수단의 가브릴로 프린치프(Gavrilo Princip)가 쏜 총탄에 대공 부부가 사망하고 만다. 세르비아 정부를 암살의 배후로 지목한 오스트리아가 세르비아에 선전포고를 함으로써 제1차 세계대전이 터졌다.

절대다수의 추세를 반영하고 있어야 한다. 특정상황에서 다른 상황으로 임계점을 뛰어넘으려면 지지자들로부터 지지를 얻어야 한다. 그것이 쥐가 됐든 자동차든 모래알갱이든, 또 민주주의 선거에서의 유권자들에 관한 얘기든 말이다. 한편 어떤 상태에서는 분위기가 전혀 다르게 임계점을 논할 수도 있다. 바로 진화생물학 분야에서 하는 얘기로, 새로운 환경에 놓인 종들은 여태껏 시험해보지 않은 새로운 DNA 조합을 형성함으로써 그 속에 암호화된 새로운 특징을 처음 표출할 실제의 기회를 기다린다.

중요한 변수들이 있을 수 있다고는 하나 지구상의 생명계는 유사한 방식으로 움직인다. 그것이 집단이든 생태계든 말이다. 그 방식을 모랫더미로 표현하자면, 모래알갱이는 종이나 유전자로 치환할 수가 있다. 사태는 멸종으로 치환된다. 멱급수법칙Power Law은 우리에게 대규모 사태, 혹은 대규모 멸종이 작은 규모의 것보다 훨씬 적은 게 일반적이라는 사실을 일러준다. 모랫더미를 제어하는 인자는 무게와 더미의 측면 각도다. 이를 포유류에 적용하자면 생태계에서의 공간과 먹이다. 우리 인간은 그 모랫더미에 발길질을 해버릴 수가 있다. 환경을 변화시켜 생태공간을 축소시키고 먹잇감을 빼앗아버릴 수가 있는 것이다.

하지만 외부로부터의 변화가 없는 지구-생명계에선 무슨 일이 일어날 것인가? 사태 없는 모랫더미 같은 꼴이 되어 결국 백색잡음이라는 혼란 속에 빠져버리는 건 아닐까? 해답은 우리 연구진이 발표한, 거시적 진화macro-evolution의 기하급수적 분화론 속에 있다. 즉『화석기록 2The Fossil Record 2』에 나오는 과科 자료를 그래프로 나타낼 때 곡선이 수직선을 향해 지속적으로 상승하던 그 분화 말이다(그림 3.5 참고). 그 체계가 모랫더미가 됐든 도로의 자동차가 됐든, 또는 아메리카 대륙의 대형 포유류든, 그 수가 어느 수준을 넘어서면 곧 임계점에 달하는 상황이 시작된다. 대량멸종마저 없었다면 기하급수 곡선은 정말로 더 수직상승했을 것이다. 그것이 까마득한 오래전의 일이었고, 수직선과 간격을 유지할 수 있는 멸종이 한동안 없었다고 해서 멸종이 또 다시 일어나지 않는다는 보장은 없다. 만일 그런 일이 벌어진다면, 이제는 이 지구라는 행성의 모든 생명체가 사라지고 말 것이다. 모든 상처를 딛고 다시 시작해야 할 필요성이 생길지도 모를 일이다.

하지만 그런 일은 불가능할 것이다. 예를 들어 어느 교사가 수업을 하면서 칠판에 적어놓은 글씨를 모두 지워버린 후, 분필가루가 창문을 통해 쏟아진 햇빛에 반사돼 뿌옇게 떠다니고 있다고 치자. 그 분필먼지가 분필로 환원된다는 건 말할 것도 없고, 먼지가 칠판에 쓰였던 글씨로 되돌아갈 수는 없는 법이다. 기하급수적 분화를 향해 가는 진화도 엔트로피라는 측면에서 이처럼 일방적인 과정이 아닐까? 오로지 전진뿐이지 뒤로 되돌아갈 수는 없다. 계속 머무는 것조차 불가능하다. 분필먼지와 마찬가지로 우주는 엔트로피가 증가하는 상태로 나아갈 것이기 때문에 이 말은 곧 진실이 될 수밖에 없다. 즉 생명역사 속에서 질서가 깨지는 추세가 끊임없이 지속되고, 그와 함께 복잡성은 더욱 더 커지리라는 것이다. 그 체계의 일부가 임계점에 도달하기 직전까지 말이다.

엔트로피가 증가하고 복잡성이 확대되는 상황에서 생명체가 이를 용케 버텨낸다 해도, 복잡성의 확대는 그 체계를 기술적으로 훨씬 단순했던 이전 체계보다도 더 부실하고 외부의 간섭에도 취약하게 만들어버린다 – 진부한 혼돈이론을 빌자면, 나비의 날갯짓이 폭풍을 일게 할 정도로 말이다. 그런 일이 현실로 닥칠 때쯤이면 임계점에 놓인 인간에게 과거로 돌아갈 방도란 없다.

인간의 멸종을 향하여?

인간의 멸종이 곧 닥칠 것 같다는 신념이 우리 연구진으로선 하나의 도전거리였다. 따라서 우리는 짬을 두지 않고 그것을 검증할 채비를 했다. 어디부터 시작할 것인지 그 지점은 명확했다. 연구 초기 우리에게 그토록 많은 생각의 근거를 제공했던 『화석기록 2』 데이터베이스였다. 여느 때처럼 우리는 100만 년 단위로 포유류 과의 수를 마이크로소프트 엑셀 파일에 입력했다. 지난 2억 년 동안의 분화곡선(그림 5.5 참고)을 얻기 위해서였다. 데이터베이스를 통해 얻은 요약곡선은 우리를 무감각하게 만들 정도였다. 그러니 그때도 결과를 보고 놀라지는 않았다. 5장의 끄트머리에서 언급한 대로 공룡과 조류로부터 기하급수곡선을 얻고, 처음으로 종형곡선을 확인했을 때, 그때는 정말로 놀라지 않을 수 없었다. 아니 충격이었다. 그러나 우리는 포유류 과의 다양성이 신생대 제3기 마이오세 초기에 정점을 이뤘다는 사실을 수십 년 동안이나 알고 지냈다. 따라서 우리 연구진이 얻은 곡선은 단지 그것을 사실로 확인시켜준 것에 불과했다.

K-T(백악기-제3기) 대량멸종사건 이후 1000만 년에 걸쳐 포유류 과의 수가 갑자기 증가한 걸 볼 수 있다. 그리고 마이오세 동안에는 172과로 최고에 달한 것을 알 수가 있다. 비록 포유류들이 생태계 문제 및 중생대의 공룡들에 의해 억제되어 분화가 매우 더디긴 했어도, 그 곡선을 보면 정상적인 변화의 경로를 따른 것으로 보인다. 하지만 지난 네 시기, 즉 1000만 년 전, 500만 년 전, 200만 년 전, 그리고 1만 년 전의 상황을 보여주는 자료에 따르면 과의 수가 대폭 감소했음을 알 수 있다. 이는 포유류 과의 다양성이 이미 정점을 지났다는 사실을 의미할 수밖에 없는 일이다.

우리는 그 결과를 방추형곡선 모형을 통해서도 검증을 해보았다. 포유류의 다양성이 마이오세 동안 정점에 올랐다가, 예측대로 느린 속도의 하향곡선을 그리고 있음을 확인할 수 있었다. 그림 5.5의 실선이 바로 우리의 방추 모형으로 계산된 결과다. 그리고 그림은 분명히 방추형 이론을 그대로 따르고 있다. 만일 곡선이 체계 밖의 간섭도, 방해도 없이 이어진다면, 포유류는 앞으로 약 9억 년이 지난 시점에 결국 멸종하고 말 것이다.

일단 마이오세 때 정점을 지나 다양성이 천천히 감소하고 있다는 사실로부터 그런 추정이 충분히 가능하다. 동일한 형태의 종형곡선을 완성하는 쪽으로 길게 이어지는 모습을 다른 집단, 예를 들어 속씨식물(그림 5.4 참고)에서도 찾아볼 수가 있다. 오랫동안 쇠락의 길을 걷다가 멸종하고 마는 이론과 관련해 우리는 공룡 과의 다양성(그림 2.3 참고)을 논하면서 또 다른 이론을 제시한 바도 있다. 물론 K-T 사건으로 공룡이 몰살을 당한 것으로 알려져 있긴 해도 말이다. 그렇지만 그림 5.5의 포유류 곡선은 다른 분화곡선에선 볼 수 없었던 뭔가 상당히 부적절한 구석이 있다. 1000만 년 전, 500만 년 전, 200만 년 전, 그리고 1만 년 전의 상황을 보면 단 1000만 년 만에 포유류 과의 수가 160에서 124과로 급속하게 감소한 것이다. 포유류 과의 수가 마이오세 동안 정점에 오른 이유를 찾기란 쉬운 일이다. 당시의 온도도 그렇고, 여러 조건이 생태적으로 조화를 이룬 최적상태에 있었기 때문이다. 먹잇감도 풍부했고 위험한 약탈자도 없었다. 하지만 과거 1000만 년에 걸쳐 포유류 과의 수가 갑작스럽게 감소한 것은 또 다른 문제가 아닐 수 없다.

마이오세를 정점으로 하여 이후에는 날씨가 추워지기 시작했다. 결국 신생대 제4기 홍적세(플라이스토세) 때는 빙하기를 부르게 된다. 여기서 수수께끼가 생긴다. 왜 1000만 년 동안 그토록 비정상적으로 급속하게 과의 수가 감소했을까? 그림 5.5에서 예측곡선과의 차이를 볼 수 있는 것처럼 그 영향은 극심했다. 실질적으로 단 수천 년 만에 상당수의 과가 멸종된 것이다. 체계 밖으로부터의 방해가 이미 시작되었음을 의미하는 게 아닐까?

네 시기의 상황을 보여주는 증거만으로 외부의 방해를 주장하기에는 근거가 미약했기 때문에 가능한 한 다른 출처에서 나온 자료로 확인을 해보는 작업이 필요했다. 그래서 우리는 자료를 찾아보기로 했다. 막대한 양의 자료를 수집하기 위해 공개된 자료는 말할 것도 없이, 신뢰성 여부를 떠나 무명 고생물학자들의 자료까지 뒤졌다. 케냐와 탄자니아에서의 정밀한 발굴 작업으로 출토된 다양한 영장류 증거들 외에는 아프리카와 관련해 찾을 수 있는 자료라곤 아무것도 없었다. 아시아와 유럽의 경우엔 포유류 종 목록이 특정지역이나 지질학적 시대별로 많이 정리된 형편이었다. 하지만 모든 자료가 혼란만 던져줄 뿐이었다. 종으로 기록된 것이 있는 반면에 어떤 것은 그저 크게 집단별로 묶어놓는 등, 이름조차도 모순투성이였다. 유럽이든, 아프리카와 아시아든, 전문성에 따라 똑같은 표본의 시대구분조차 차이를 보였다. 논쟁의 주도권을 잡은 당사자에 의해 휘둘린 모습이었다. 우리가 자문을 구한 전문가들도 쉽사리 해법을 내놓지는 못했다. 난감할 뿐이었다.

제대로 된 데이터베이스를 찾는 과정에서 내가 깨달은 점은 잘 알지 못하는 분야에 접근할 때는 정말로 굉장히 신중을 기했어야 했다는 것뿐이다. 그런 식으로 자료를 읽고 자문을 구하다가 마침내 내가 찾아 헤매던 걸 발견할 수 있었다. 그것은 바로 비에른 쿠르텐Björn Kurtén과 엘레인 앤더슨Elaine Anderson이 1980년에 발간한 책이었다. 그 책에는 홍적세의 빙하기 당시 멸종되었거나 살아남은 종을 막론하고 북미지역의 모든 포유류 종 목록이 부록으로 수록돼 있었다. 게다가 지난 200만 년을

12시기로 나눠 그들의 실존 혹은 부존 여부를 기록하고 있었다. 흥분에 휩싸인 우리는 부록에 실린 자료를 엑셀 스프레드시트로 옮기는 일에 착수했다. 두 번의 간빙기가 닥치기 이전까지 북미에는 34과의 포유류가 있었다. 지금은 10과에 불과하다. 이를 포유류 종까지 확대해서 살펴보면, 같은 시기에 335종의 포유류가 멸종되고 겨우 210종만이 살아남는 등 포유류 종이 엄청나게 사라져 버렸다. 과와 종이라는 범주가 실제 의미하는 바대로 구분되었는지 이를 확신할 수는 없는 실정이니 이 문제는 차치하더라도, 30만 년 이상 어떤 재앙이 개재되지 않고서야 있을 수 없는 일이었다.

화석포유류에 관한 북미의 지식수준은 양적으로나 질적으로나 세계 다른 지역과는 그 양상이 매우 다르다. 전문가들 사이의 학풍도 약간씩의 차이를 보일 뿐이다. 따라서 이름을 짓고 묘사를 하는 문제에 있어서도 유럽보다 심각성이 훨씬 덜 하다. 또한 초기 인류에 대한 관심도 대단하다. 인간이 어떻게 진화했는지 탐구하는 정도가 아니라, 유럽에서 건너온 백인과 아프리카에서 발원한 흑인 등, 새로운 이주자들에게 이주가 끼친 작용까지도 연구를 한다. 지식이 풍부해질 수 있었던 또 다른 이유는 아주 최근까지 북미지역에는 놀라울 정도로 많은 포유류 종과 개체가 있었기 때문이다. 차츰 빙하기에 이를 때까지 그들은 훌륭하게 대초원을 누비고 다녔다. 이 같은 내용의 자료를 우리는 존 앨로이John Alroy가 인터넷에 올린 자료에서 내려 받을 수 있었다.

다음 과제는 형태를 확인해보고, 다른 자료와의 비교를 통해 우리 견해의 신뢰성을 확보하는 일이었다. 두 가지 데이터베이스를 이용해 100만 년 단위로 포유류 과의 수 변화를 그래프로 나타낸 것이 그림 7.1이다. 에오세 말기 북미지역에 살던 포유류는 53과로 알려져 있다. 세계 전체의 포유류가 정점에 오른 것은 이보다 훨씬 늦은 마이오세 때로, 172과가 살던 것으로 알려진다. 부록으로 수록된 북미지역 홍적세 데이터베이스로부터 지난 30만 년 중에서 네 시기를 택해서 살펴본 결과는 33, 34, 25 그리고 10과였다. 이는 급속하면서도 멀리까지 이어져 오고 있는 하강추세였다.

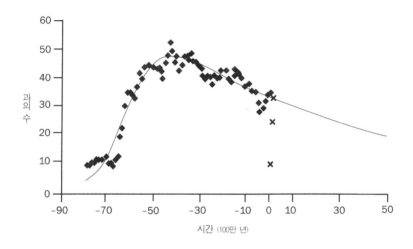

그림 7.1 북미지역 포유류 과(科)의 수 변화.
　　　　신생대 제3기부터 제4기 홍적세에 이르기까지 서식했던 과의 수를 100만 년
　　　　단위로 나타냈다(마름모는 앨로이의 자료, 가위표는 쿠르텐과 앤더슨의 자료에
　　　　기초). 실선은 제3기 이후 외부의 영향이 없을 때 예측되는 미래 멸종 유형을
　　　　표시한 곡선이다. 예측곡선 궤도를 이탈했음을 3개의 가위표가 증명하고 있다.

　　우리는 포유류들이 급속하게 멸종되고 있다는 양적 증거를 찾아낸 셈이었다. 놀라운 점은 멸종 규모와 속도가 대량멸종사건과 맞먹는다는 사실이다. 『화석기록 2』 데이터베이스에 기초해 작성한 그림 5.5의 곡선과 비교해볼 때, 이는 깜짝 놀랄 만한 일이다. 왜냐하면 그 자료엔 홍적세나 현재의 기록이 포함되지 않았으니 말이다.

북미지역의 화석유적지에서 발굴된, 불과 수천 년 된 몇몇 화석자료만 가지고도 그림 5.5의 해석이 확연하게 달라지고 있다. 종형 모형을 활용한 우리의 예측곡선은 포유류의 멸종이 아직도 까마득히 먼, 앞으로 9억 년 후에나 일어날 일로 예측한다. 그렇다면 포유류 진화라는 자기조직계에 영향을 끼치는 무슨 일이 자연계 외부에서 일어나고 있는 것은 아닐까? 무언가 사태를 유발하고 있다.

세 가지 원천자료에서 나온 증거들이 모두 갑작스런 포유류의 대규모 감소를 암시하고 있다는 점은 매우 중요하다. 대량멸종사건 당시처럼 뜻밖의 몰락 상황이 벌어지고 있는데도 넋 놓고 바라만 보고 있는 격이다. 공룡과 함께 벌어진 일(그림 2.3)과 포유류들 속에서 일어나는 변화를 단순 비교해보면 두 가지 유사성을 확인할 수 있다. 공룡과 포유류 모두 멸종이 시작되기 불과 몇 백만 년 전에 과의 수가 정점에 도달했다. 그 다음 몇 백만 년 동안은 곡선이 우리 모형 그대로 과의 수가 감소하는 추세를 따른다. 공룡과 포유류 양쪽 다 초기에 멸종된 과들이 첫 희생자의 일부를 이루면서 나중에 출현한 종류들과는 양립할 수가 없게 되었다. 두 번째 유사성은 다양성이 절정을 이뤘다가 지속적으로 감소한 이후의 모습에서 나타난다. 공룡과 포유류 전부 우리가 곡선에서 제시한 시간의 척도를 계속해서 따르다가 어느 순간, 갑자기 수직 감소한다는 점이다. 화석기록의 연대만 가지고도 대량멸종사건 당시에 일어난 일처럼 돌연한 과의 감소가 대규모로 진행되고 있음을 확인할 수 있다.

이처럼 돌연한 멸종을 유발할 가능성의 가장 큰 원인은 두 가지다. 기후변화와 인간에 의한 영향이 그것이다. 그렇지만 기후변화에 의한 영향은 부차적인 문제에 불과하다. 지난 수백만 년 동안 기후는 요동쳐왔고, 1만2000년 전부터는 특별한 변화도 없었다. 기후와 관련해 특별하게 발생된 일이란 아무것도 없었다. 똑같은 주기를 그리며 더위와 추위가 반복되었고, 우리가 알고 있는 것처럼 이런 주기가 복합 요인으로 작용하면서 홍적세에 빙하기가 도래했을 뿐이다. 가능성이 큰 둘째 원인, 즉 인간의 영향은 북미지역을 비롯해 지구 곳곳에서 고인류학자들이 발견하고 있는 증거들에 의해 점점 더 그 가능성이 뒷받침되고 있다. 거기에 더해 급속하게 전개된 산업화과정의 영향도 고려해야 한다.

약 30만 년에서 8000년 된 화석표본 자료를 분석한 결과를 토대로 볼 때, 우리가 대량멸종사건이 진행되는 시대에 살고 있다는 결론은 대단히 섬뜩한 일이다. 통계적으로 포유류 과의 약 1/3이 멸종되고 있다는 의미 있는 증거를 화석들이 제공하고 있다. 게다가 마지막 빙하기 끝 무렵에 시작된 현재의 대량멸종사건의 근본원인은 바로 현생인류가 가진 공격성이다. 그것이 처음으로 명백하게 드러난 지점은 우리 인간이 대형 포유류 대부분, 어쩌면 네안데르탈인까지 포함해 그들을 절멸시킨 사건일 것이다. 아프리카, 아시아와 유럽, 그리고 가장 최근의 일인 아메리카 대륙에서의 사냥으로 말이다. 유럽과 아시아의 경우, 비록 그와 유사한 수렵이 지속되긴 했어도 멸종으로까지 이어진 사실을 파악할 수 있는 단서는 적은 편이다.

이제는 현생인류가 또 다른 폐해의 물결을 일으키고 있다. 6장에서 논한 대로, 궁극적으로는 화석연료를 태우는 인간의 이기심이 그 원인이다. 인간의 공격성이 전개된 이런 과정이 지금까지는 인간의 멸종곡선에 영향을 미치지 않았다. 영향이 없는 것을 당연하게 받아들이고 있는 상황인지는 몰라도, 사실은 아직까지 재앙이 일어나지 않았을 뿐이다. 하긴 지질학적 시간의 척도로 볼 때, 산업혁명 이래 지난 200년 동안 일어난 일들이 어떤 영향을 주기엔 너무나 짧은 기간이었는지도 모른다. 그럼에도 불구하고 언제 어떻게 일이 터질지 모른다는 생각을 갖기에는 전혀 부족함이 없다. 신문을 펼치기만 해도 스스로 이해가 될 것이다.

이중 파멸

　물론 지금 존재하고 있는 우리 인간을 그 속에 포함시켜 대량멸종사건의 범위를 정확하게 예측할 수는 없다. 여태까지 가장 명백하게 드러난 거라고 해봐야 대형 포유류들뿐이다. 6장에서 설명한 것처럼 다른 동물과 일부의 식물도 빠르게 멸종을 향해 가고 있기는 하다. 인간이 생존할 수 없는 위기가 곧 특정 인간집단을 덮칠 것이다. 지나치게 많거나 지나치게 적은 물, 기아, 질병, 그리고 전쟁, 정확히 이 다섯 종류의 위기가 나중이 아니라 지금 당장 우리를 기다리고 있다.

　그렇다면 예전의 대량멸종사건으로부터 나온 증거가 우리에게 닥칠 일을 암시해주는 내용은 무엇일까? 초기의 멸종사건들을 경험한 과科의 분화곡선들에서 나타나는 하나의 특징은 '이중의 파멸'이다. 예상과 달리 한 차례의 정점이 아니라, 두 차례의 정점을 거친 결과다. 하지만 집단을 어떻게 규정하느냐에 따라 달라질 수 있기는 하다.

　2억4500만 년 전, P-Tr(고생대 페름기-중생대 트라이아스기) 경계에서 일어난 대량멸종사건은 그 이전에도 이후에도 결코 볼 수 없을 만큼 수없이 많은 종種의 멸종을 불러왔다. 문門 수준으로 본다면 당시 존재하던 모든 문이 사건 후에도 살아남았으나, 과의 대부분은 그렇지 않았다. 예를 들어, 당시 두드러지게 번창했던 관다발식물인 겉씨식물과 양치류가 그런 것처럼 양서류의 경우도 과의 2/3 이상이 멸종을 당했다(그림 5.6 참고). 각각의 세 집단 모두 분화기에 뒤이어 첫 단계의 멸종을 겪었다. 양서류, 겉씨식물과 양치류의 새로운 과들이 진화한 시기는 중생대와 신생대 제3기 때였으며, 아주 다양해진 생태계 속에서는 그들이 훨씬 더 효과적이었다. 그럼에도 불구하고 각 집단마다 한 과에서 한두 종은 무사히 중생대와 제3기를 거쳐 오늘날에도 서식하고 있다. 대량멸종

없이 곡선의 꼬리가 최종 멸종지점에 도달하기까지는 무척 오랜 시간이 걸리는 게 분명하다.

우리가 얻은 결과(그림 5.6)는 세 집단이 두 단계의 분화과정을 겪었음을 의미한다. 즉 첫 단계는 고생대, 다른 한 단계는 중생대 때였다. 두 단계의 분화와 관련, 그 전체 의의에 대해서는 전반적으로 생각할 여지가 많다. 하지만 두 단계 분화는 일반적인 현상인 것 같다. 이는 불가피하게 나로 하여금 이런 질문을 던져보게 만든다. 인간행동에 대해서도 복원력을 갖고 있는 소형 포유류라면, 현재의 대량멸종사건에서도 대다수가 살아남을 수 있지 않을까? 위의 태곳적 세 집단의 과가 현재까지 남아있는 것과 똑같이 소형 포유류들은 대형 친척들이 사라진 이 세계에 충분히 적응을 할 수가 있을 것이다. 생태적으로 그들은 경제적이며, 생리적으로도 그들은 보호 장치가 잘 발달돼 있다. 그리고 인간이 야기하는 변화 속에서도 소형 포유류들은 자신들의 다양성을 유지하고 있다는 모든 신호를 내보내고 있다. 작은 몸집과 신중한 서식지 선택, 소량의 먹이섭취가 그들을 성공으로 이끌고 있다. 소형 포유류들이 성공을 이룰 때, 집단별로 첫째와 둘째 단계 간의 유전적 유사성과 차이점들을 살펴보는 것은 흥미로운 일이 될 것이다.

우리가 지금 겪고 있는 멸종사건은 두 번째 분화의 시작을 이끌 것이다. 바로 대형 포유류, 특히 우리 인간이 사라져버렸을 때 말이다. 이미 대형 포유류 과의 대다수가 멸종했거나 멸종되고 있다. 첫 단계의 멸종에서 회복된, 세 가지의 페름기-트라이아스기 집단이 보인 유형을 아직까지 그대로 따르고 있는 게 사실이다. 개략 대형과 소형 포유류 집단으로 나눌 수 있는 이 집단을 위해서는 둘로 분리된 방추형곡선 모형이 필요하다.

지구를 위한 새 생명체

지구 생명체의 미래에 관해 과학은 어떤 예측을 내놓을 수 있는가? 생태 이론과 컴퓨터 모형화 작업은 세계가 어떻게 될 거라는 얘기를 가능토록 해준다. 또 몇 가지 분명한 결론을 내릴 수 있게 해주는 예전의 재앙을 통해 우리는 추세를 읽어낼 수도 있다.

2001년 5월, 전 세계 각지에서 모인 63개의 과학 학술단체들은 "지구 기후변화의 경향"이라는 제목의 성명서를 배포했다. 그에 따르면 향후 100년간 지구의 평균 지표면 온도가 1~6℃ 상승할 게 90% 이상 확실시 된다고 했다. 예측의 근거는 '기후변화에 관한 정부간 협의체IPCC, Inter-governmental Panel on Climate Change' 자료였다. IPCC는 또한 같은 100년 동안 해수면의 상승, 지구 곳곳에서 강수와 가뭄의 증가, 농업·건강·수자원에 미칠 악영향이 증대될 것이라는 예측도 내놨다. 결국 앞 절에서 논한 내용이 한낱 공상이 아닌 셈이다.

식물의 경우 재앙에 의해 심각한 영향을 받을 것으로 믿을 만한 논거는 없다. 우리 연구진이 컴퓨터 모형으로 제시한 속씨식물만이 가장 번창하 며 과의 다양성이 막 정점에 오르고 있다(그림 5.4 참고). 많은 초본류는 개활지, 풀밭과 함께 농업분야의 경작을 통해 이점을 누리고 있다. 자연적 이든 인공적이든 초본류는 신종과 변종이 늘고 있다. 또 서식지가 사라지 고 생존이 어렵게 된 상황이긴 해도 침엽수와 양치류만은 환경적 압박을 잘 견디며 머지않아 다양성을 꽃피울 것이다. 이미 살펴본 대로 드물게 남아있는 열대 침엽수는 생존이 어려울 것으로 생각된다.

가장 취약한 식물은 지중해 연안, 캘리포니아 서부, 모든 열대 및 아열대림 주변에 서식하고 있는 난대성warm-temperate 관목이다. 재앙이 닥쳐 일부가 살아남는다 해도 난대성 관목의 여러 종들은 서식범위가 두드러지게 줄어들 것으로 보인다. 바꿔 말해, 복잡하고도 차별화된 생태계에서 생태적 균형에 변화가 일 것이라는 얘기다. 하지만 어떤 종류의 숲이 어떻게 되는지 이를 알아낼 방도는 없다.

동물 중에서 인간이 그들의 생활양식에 위해를 가해서 야기되는 변화에 특히 취약한 것은 바로 대다수의 포유류다. 따라서 그들의 운명을 예측하기란 훨씬 복잡한 일이 되고 만다. 이미 나는 가장 지속적으로 멸종의 길을 걸을 동물로 '대형' 포유류를 지목한 바 있다. 화석기록 자료를 컴퓨터 모형으로 분석해 얻은 증거 때문이다. 또 체중이 무거우면 다른 동물들보다 더 많은 먹잇감과 더 넓은 서식공간이 필요하다는 생태학자들의 주장도 있기 때문이다. 게다가 이 같은 주장을 받쳐줄 선례도 있다. 커다란 몸집의 공룡 말이다.

사실 '대형'과 '소형'을 특징짓는 데 유용하게 쓰일 만한 근거는 없다. 포유류 중에서도 가장 최근에 출현한 목目 가운데 하나가 영장류다. 그런데 이 원숭이류에서 어떤 것이 살아남으리라고 감히 어느 누가 말할 수 있겠는가? 나는 그 어떤 영장류의 크기, 수명 및 행동양식이 우위를 점하고 있다고는 생각한다. 하지만 그들이 자행하는 엄청난 환경파괴는 수많은 종을 위협할 것이다. 설치류와 소형 육식동물들은 그들이 혼자가 아닌 한 늘 먹잇감을 찾아 헤맬 것이다.

그에 따라 우리는 『화석기록 2』를 토대로 만든 컴퓨터 모형을 가지고 대규모 동·식물 집단의 다양성이 정점에 오르는 시점을 예측해보기로 했다. 두 가지 경향만은 분명했다. 식물의 경우 그대로 존속하면서 새로운 질서 속에서 서식지가 복원될 것으로 예측되었다. 다른 동물 집단은 이미 대다수가 정점을 지났으며, 수백만 년 전부터 멸종을 향해 하향곡선을 그리고 있었다. 하지만 특별히 주목할 만한 두 가지 예외가 있다. 이미 그 이전부터 세력범위의 판세가 달라지고 있던 녀석들로, 곤충류와 창공을 나는 조류다.

곤충류와 조류들은 여전히 다양성이 고도화되는 초기 단계에 있다. 양쪽 모두 대부분의 다른 동물 집단과는 다르게 훨씬 더 오랫동안 풍부한 다양성 속에서 분화하고 있다. 그 어느 쪽도 최고조에 달한 조짐이 없다. 이게 바로 대형 포유류가 사라지면 이 지구상에 새로운 생명체가 발달하리라는 신호다. 보다 작은 소형 동물들, 즉 설치류, 식충동물, 소형 육식동물, 그리고 박쥐가 기쁨을 누릴 것이다. 크게 확장된 육지생태계가 새로운 균형을 이루며 복원될 테고, 혁신되고 발전하는 공동체를 위해 하늘은 새로운 공간을 열어줄 것이다.

인간이 없는 지구를 생각해보면 공허한 느낌이 들 뿐이다. 우리의 눈길이 가닿지 못한 지구는 광대한 미美의 광장이다. 이제껏 진화한 생명집단 중에서 가장 복잡한 생명체가 멸종의 나락으로 떨어지고 있는 사실을 바라보는 일은 생물학자로서 곤혹스러울 따름이다. 우리는 호모 사피엔스의 진취적인 기질에 경외심을 갖고 자랐다. 그리고 지금은 거기에 금이 간 것을 잘 알고 있다. 최고의 유전체(게놈), 가장 복잡한 생리와 신경계가, 만물의 영장이라는 지위를 영구적으로 보장하지는 않는 것 같다. 우리는 우리 자신, 즉 인간이라는 족속을, 진화의 분류체계에서도 비껴있는 것인 양, 가지 꼭대기에 있는 것처럼, 어찌 보면 순진하기 짝이 없는 시각으로 보아 왔다. 전체로서의 나무는 각 부분 부분이 모두 똑같이 존중돼야 마땅하다.

참고문헌

1장

Hewzulla, D., Boulter, M. C., Benton, M. J. & Halley, J. M. (1999), "Evolutionary patterns from mass originations and mass extinctions", *Philosophical Transactions of the Royal Society London B* 354, pp. 463~9.
- 진화적 변화를 모형화해 영국왕립학술원 학술지에 실린 우리 연구진의 논문이다.

Flannery, T. (2001), *The Eternal Frontier: An Ecological History of North America and Its Peoples*, New York: Atlantic Monthly Press.
Boulter, M. C. & Fisher, H. C. (eds.) (1994), *Cenozoic Plants and Climates of the Arctic*, Berlin: Springer Verlag.
- 이 두 책을 참고해 과거 1000만 년 동안의 북반구 온대지역을 조망하고 그와 관련된 쟁점을 다뤘다.

Briks, H. J. B. (1973), *Past and Present Vegetation of the Isle of Skye*, Cambridge: Cambridge University Press.
Macnab, P. A. (1970), *The Isle of Mull*, Newton Abbot: David and Charles.
- 인간이 스코틀랜드 지역을 개발하는 과정에서 벌어진 식물상의 변화를 살피고, 스코틀랜드를 고고학 및 인류학 측면에서 고찰하는 데 참고했다.

Huxley, J. (ed.) (1940), *The New Systematics*, Oxford: Oxford University Press.
- 20세기 전반기 동안 생물학분야의 주요 발전상을 요약한 책이다.

Harland, W. B. *et al.* (1990), *A Geological Time Scale*, Cambridge: Cambridge University Press.
Lamb, S. & Sington, D. (1998), *Earth Story*, London: BBC Books.
- 우주 및 지구의 지질학적 시간에 대한 개념과 물리적 변화과정을 참고한 책이다.

Heap, B. & Kent, J. (eds.) (2000), *Towards Sustainable Consumption*, London: Royal Society.
- 도쿄에서 개최된 어느 국제회의를 위해 유럽 전문가들이 지속가능한 지구 관리의 가능성을 고찰한 최근의 논문이다.

Tilman, D., *et al.* (2000), "Biodiversity", (*Nature Insight*) in *Nature* Vol. 405, No. 6783, May 11, pp. 208~54.
- 생물다양성을 주제로 한 9개의 포괄적 논평이다.

* 기타 추천 도서

Briggs, D. E. G., Erwin, D. H. & Collier, F. J. (1994), *The Fossils of the Burgess Shale*, Washington DC: Smithsonian Institute.

Desmond, A. & Moore, J. (1991), *Darwin*, London: Michael Joseph.

Kauffman, S. (1995), *At Home in the Universe*, Harmondsworth: Penguin.

Levin, S. (1999), *Fragile Dominion: Complexity and the Commons*, Reading MA: Perseus.

Margulis, L. & Sagan, D. (1997), *Slanted Truths*, New York: Copernicus.

Rudwick, M. J. S. (1965), *The Great Devonian Controversy*, Chicago: Chicago University Press.

Ward, P. (1995), *The End of Evolution*, London: Phoenix.

2장

Frakes, L. A., Francis, J. E. & Syktus, J. L. (1992), *Climate Modes of the Phanerozoic*, Cambridge: Cambridge University Press.

Hallam, A. & Wignall, P. B. (1997), *Mass Extinctions and their Aftermath*, Oxford: Oxford University Press.
- 고생태학적으로 쥐라기를 조망하고 쟁점을 다룬 책들이다.

Lambert, D. (1993), *The Ultimate Dinosaur Book*, London: Dorling Kindersley.
■ 도셋 해안의 공룡에 대해 기술하는 데 참고했다.

Boulter, M. C., Gee, D. & Fisher, H. C. (1998), "Angiosperm radiations at the
　　Cenomanian/Turonian and Cretaceous/Tertiary boundaries", *Cretaceous
　　Research* 19, pp. 107~12.
■ 화석 꽃가루 및 포자 자료를 이용해 중생대 백악기 후기와 신생대 제3기 초의
　기후를 재구성한 논문이다.

Courtillot, V. (1999), *Evolutionary Catastrophes: the Science of Mass Extinction*,
　　Cambridge: Cambridge University Press.
Eldredge, N. (1998), The Pattern of Evolution, New York: Freeman.
■ K-T(백악기-제3기) 재앙에 대해 참고한 책이다.

Erwin, D. (1992), *The Permian-Triassic Boundary*, New York: Scientific American.
Kerr, R. A. (2001), "Whiff of gas points to impact mass extinction", *Science*
　　291, pp. 1469~70.
■ P-Tr(페름기-트라이아스기) 경계에서 일어난 멸종사건을 참고했다.

＊ 기타 참고문헌
IPCC (2001), *Climate Change 2001: Impacts, Adaptation, Vulnerability*,
　　(www.ipcc.ch/pub/spm19-02.pdf).
Ridley, M. (1998), *Evolution*, Oxford: Blackwell.
Sanz, J. L. (2001), "An Early Cretaceous Pellet", *Nature* 409, pp. 998~9.
Sepkoski, J. (1993), "Ten years in the library: new data confirm paleontological
　　patterns", *Paleobiology* 19, pp. 43~51.

3장

Lamb, S. & Sington, D. (1998), *Earth Story*, London: BBC Books.

Hawking, S. W. (1988), *A Brief History of Time*, London: Bantam.

Cohen, B. A., Swindle, T. D. & Kring, D. A. (2000), "Support for the lunar cataclysm hypothesis from lunar meteorite impact melt ages", *Science* 290, pp. 1754~6.

■ 우주대폭발(빅뱅)과 초기 지구의 역사를 참고했다.

Bak, P. (1996), *How Nature Works: the Science of Self-Organized Criticality*, New York: Copernicus.

Buchanan, M. (2000), *Ubiquity*, London: Weidenfeld & Nicolson.

Halley, J. M. (1996), "Ecology, evolution and 1/f noise", *Trends in Evolution and Ecology* 11, pp. 33~7.

Johnson, S. (2001), *Emergence : The Connected lives of Ants, Brains, Cities and Software*, London: Allen Lane.

Sethnaa, J. P. *et al.* (2001), "Complex System", (*Nature Insight*) in *Nature* Vol. 410, No. 6825, Mar. 8, pp. 242~84.

■ 모랫더미와 자기조직계에 관해 참고한 문헌들이다.

Courtillot, V. (1999), *Evolutionary Catastrophes: The Science of Mass Extinction*, Cambridge: Cambridge University Press.

Eldredge, N. (1999), *The Pattern of Evolution*, New York: Freeman.

Benton, M. J. (1997), "Models for the diversification of life", *Trends in Evolution and Ecology* 12, pp. 490~5.

■ 단속평형론과 여타의 논리모형에 관해 참고했다.

Frakes, L. A., Francis, J. E. & Syktus, J. L. (1992), *Climate Modes of the Phanerozoic*, Cambridge: Cambridge University Press.

Hallam, A. & Wignall, P. B. (1997), *Mass Extinctions and Their Aftermath*, Oxford: Oxford University Press.

Hewzulla, D., Boulter, M. C., Benton, M. J. & Halley, J. M. (1999), "Evolutionary patterns from mass originations and mass extinctions", *Philosophical Transactions of the Royal Society London B* 354, pp. 463~9.

Kirchner, J. W. & Weil, A. (2000), "Delayed biological recovery from extinction throughout the fossil record", *Nature* 404, pp. 177~80.

■ 대량멸종에 대해서는 위 문헌들을 참고했다.

Margulis, L and Sagan, D. (1997), *Slanted Truths*, New York: Copernicus.

Lenton, T. M. (1998), "Gaia and natural selection", *Nature* 394, pp. 439~47.

Lovelock, J. (2000), *Homage to Gaia, the Life of an Independent Scientist*, Oxford: Oxford University Press.

■ 가이아이론에 대해 참고한 문헌들이다.

4장

Bains, S., Corfield, R. M. & Norris, R. D. (1999), "Mechanisms of climate warming at the end of the Paleocene", *Science* 285, pp. 724~6.

Mukhopadhyay, S., Farley, K. A. & Montanari, A. (2001), "A short duration of the Cretaceous-Tertiary boundary event: Evidence from extraterrestrial helium-3", *Science* 291, pp. 1952~5.

Pfefferkorn, H. W.(1999), "Recuperation from mass extinctions", *Proc. Nat. Acad. Sci.* 96, pp. 13597~9.

■ K-T 대량멸종사건과 그 이후의 회복에 관해 참고한 문헌들이다.

Boulter, M. C., & Kvacek, Z. (1989), The Paleocene Flora of the Isle of Mull, Special Paper in *Palaeontology* 42, London: Palaeontological Association.

Boulter, M. C., & Manum, S. (1997), "A Lost Continent in a Temperate Arctic", *Endeavour* 21, pp. 105~8.

■ 이들 자료에서는 대서양이 북대서양까지 확장되는 과정을 참고했다.

Boulter, M. C. & Fisher, H. C. (eds.) (1994), *Cenozoic Plants and Climates of the Arctic*, Berlin: Springer Verlag.

Flannery, T. (2001), *The Eternal Frontier: An Ecological History of North America and Its Peoples*, New York: Atlantic Monthly Press.

Kerr, R. A. (2001), "How grasses got the upper hand", *Science* 293, pp. 1572~3.

■ 신생대 제3기, 지구의 냉각 상황을 파악하는 데 도움이 된 책들이다.

Bennett, K. D. (1997), *Evolution and Ecology*, Cambridge: Cambridge University Press.

Betancourt, J. L. (2000), "The Amazon reveals its secrets‒ partly", *Science* 290, pp. 2274~5.

Blunier, T. & Brook, E. J. (2001), "Timing of millennial-scale climate change in Antarctica and Greenland during the last glacial period", *Science* 291, pp. 109~10.

Fagan, B. (2000), *The Little Ice Age*, New York: Basic Books.

Hillaire-Mercel, C. *et al.* (2001), "Absence of deep-water formation in the Labrador Sea during the last interglacial period", *Nature* 410, pp. 1073~7.

Schrag, D. P. (2000), "Of ice and elephants", *Nature* 404, pp. 23~4.

■ 냉실 세계를 서술하는 데 활용했다.

5장

Benton, M. J. (1997), *Vertebrate Palaeontology*, London: Chapman and Hall.

Koerner, L. (1999), *Linnaeus ‒ Nature and Nation*, Cambridge MA: Harvard University Press.

■ 종 및 기타 분류군과 관련된 내용들을 참고했다.

Gee, H. (2000), *Deep Time*, London: Fourth Estate.

Gould, S. J. (1994), *Eight Little Piggies*, essay about Louis Agassiz, "A Tale of Three Pictures", Harmondsworth: Penguin, pp. 427~38.

Stafleu, F. A. (1971), *Linnaeus and the Linnaeans*, Utrecht: A. Oosthoek's Uitgeversmaatschoppij.

Stewart, W. N. (1983), *Paleobotany and the Evolution of Plants*, Cambridge: Cambridge University Press.

Wieser, W. (1997), "A major transition in Darwinism", *Trends in Ecology and Evolution* 12, pp. 367~70.

■ 다윈 이후, 진화와 관련된 견해들을 참고한 책이다.

Poole, R. (1972), *Towards Deep Subjectivity*, London: Allen Lane.

Boulter, M. C. & Hewzulla, D. (1999), "Evolutionary modelling from Family diversity", *Palaeontologia Electronica* Vol. 2, Issue 2, http://palaeo-electronica.org/1999_2/model/issue2_99.htm.

■ 종형곡선에 대해 공부할 수 있는 자료들이다. 휴줄라와 내가 발표한 논문에서는 『화석기록 2 *The Fossil Record 2*』에서 추려낸 모든 멸종집단에 관한 자료와 그 밖의 다른 데이터베이스, 우리가 모형화한 멸종곡선에 대해 살펴볼 수 있다. 위 논문이 실린 《Palaeontologia Electronica》는 새롭게 시도된 전자학술지다.

6장

Ponce de Leon, M. S. & Zollikofer, C. P. E. (2001), "Neanderthal cranial ontogeny and its implications for late hominid diversity", *Nature* 412, pp. 534~7.

Stringer, C. & Davies, W. (2001), "Those elusive Neanderthals", *Nature* 413, pp. 791~2

■ 네안데르탈인에 대해 참고한 문헌들이다.

Houghton, J. T. *et al.* (2001), *Climate Change 2001*: The Scientific Basis. Third IPCC Assessment, Cambridge: Cambridge University Press.

Heap, B. & Kent, J. (2000), *Towards Sustainable Consumption: a European Perspective*, London: Royal Society.

Smith, J. & Uppenbrink, J. (eds.) (2001), "Earth's variable climatic past", a special report with five reviews, *Science* 292, pp. 657~93.

Whittaker, R. J. (1998), *Island Biogeography*, Oxford: Oxford University Press.

■ 자연보호에 대해 논하는 내용을 참고했다. 가속되는 동·식물의 서식지 파괴를 막기 위한 방안으로 논의되는 게 자연보호다. 가능한 한 인공적인 방법을 동원해서라도 동·식물 생존영역의 수많은 특색들을 그대로 유지하면서 생태계를 관리하려는 시도다.

Calder, N. (1997), *The Manic Sun – Weather Theories Confounded*, London: Pilkington Press.

Hillaire-Marcel, C. *et al.* (2001), "Absence of deep-water formation in the Labrador Sea during the last interglacial period", *Nature* 410, pp. 1073~7.

Lomborg, B. (2001), *The Sceptical Environmentalist*, Cambridge: Cambridge University Press.

■ 기후변화에 관한 참고자료들이다. 콜더의 관점은 구름, 태양의 흑점, 대기 및 오존농도에 대한 1995년 '기후변화에 관한 정부간 협의체(IPCC)'의 보고서에 기초하고 있다. 롬보그의 경우 지구가 이전보다 더 나아지고 있다고 주장하며 결국 녹색에 대한 믿음을 버리고 만다.

7장

Blackmore, S. (1999), *The Meme Machine*, Oxford: Oxford University Press.

Pinker, S. (1997), *How the Mind Works*, London: Allen Lane.

Rose, H. & Rose, S. (eds.) (2000), *Alas, Poor Darwin*, London: Cape.

Wilson, E. O. (1995), *Consilience*, London: Little Brown.

■ 진화심리학에 대해선 이 책들을 참고했다.

Alroy, J. (2001), "A multispecies overkill simulation of the end-pleistocene megafaunal mass-extinction", *Science* 292, pp. 1893~6.

Boulter, M. C. & Hewzulla, D. (1999), "Evolutionary modelling from Family diversity", *Palaeontologia Electronica* Vol. 2, Issue 2, http://palaeo-electronica.org/1999_2/model/issue2_99.htm.

Flannery, T. (2001), *The Eternal Frontier: An Ecological History of North America and Its Peoples*, New York: Atlantic Monthly Press.

Kurten, B. & Anderson, E. (1980), *Pleistocene Mammals of North America*, New York: Columbia University Press.

Tattersall, I. (2000), "Once we were not alone", *Scientific Americans*, Jan. 2000, pp. 38~44.

■ 위 책들은 포유류와 초기 인류에 관한 내용을 담고 있다. 그리고 www.biodiversity. org.uk를 방문하면 북아메리카에서의 포유류 출현에 대한 두 가지 데이터베이스를 만날 수 있다. '자료검색'을 클릭하고 지시대로 따르면 된다.

Jencks, C. (2001), "The four principles of beauty", *Prospect*, Aug. 2001, pp. 22~7.

Midgley, M. (2001), *Science and Poetry*, London: Routledge.

Poole, R. (1972), *Towards Deep Subjectivity*, London: Allen Lane.

Stewart, I. (1998), *Life's Other Secret*, Harmondsworth: Penguin.

■ 위 책에서 참고한 내용은 유형과 아름다움이다.

Buchanan, M. (2000), *Ubiquity*, London: Weidenfeld & Nicolson.

Levin, S. (1999), *Fragile Dominion: Complexity and the Commons*, Reading MA: Perseus.

■ 이 두 책에서는 멸종 이후의 새 생명체에 관한 내용을 참고했다. 레빈은 위 책에서 생태학자들이 예상했던 것 이상으로 자기조직화가 더 광범위하게 퍼져있다고 주장한다. 어느 특정 체계에서 일어나는 변화가 적다면, 일정방식으로 조직화된 상호작용망이 결정적 요인으로 작용한다고 했다. 이미 금세기 들어서도 자기조직적인 멱급수법칙(멱법칙) 및 분홍색잡음에 부합하는 체계의 사례들이 숱하게 드러나고 있다.

고생물학자인 마이클 볼터가 인간을 바라보는 시각은 단호하고 거침이 없다. 그가 돋보기를 들이댄 인간은 지구에 해악만 끼치는 존재다. 게다가 돌아오지 못할 다리를 스스로 건너는 유일한 종種이다.

최근 서양에서 오리엔탈리즘이 다시금 각광을 받고 있다던가. 분명 이 책은 대중을 대상으로 쓴 과학서다. 책을 통해서는 저자가 동양철학에 경도된 흔적도 찾아볼 수 없다. 그저 놀라울 정도로 여러 학문분야를 넘나들며 생명의 진화와 멸종을 다루고, 인간의 종말을 예고한 책이다. 그런데 나는 이 책에서 무위자연無爲自然의 철학을 본다. 인간이 지구상에 출현, 자연이 작동하는 방식에 끊임없이 역행하면서 대재앙의 전조도 함께 했다는 것이다. 볼터는 지구-생명계 내부체계에 의해 자연이 제 스스로 제어된다고 과학을 통해 역설한다. 그런 자연이, 뾰족탑의 꼭대기에 있는 것인 양 착각한 인간에 의해 간섭을 받으면서 임계점으로 치닫고 있다고 한다.

지구 생명역사를 볼 때, 인간역사란 "한 줄기 섬광에 불과"하다. 그런 인간이 생명계를 그르치고 있다는 게 저자의 시각이다. 그런데 이게 부메랑이 된다는 얘기다. 지구 전체로 보면, 인간은 한낱 '대형 포유류'에 지나지 않기 때문이다.

지구 곳곳에서 벌어지는 기상이변과 재해, 온난화, 환경오염, 생태계 파괴 등의 근본원인이 급속한 산업화과정을 펼쳐 온 인간행위에 있다는 얘기를 들어온 게 어제 오늘의 일만은 아니다. 이 책에서도 어찌 보면 해묵은 얘기를 갖가지 학설과 이론을 통해 되풀이하고 있는 건 아닌지 모르겠다. 하지만 저자가 주목하는 것은 인간이 자초한 종말이 멀지 않았다는 점이다. 지구의 모든 생명은 기하급수적 분화를 거쳐 꽃을 피우다가 마침내 멸종의 길을 걷고 말 뿐이며, 인간도 결코 예외일 수 없다는 점을 과학적으로 예증하고 있다. 생명다양성을 꽃피우기 위해 멸종은 오히려 진화과정에 필수불가결한 자극제라고까지 했다. 물론 공룡의 멸종에서 알 수 있듯이 외계 영향에 의한 멸종도 있다. 그러나 인간이 마지막 빙하기 이후의 기후변화에도 굳건히 버텨 온 자기조직계인 지구-생명계에 위해를 가하면서, 대형 포유류에 속하는 인간의 멸종이 예상보다 훨씬 앞당겨지고 있다는 데 저자는 침통함을 감추지 않는다.

그것이 단순한 추측에 근거한 것이 아니라, 과학을 기반으로 했기에 설득력을 얻고 있다. 이미 볼터 자신이 학문 간 교류와 협동을 강조하고 있듯이, 생명체의 진화와 멸종을 분석하고 예측하는 과정에 그는 여러 학문분야의 이론과 논리를 동원하고 비판한다. 물리학에서 진화생물학으로, 지질학, 통계학을 넘나들면서 논지를 전개한다. 이 책의 뼈대가 되는 논문을 영국왕립학술원Royal Society이 채택해 학술지에 게재할 만큼 그의 기하급수론 및 종형곡선 수식은 그 자체만으로 생명의 분화 및 멸종과 관련해 독자적인 과학영역을 개척한 것으로 보인다.

전혀 예기치 않게 번역에 착수하면서, 사실 바닥 뻔한 밑천 때문에 새롭게 많은 공부를 해야 했다. 우주탄생, 백색잡음, 지구의 역사, 복잡계, 자기조직계, 멱법칙, 단속평형론, 또 최근 벌어지는 '종' 개념과 관련된 논란 등, 쉴 틈이 없었다. 그러면서 우리 나이로 60을 넘긴 원로급학자의 사려 깊은 배려랄까, 아니면 본인의 말대로 '기독교적 보편주의'가 체화돼서 그런지 과학계 학설이나 타인의 논지를 지적, 비판할 때는 완곡한 표현과 은유를 자주 구사하는 걸 볼 수 있었다. 그게 오히려 우리말로 옮길 땐 감정이 개입돼 곤혹스럽고 난처한 문제로 대두한 건 숨길 수 없는 사실이다. 그러던 그가 인간의 이기심과 공격성을 논하는 대목에선 마치 다른 사람의 글을 보는 듯하게 만들기도 했다. 심지어 다윈주의자들이 전가의 보도인 양 되뇌는 '적자생존'을 "잘못된 생물학의 역사 속으로나 추방시켜야 마땅할 구시대적 개념"이라 규정할 때는 묘한 카타르시스 비슷한 것도 느꼈다.

인간을 만물의 영장으로 보는 시각은 철저한 인간 중심의 사고이며, 인간의 멸종도 멀지 않았다는 그의 일갈이, 그가 느끼는 처참한 심정만큼이나 우리에게 시사하는 바가 크다고 생각된다. 그것이 각고의 연구 끝에 도달한 결과로 제시되었기에 더 하다. 물론 35억 년이라는 지구 생명역사를 다뤘으니 논란은 계속될 수 있을 것이다. 하지만 생태계 위기 속에 살아가는 우리에게 그가 던지는 경고의 메시지는 오롯이 소중할 뿐이다.

하나의 책이 완성되기까지 쏟은 열정과 노력을 굳이 말로 표현하고 싶은 생각은 없다. 다만, 돈벌이가 곧 능력으로 환치되는 세태 속에서도 돈벌이보다는 늘 건강을 먼저 염려해주는 아내와 어머니, 한창 물오른 깜찍한 말썽꾼을 감내하며 두 아이를 보살펴주시는 장인·장모님께 감사의 말은 전하고 싶다.

고질처럼 따라붙는 80년대의 질곡, 어느덧 벗들은 다 제각각이다. 부족한 지면, 다 열거하지는 못하고, '보따리 장사'하는 녀석, '통일전선'에 나선 녀석, 그 외 모두 다 마음의 빚을 갚아야 할 사람들, 소망 그대로 거머쥐기 바랄 뿐이다.

2005년 7월
김진수

찾아보기